图书在版编目（CIP）数据

你不知道的航空史/王亚男著. -- 北京：北京航空航天大学出版社，2020.10

ISBN 978-7-5124-3165-2

Ⅰ.①你… Ⅱ.①王… Ⅲ.①航空－技术史－世界－普及读物 Ⅳ.① V2-091

中国版本图书馆 CIP 数据核字（2019）第 256685 号

你不知道的航空史

策　　划：《航空知识》图书工作室
出版统筹：邓永标
责任编辑：邓　彤
特邀编辑：宁　波
责任印制：秦　赟
出版发行：北京航空航天大学出版社
地　　址：北京市海淀区学院路 37 号（100191）
电　　话：010-82317023（编辑部）010-82317024（发行部）010-82316936（邮购部）
网　　址：http://www.buaapress.com.cn
读者信箱：bhxszx@163.com
印　　刷：鑫艺佳利（天津）印刷有限公司
开　　本：787mm×1092mm　1/16
印　　张：21.25
字　　数：357 千字
版　　次：2020 年 10 月第 1 版
印　　次：2020 年 10 月第 1 次印刷
定　　价：158.00 元

序

不熟悉的历史更值得领略

有些历史为我们所熟知铭记，有些历史则有意无意被忽略。熟知的历史看似平淡无奇，但如果把它与略掉的部分两相对照，我们会发现航空科技的历史进程原本五光十色，异彩纷呈。

大多数航空史书籍在讲述航空科技发展历程时，都把科技进程作为最为主要的线索，所选取的素材往往都是航空史上最为典型的科技"偶像派"人物。实际上，在航空史上，有更多值得记录的人物和事件，比如最早成立航空运输企业的亨森、设立大奖鼓励飞行的商界巨贾杜伊茨、积极推进商业航空的汽车大亨福特、对飞机未来忧心忡忡的发明大师爱迪生、大胆试乘飞机的美国总统西奥多·罗斯福、一心学习飞行的英国首相丘吉尔、资助西科斯基渡过难关的钢琴家拉赫玛尼诺夫等，他们与航空的那一段交集，都曾经潜移默化地影响过一个时代的飞行面貌。

本书选取了航空科技史上较少记录的人物和事件，这些人物并非不为人知，而是他们有着各自固化的社会印象，比如音乐家、汽车制造商、发明家、蕾丝机械师、政治家、石油商人，等等，他们与航空曾经的交集以及由此产生的影响，却鲜为人知。通过书中呈现的准确史料及相关档案，真实反映了那些略显陌生的人物在航空舞台上的粉墨登场，再现了他们的创新精神和产业思维，在娓娓道来的故事里揭示出科技创新的复杂性、长期性、累进性以及可能影响科技创新的诸多社会因素。

也许我们没办法记住那些史实的细节，但是这本书至少会让我们懂得，人类飞行的历史，并不只是由少数典型人物创造的，而是许许多多或普通或不普通的创意者、支持者、传播者、促进者、使用者甚至是反对者所合力塑造的。这样的航空史，才真的够味道。

王亚男

2020 年 8 月 28 日

于北京航空航天大学柏彦大厦

CONTENTS

目录

人物

往事

技艺

风尚

亨森设想的飞行蒸汽车方案模型

有些失败者值得敬仰

1840年，一位名叫威廉姆·塞缪尔·亨森的英国蕾丝织造商人，在反复研读乔治·凯利爵士关于空气航行的著作后，被飞行器的构想所鼓舞。他找到一位叫约翰·斯特林菲洛的同行，商定一起创业。两年忙碌之后，两人在1842年拿出了一架蒸汽动力大型旅客飞机设计方案，并为之申请了专利。这架翼展近50米的单翼机被命名为"阿利尔"（ARIEL），史学界给了它一个更形象的名字——飞行蒸汽车。

到底是商人，两人提出设计方案的同时，就开始考虑建立一家新公司。1843年，两人联合另外几位投资人共同组建了飞行蒸汽车公司，这是世界上最早的航空运输公司。亨森和斯特林菲洛一面积极筹备建造飞行蒸汽车，一面准备用它来建立跨国航线，承接远程航空客运业务。他们仿佛已经看到了丰厚的利润在向自己招手。

尽管飞行蒸汽车尚未问世，但公司已经提前展开了强大的广告宣传攻势，此举一来作为商业铺垫，二来也为吸纳更多投资。公司聘请绘画高手绘制了各种宣传品，以细腻生动的笔触描绘了飞行蒸汽车翱翔于伦敦、埃及、印度和中国等地的场景。这些铺天盖地的广告画出现在各种物品上：报纸、杂志、手帕、瓷盘、壁毯，当然也少不了蕾丝餐垫和桌布等。飞行蒸汽车公司希望借此让公众相信，飞机是成功在望的事物。然而事与愿违，这些广告把大多数人吓得够呛，认为如此破天荒的设想完全是骗子把戏，没人相信那些隆隆作响，呼啸在铁轨之上的粗笨金属引擎能把旅客送上天。许多精明的投资者也对这种天方夜谭似的全新产业望而却步——当时连具备操控性能的载客飞艇也还未问世。无奈之下，亨森甚至找过凯利爵士，后者认为这一步跨越实在太大，拒绝作为投资人入股，甚至表示在能够飞行的蒸汽飞行车模型建成之前，不会向公众表态支持其创意。

巨大的飞行蒸汽车终究没有建成。亨森与斯特林菲洛在 1847 年曾制成翼展达 6 米的大比例模型，然而由于蒸汽机功率不足，模型无法起飞。亨森的信心被现实摧垮，他放弃项目移民美国，在新泽西度过余生。斯特林菲洛又坚持了一年，在 1848 年制成了使用新型蒸汽机的动力模型，然而飞行测试表明模型仍然只能做笨拙的短距离无控跳跃。至此，斯特林菲洛的信心也走到了终点。

时光荏苒 175 年。回头审视，人们发现作为航空运输产业最早的发起人和失败者，他们留下了丰厚的遗产。当年广为散发的飞行蒸汽车广告，让公众们开始越来越认真地面对航空旅行问题，从嘲讽到平静，从戏谑到严肃。他们的设计蓝图，让世人第一次看到了未来飞行机械究竟该是何种样貌。飞行蒸汽车拥有主翼和尾翼，配有 3 轮起落架，蒸汽机驱动两副反向旋转的 6 叶推进式螺旋桨，其机翼采用的翼肋、翼梁加蒙布，再以张线加固的结构方式，居然与 61 年后莱特兄弟的"飞行者"如出一辙。细品亨森申请专利时提交的设计图，你会发现这些细节全都经过细致考量，完全不是心血来潮的臆想。"阿利尔"的设计促使凯利重新考虑机翼布局方式，提出了多层机翼概念，这一概念被用在了几乎所有早期飞机上，影响了一批又一批后来的飞行先驱者。

当初无数人大肆嘲笑载客飞行蒸汽车的大肆宣传，如果那些嘲笑者能活到 1903 年，他们会发现有两个叫作莱特的兄弟，爬上亨森等人的肩膀，放飞了人类第一架飞机；如果他们继续活到 1920 年，他们会发现载客空中航行已不是梦想；倘若他们还能再活上 20 年，他们会看到越洋载客飞行也是小菜一碟。亨森和斯特林菲洛的创意，不过是早了一些。

科学怪杰和他的机械飞鸟

▪ 现代小型电动扑翼飞鸟模型

▪ 古斯塔夫·皮埃尔·特洛弗

扑翼飞行是人类的千年梦想。在没有弄明白鸟类和昆虫扑翼动作的复杂性之前，扇动翅膀飞行一直是人类执着的前进方向。尽管不少先驱曾为这种飞行方式付出过伤痛乃至生命的代价，但人们一直坚信我们可以像鸟类那样振翅飞行。

谁是第一个制造出会飞的扑翼机的人？锁匠出身的法国电气工程师古斯塔夫·皮埃尔·特洛弗（Gustave Pierre Trouvé，1839—1902）极有可能获此殊荣——当然，直到今天证据仍然不够充分。据说早在1870年特洛弗就制作过扑翼机模型。他在1890年试验的改进版扑翼机模型曾成功飞行过数十米远，而这件模型的动力，来自12枚转轮手枪子弹。虽然当年的设计图和模型都湮灭无踪，但1891年的新闻报道却留下了这件珍贵的动力扑翼模型的样貌。

特洛弗是一个相当懂得社会大众心理的人，他很注重科学时尚化。1867年巴黎世界博览会上，他展出了一些相当奇妙的发明——利用微型封装电池驱动的活动摆件及珠宝配饰。其中包括一个下颌能动、眼珠会转的骷髅！

以今天的技术观点看，利用紧凑动力装置驱动的小型扑翼飞行器，已经完全不存在技术难度（实际上扑翼飞行器真正的技术挑战是大型化和载人化）。如果愿意，你甚至可以购买一件。高端仿生飞鸟大约几万元，低端的塑料橡筋版只要20元。回望历史，以1890年前后的科学技术背景，特洛弗制造的动力扑翼机令人钦佩。

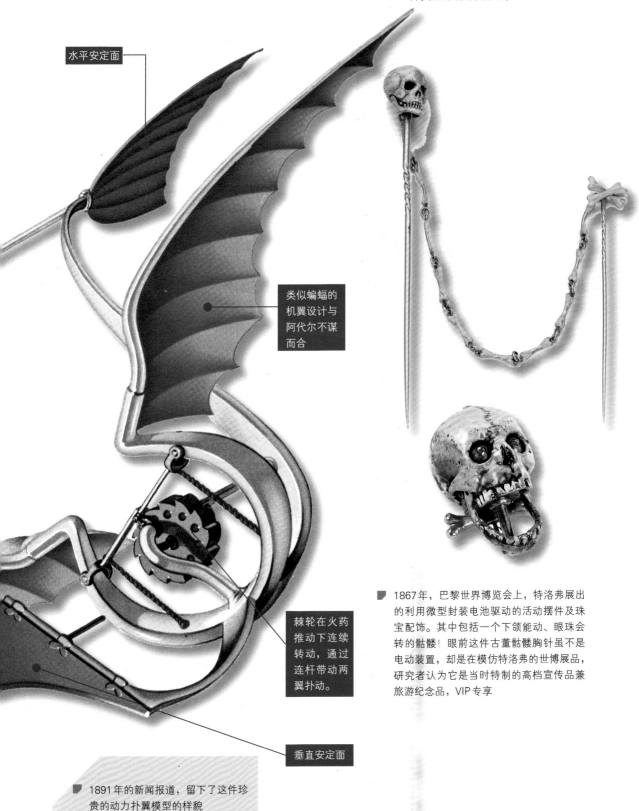

水平安定面

类似蝙蝠的
机翼设计与
阿代尔不谋
而合

棘轮在火药
推动下连续
转动，通过
连杆带动两
翼扑动。

垂直安定面

1891 年的新闻报道，留下了这件珍贵的动力扑翼模型的样貌

1867 年，巴黎世界博览会上，特洛弗展出的利用微型封装电池驱动的活动摆件及珠宝配饰。其中包括一个下颌能动、眼珠会转的骷髅！眼前这件古董骷髅胸针虽不是电动装置，却是在模仿特洛弗的世博展品，研究者认为它是当时特制的高档宣传品兼旅游纪念品，VIP 专享

科迪手持英国海军旗站在一只巨大的箱式风筝上，1901年

曾经有个人，在范堡罗放风筝

科迪的传奇飞行史

从牛仔到风筝匠

说起本国飞机的首次飞行，美国人会记住莱特兄弟，法国人会记住布莱里奥，巴西人会记住桑托斯·杜蒙，而英国人会更乐意记住萨缪尔·富兰克林·科迪（Samuel Franklin Cody）。

1889年科迪离开美国前往英国的时候，已经是个小有名气的牛仔——为了履行向堪萨斯铁路工人提供肉食的合同，他在18个月中猎杀了5000头野牛，人称"野牛比尔"。他前往英国的目的是举办狂野西部巡回演出。连他自己都不曾想到，他的人生轨迹却就此彻底改变。

科迪风趣幽默，爱开玩笑，还是个射击大师，表演时常常背对目标站立，然后通过固定在枪托上的镜子中的影像瞄准并击中目标。他枪法精湛，据说能把香烟从女士的嘴唇上打落！

来到英国后，科迪逐渐对风筝产生了兴趣，有人说是中国风筝影响了他，但没有充分的证据。有记录显示，早在1899年4月的一次风筝展览会上，科迪就"用很粗的钢琴弦放飞过成串的方形大风筝，第三个或第四个风筝上吊着一个座椅，上面坐着一个人"。

科迪的风筝是早期哈格雷夫箱式风筝和美国气象观测风筝的改进型，很好地提高了稳定性，这就是后来广为人知的科迪构型。风筝的覆盖材料主要是丝织品，小型风筝的骨架是竹子，大型风筝的骨架则用美国山胡桃木。科迪对载人风筝和多体风筝最感兴趣。他会用一根线放起一长串的风筝，先是放飞一只小型导向风筝来稳定和引导风筝线，然后再放飞一串升力风筝，最后才是载具风筝。载具风筝下方悬挂有一个吊篮或椅子，能容纳一名乘客，乘客能通过一个由线缆和制动设备构成的操纵系统控制吊篮的升降。

萨缪尔·富兰克林·科迪
（1867—1913）

布尔战争爆发时，科迪认为可以用载人风筝进行军事侦察，代替传统的系留式侦察气球，后者在强风中无法使用。1901年10月，科迪致信英国陆军部"我相信我拥有可以供政府使用的风筝飞行技术"。在等待陆军部的回复过程中，他在纽卡斯尔利用风筝进行了一系列气象观测试验，并在1902年正式被吸纳为皇家气象学会会员。在1902年9月5日的试验中，他的风筝飞到了1.4万英尺（约4200米）高空，打破了当时英国升空高度纪录。

1903年，科迪进行了一系列海军风筝试验，该试验引起了海军的兴趣，海军部向他订购了4套风筝。1908年，海军部进行深入试验，科迪也不再以舞台表演为主要职业，他的头衔从舞台剧老板变成了英国海军军用风筝发明人。

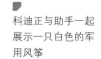

科迪正与助手一起展示一只白色的军用风筝

科迪坐在悬挂在载具风筝下方的椅子里准备升空，1904年夏

英国陆军也动起来。1904年，陆军要求科迪将风筝带到其大本营奥尔德肖特（Aldershot，范堡罗也位于该地区）。经过成功的演示飞行，1905年，英国陆军正式与他签订了短期合约，聘请他担任陆军风筝教官。

1906年，科迪开始负责在皇家气球工厂设计和制作风筝，并担任气球学校的教官。聘期两年的合约中写道："科迪先生的身份是国王陛下陆军的一名军官，尽管他没有军事指挥权。工厂的所有雇员都应该以对待军官的礼遇对待他。"

放风筝很快成了英国陆军的一项例行公事，但不久之后，莱特兄弟就发明了有动力飞机，这件事立即让科迪的风筝成了陈旧装备。尽管如此，直到1912年英国陆军还有4套科迪风筝处于战备状态，准备应付战争——在无法使用飞机的恶劣天气中使用它们。有趣的是，在二战前夕的1938年，范堡罗的皇家飞机工厂还组织过试验，以验证廉价的风筝是否可以作为气球的替代品，作为防空拦阻装备，但这项试验随着战争的爆发无果而终。

曾经有个人，在范堡罗放风筝

英军正在放飞一组
科迪设计的观测风
筝，两只风筝已经
起飞，一些白色升
力风筝尚未升空，
1905年

一名英军观测员站
在风筝下方的吊篮
中升空测试，照片
显示他正在调整吊
篮姿态，1906年

大胆的海上风筝试验

海上风筝试验是科迪最为大胆的风筝试验活动。1903年3月12和13日，当着海军部代表的面，科迪在伍尔维奇草场放飞了大型棉布载人风筝。当时在场的海军武器主任助理在报告中写道："这是我见过最好的风筝，我有理由认为它能够升起一根天线用于战时通讯，这种风筝很容易从军舰甲板甚至小船上放飞和操纵。我毫不犹疑地建议对其进行测试。"海军情报部门对科迪的风筝产生了兴趣，要求对风筝进行测试，以便考察是否能够升起天线用于无线电发报，以及是否能够把乘员升到足够高度用于侦察。

3月29日，科迪和他的风筝队来到朴次茅斯，次日即开始在皇家海军火炮训练学校进行试验，试验地点在港内的威尔岛。两天陆地试验之后，又进行了三天舰上试验，起初是在港内的老式铁甲舰上，后来又挪到驱逐舰上到外海进行。试验主要集中检验使用风筝升起天线进行远距离通讯，也包括目视通讯功能。4月4日试验结束，报告称科迪的风筝"比以前测试过的任何风筝都更优越……"

从海上放飞的科迪风筝吊篮里拍摄的英国海军"复仇"号战列舰，1908年

英国海军士兵正准备从舰艇上放飞军用风筝，1903年3/4月。请注意他们使用的大型绞盘

第二轮试验主要测试载人风筝的空中观察功能。4月13日，科迪的儿子维维安·科迪（Vivian Cody）乘坐风筝从威尔岛升空，但狂风中风向骤变，整串风筝都坠落地面。让所有人惊奇的是，维维安居然毫发无损！此后两天，风力始终不稳定，无法试验，直到4月16日才挪到海军拖船上到海上进行试验。导向风筝和两个升力风筝被成功放飞，但再次遭遇狂风，风筝全部坠海。4月17日天气好转，试验重新开始，但风筝只是提升了140磅（约64千克）的重物。4月18日试验结束。

海军部对试验结果还算满意，但当他们看到科迪开出的价码时却傻了眼：科迪同意为海军提供风筝技术服务，但要求一次性给付2.5万英镑，外加每年1250镑的薪水，每年休假6周，在合约结束时海军还要再支付2.5万英镑。海军断然拒绝了科迪的要求，即使后来科迪表示酬劳可以商量，海军也没有应允。

5年之后的1908年，海军再次要求科迪参加朴次茅斯的风筝试验，但当时科迪的"陆军飞机"1号飞机即将完工，无法按照海军规定的日期进行试验。5月，两名海军军士和4名一等兵来到范堡罗，直接接受科迪的训练课程。课程的内容今天已经无可查证，但在某些档案照片上，却能看到这6名海军人员在帮助科迪制造"陆军飞机"1号。

8月17日海试开始，从那天起到10月7日，科迪的风筝一共飞了19天。动用的军舰是"复仇"号战列舰、"格拉夫顿"号巡洋舰、"热诚"号以及"征召"号驱逐舰。试验是为了检验载人风筝在海军通讯、照相、侦察水下物体、一般观察和观察弹着点等方面的实用价值。10月和12月，海军对科迪的风筝进行了最后阶段的试验，包括使用镁光弹用于夜间照明。试验在停泊于朴次茅斯港的"格拉夫顿"号巡洋舰上进行，目标是检验能否发现趁夜潜入的敌方鱼雷艇。但这个主意很快就被打消，因为首先风筝难以精确定位，其次照明弹在照亮敌人的同时，也照亮了己方舰船，为偷袭者照亮了标靶，等于开门揖盗。

海军对于科迪风筝的热情没能维持太久，因为此时火炮射控技术、无线电通信技术得到了改善，而且飞机和飞艇的实用性也更强。海军没有采购几套科迪风筝，陆军的风筝运用比较成功，他们还聘请科迪直接培训陆军风筝队。

科迪最为著名的一次冒险发生在1903年冬季，他利用风筝牵引一条小船横渡了英吉利海峡。他起初计划从多佛航行到加莱，为了强化宣传效果，他邀请《每日邮报》记者同行。小船由两只风筝牵引出航后不久，风力就突然减弱，风筝掉了下来。海流开始把他们推向古德温暗沙，形势看来不妙，科迪吹起了救生背心——试验宣告失败。

11月5日，科迪来到多佛海滩，再次尝试横渡英吉利海峡，但他发现风向根本不对，于是他携带小船和风筝乘渡船赶到加莱。晚7点30分，科迪乘坐小船，由两只风筝牵引，出发前往英格兰。开始还比较顺利，但途中他发现小船再次被海流推向古德温暗沙，而且随着风力减弱风筝很快下降，风筝索几乎缠在桅杆上，幸运的是风力渐强，风筝再度升高，最后他们终于看到了拉姆斯盖特。快到多佛时，风筝又一次坠落，缠在桅杆上。6日早8点30分，冻得瑟瑟发抖、筋疲力尽的科迪终于在多佛海滩登陆。

不太成功的飞艇生涯

1902年，皇家飞艇工厂决定设计制造新型军用飞艇，工厂聘请科迪加入设计制造团队，后来飞艇工厂从奥尔德肖特迁往范堡罗，制造工作一直持续到1907

年。用科迪的话说："我负责某些工作的框架，但不是设计。我为政府采买发动机，并设计了发动机安装基座，以及传动箱和支架。飞艇的整个动力部分都是我自己设计的，许多部分都是我动手铸造、车制和加工出来的。我还设计了飞艇的控制面。"

Nulli Secundus 准备从范堡罗升空飞往伦敦，1907年10月5日

　　1907年9月10日晨，制造完成的 Nulli Secundus（拉丁文，意为"无与伦比"）号飞艇首次公开亮相，这艘飞艇球囊长122英尺（37米），直径26英尺（8米），容积5.5万立方英尺（1557立方米）。球囊蒙皮采用牛肠膜制造，不仅坚固，而且柔软轻便。因为外表金光发亮，也被称作金箔皮。球囊制作费时费力，巨大的面积需要使用大量小片肠膜拼接。为满足强度要求，还需要12层肠膜叠加黏合。沿球囊纵向缠绕了4条很宽的丝带，用来悬挂吊篮。飞艇前后各有一副"机翼"，后部有大型方向舵。

　　飞艇被牵引着来到范堡罗草原，飞艇工厂总监工卡帕上校、飞艇总教官金上尉和科迪坐在吊篮里升空。飞艇上升到150英尺（45米），但始终保持系留状态，没有自由飞行。又经过几次试验，科迪才启动发动机，飞艇开始以15英里/小时（24千米/小时）的速度飞行，但地面上的工兵仍然牵着绳子，跟着飞艇一路飞奔。飞艇进入自由飞行，发动机却突然停转。飞艇没了动力，只能选择下降，向一片树林飘去。科迪通过话筒向地上的工兵喊话，后者追上来拉住绳子，总算把飞艇拖了回去。

　　当天下午进行了第二次试飞。飞艇只飞行了几分钟，发动机就再次罢工，但这次着陆比较平稳，仅受到轻微损伤。9月30日飞艇重新进行试验，后部增加了大型尾翼和升降舵，后部的机翼则被挪到前面。卡帕和科迪乘坐飞艇飞行了12英里（19.2千米）。10月3日下午4点半，卡帕、科迪和金三人再次起飞，但牵引索缠上了螺旋桨，导致螺旋桨弯曲变形。在简单修理后，飞艇再次起飞，总算完成了测试飞行。

▶ 1908年夏拍摄的Nulli Secundus II，使用双方向舵是它的重要识别特征

10月5日，Nulli Secundus从范堡罗飞往伦敦，这次的乘客只有卡帕和科迪。到达伦敦后，卡帕特地飞越了白金汉宫——据说王室人员也看到了他们，然后飞过陆军部，绕着圣保罗大教堂盘旋之后，飞往科拉帕姆草场。由于那里人群过于密集无法降落，飞艇再度飞往水晶宫锚泊，至此整个飞行历时3小时20分钟。遗憾的是，锚泊在水晶宫时，突如其来的强风严重损坏了飞艇，科迪被迫放掉球囊气体，将飞艇运回范堡罗。由于受损过重，Nulli Secundus再也没能飞行。

继Nulli Secundus之后，科迪又参与了Nulli Secundus II号飞艇的制作。除了沿用早前飞艇的气囊，其他设计全部重新改进。Nulli Secundus II前部有一个大型升降舵，后部设双方向舵。科迪似乎对该飞艇参与不多，他将更多的精力投在飞机上。

1908年7月24日，Nulli Secundus II开始试飞，但牵引索再次缠住螺旋桨致其变形，试飞失败。在第三次试飞中，开始还比较顺利，但不久螺旋桨驱动皮带就从皮带轮上脱落。Nulli Secundus II修好后，8月14日，搭乘卡帕和科迪等人重新试飞，飞行只持续了15分钟，一根汽油管线发生爆裂，试验只能草草收场。次日，飞艇再次起飞，"跌跌撞撞，像是发了疯的动物"，不久一根水管又爆裂，着陆时飞艇受损，此后Nulli Secundus II再也没能飞行。

滑翔机与动力风筝

▶ 飞行在空中的科迪载人滑翔机，1905年

1905年，科迪制造了一架大型载人双翼滑翔机。飞行员俯卧在下翼中央的吊架上，这种滑翔机也用线缆像风筝一样放飞，然后

松开线缆自由滑翔降落。滑翔机翼展51英尺（16米），机翼面积807平方英尺（75平方米），空重116磅（53千克），科迪乘坐上去后总重量为320磅（145千克）。滑翔机下翼下方有两个很小的菱形辅助控制面，可以作为副翼保持稳定，也可作为升降舵控制升降。

后来科迪在滑翔机后部增加了作为补充的升降舵，飞行员用手拉动升降副翼操纵索，用脚拉动后部升降舵控制索。虽然滑翔机尺寸不小，但能拆解包装，重新组装只需要20分钟。

滑翔机在试飞过程中，军民两界都十分关注，机枪设计大师希拉姆·马克沁也曾到现场观看。这架滑翔机曾从350英尺（107米）高处起飞，滑翔了740英尺（225米），但后来在试验中坠毁。

1907年科迪在范堡罗制造完成的动力风筝，是他从滑翔机迈向真正飞机的重要过渡阶段。他的动力风筝是一种无人驾驶双翼机，外形颇似风筝，安装有控制面和一台3缸12马力发动机，翼展大约为35英尺（10.5米），装有水平尾翼，起落架使用自行车轮叉和车轮，两个尾部方向舵下方还安装了两个长长的滑橇。曾经有段时间，科迪为动力风筝安装了前置双翼升降舵/平衡控制面，机翼后部安装有一副螺旋桨。这架动力风筝主要用于地面测试和悬挂测试，并没有进行过

科迪的动力风筝，
1907年

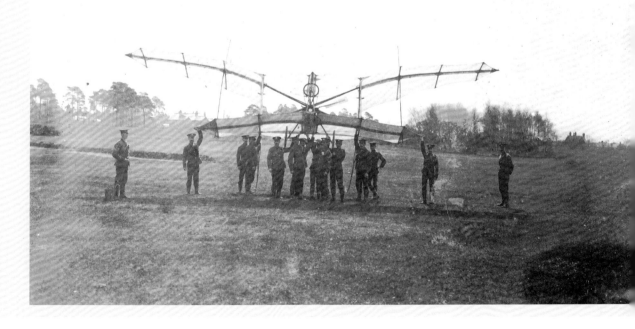

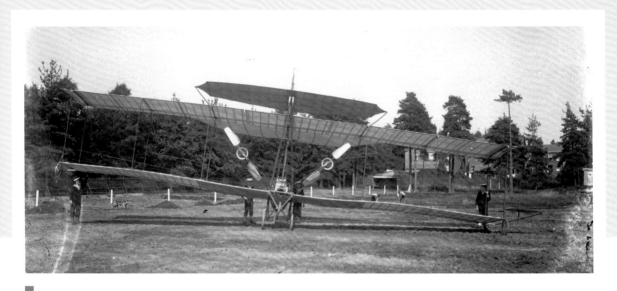

"陆军飞机" 1A前视特写，请注意两翼间靠外有副翼，前部有大型升降舵，上翼中央上部有垂直安定面

自由飞行。科迪在皇家航空学会的会议上说："这是个风筝，我只是启动发动机，然后让开，让它自己飞。我们打算让它自由飞，但当局担心这家伙自己飞上天，可能会对地面上的人员和财物造成破坏。"

真正的飞机

1907年，科迪开始着手设计制造自己的第一架飞机。整个过程花费了很长时间，他在范堡罗的飞艇库里进行了大量试验，以确定机翼、机轮、底盘、散热器和转向立柱等设备的安装位置。1908年7月前后，科迪从巴黎买了一台安托瓦内特发动机。9月19日，他的第一架飞机"陆军飞机"1号宣告完成。9月和10月的前期测试中，飞机在地面滑跑跳跃，没有真正升空。随后科迪对散热器的位置进行了调整，取消了翼尖控制面。

滑跑试验的"陆军飞机" 1A（向左前方滑跑），1908年9月

曾经有个人，在范堡罗放风筝

10月16日，改进后的"陆军飞机"1A被运往范堡罗试飞。飞机滑跑起飞，以25～30英里/小时（40～48千米/小时）的时速飞行了1390英尺（约423米）。遗憾的是，试飞最终以坠机收场：为了急转规避一片树林，飞机左翼撞到地面。飞行仅仅持续了27秒，但这是英国重于空气的动力飞行器的首次持续可控飞行。这27秒也让范堡罗成为英国航空的发祥地。

1909年1月，科迪又制成了"陆军飞机"1B，该机沿用了1A的发动机和一些辅助部件——机翼和主体结构全部重新制造。此后数月，科迪花了大量时间优化设计，调整飞机布局、配平飞机、确定控制面的最佳位置。就在这关键时刻，英国政府却认为飞机"没有未来"，陆军决定不再继续参与试验，并中止了与科迪的合作协议。陆军还算手下留情，允许科迪保留飞机并借用发动机。他还被许可在拉凡平原建造一座机库，并在那里继续试验。在失去了英国政府的财政支持和陆军的人力支持后，科迪克服难以想象的困难继续工作。他不仅要和试验场坑洼不平的地面以及大风和树木做斗争，在机库修建完成前，他还得露天工作。1909年8月12日，"科迪"1C（即原来的"陆军飞机"1B）制造完成并实现首飞。两天后，科迪携带着最早的乘客升空飞行，先是卡帕上校，接着是他的夫人莱拉。科迪在飞行生涯中始终乐于携带乘客，并常常把自己的飞机称为"飞行公共汽车"。

1910年6月，科迪完成了新飞机"科迪"II。该机重要的改进是采用了一副大型螺旋桨代替原有的两副小螺旋桨，并换装了60马力发动机。飞机在第二次试飞中坠毁，科迪受伤，但很快恢复。1910年12月31日，科迪驾驶"科迪"II参加了"米其林杯"飞行大赛，以4小时47分钟和185.46英里（296.7千米）的成

25

绩，刷新了英国飞行时间和距离的纪录，夺得"米其林杯"。

1911年，《每日邮报》设立1万英镑奖金，奖励给率先完成1010英里（1616千米）环不列颠航线的飞行员，科迪携带自己6月刚完成的新飞机"科迪"Ⅲ参加了比赛。该机翼展40英尺（12.2米），装了一台60马力发动机。7月21日，21架飞机聚集在布鲁克兰兹开始比赛，科迪看起来根本不像比赛者，他就穿着平日的衣服，带着独特的宽边帽。比赛途中，科迪时常会停下来演讲，无论他在哪儿降落，都会有大群人等着他。他最终在9人中名列第四，但他的双翼机是唯一完成比赛的英国飞机。

1912年8月，陆军部在索尔兹伯里平原举行飞行测试比赛大奖为5000英镑奖金，科迪非常希望参加。可就在7月3日，他的"科迪"Ⅲ号机由他的一名学生驾驶时坠毁，这对科迪是个沉重的打击。更糟糕的事不仅于此，他另一架打算参赛的飞机"科迪"Ⅳ号（单翼机）也在试飞着陆时撞上了一头奶牛受损，科迪还为此被判赔偿奶牛主人18英镑。现在只有一台发动机和两架飞机的残骸，他没有放弃，硬是用几个星期的时间建造了一架全新的飞机——"科迪"ⅤA号。

飞行中的"陆军飞机"1B，1909年

"科迪"ⅤA号拥有两个三角形的后部方向舵，一副4叶螺旋桨，使用120马力戴姆勒发动机。虽然许多人认为科迪的设计"已经过时"，但这架飞机还是赢得了测试比赛的冠军。科迪还给"科迪"ⅤA号临时换装了100马力发动机，参加了1912年10月的"米其林杯"，以最短时间完成186英里越野飞行比赛而获得大奖。陆军部后来买下了这架飞机，1912年11月交付皇家航空兵，但1913年4月不幸坠毁。陆军还在1913年2月订购了第二架飞机，但这架"科迪"ⅤB号也发生了坠机，后来交给科学博物馆陈列展出。

科迪最后一架飞机是1913年建造的水上飞机"科迪"Ⅵ，用于角逐《每日邮报》举行的环不列颠飞行大赛。该机翼展近60英尺（18.3米），装一台100马力发动机，采用单片后置方向舵、4叶螺旋桨和大型前滑橇。后来科迪拆掉了滑橇，增加了机身中央浮筒和两个机翼浮筒，然后开始在贝辛斯托克运河上测试浮力特性，但实际上该机从来没有携带浮筒飞行过。7月，飞机重新改为陆上飞机，科迪打算作为飞行救护机——这架飞机能携带3名医务人员和一具担架，以及手术桌和其他急救设备。

1913年8月7日晨，科迪驾驶"科迪"Ⅵ搭乘一位叫埃文斯的乘客起飞表演。飞机稳定地升空，在飞越了一座高尔夫球场后开始返航，却突然发生事故，坠毁在一座小山脚下的橡树林中，科迪和埃文斯两人遇难。目击者对事故的描述十分混乱，有人说看到："飞机的后部脱落……后部最先坠落，前部先向上冲……然后两个人跌落下来，科迪最先掉下来，埃文斯随后落下……飞机从三四百英尺的高处掉下来……"还有人说："右侧机翼折断……机身随后坠落，摔个粉碎……"也有人说："可能原因是螺旋桨断裂，断裂的桨叶穿透了机翼，导致飞机坠毁……飞机当时高度不超过100 ~ 150英尺（约30~45米）"。皇家航空俱乐部的秘书说："机翼的右上部分在距离飞机坠落点100码（91.4米）外被找到，可能这就是人们看到分离的那片东西。"他不同意目击者关于尾部脱离的说法，因为残骸现场尾翼就在机翼下方，勘察表明飞机的操纵钢缆完好无损。

英国皇家航空俱乐部后来公布了关于科迪失事的调查结论，称"飞机失事是由于自身结构强度不足所致"。其中也提到目击者的陈述矛盾甚多。这份报告虽然遭到过许多质疑，却是最接近真相的结论。无论如何，科迪死了。

1913年8月11日，为科迪举行的葬礼备极哀荣。作为一个平民，科迪被以隆重的军礼安葬到奥尔德肖特军人墓地。他的棺木被置于火炮炮车上，由6匹健硕的黑马牵引行进。送葬队伍足有一英里（约1.6千米）长，队列中苏格兰黑卫营风笛手吹奏着哀婉的乐曲。大批民众参加了他的葬礼，10万人沿路排列，其中不少人从伦敦赶来，为的就是送这位英雄最后一程。英王乔治五世也向科迪的遗孀发来唁电："惊悉科迪先生的死讯，我致以深切的悼念……奥尔德肖特将会铭记他的离去，在这里他为军事飞行做了大量的工作。"

科迪从来不是一个严格意义上的工程师或训练有素的数学家，但他是一个实践经验丰富的机械师。他留给英国乃至全世界航空界的精神财富，可能就是坚韧且永无止境的探索精神。

注：1马力 = 0.735千瓦

枪械大师玩跨界

    说起机枪，许多枪械爱好者立即就能想到马克沁。没错，希拉姆·马克沁在1884年设计的马克沁机枪奠定了后坐式自动原理的机枪设计技术基础，从此死神的镰刀开始快速扫过战场。

    但如果你认真看看航空科技发展史，也能找到马克沁的大名。马克沁其实是兄弟两，他们分别于1840年和1853年出生在缅因州，老大叫马克沁，老二叫哈德逊。马克沁后来因为发明机枪名满天下，哈德逊则因研制军用炸药蜚声世界。马克沁最为重大的工程杰作自然是机枪。他在英国度过了很长时间，因为其卓越的发明工作而被授予骑士头衔。

实际上，马克沁在航空领域也颇有建树：他建造的那架巨型飞机，曾在英国肯特郡成功依靠自己的动力离开过地面。许多人认为，这可能是飞机首次凭借自身动力离地升空。

和法国阿代尔相同，马克沁也是一名电气工程师，除了一大堆各种发明，他还看到了飞行器对于军事的重要价值。马克沁希望制造一架飞行机械，能够凭借自己的力量离开地面升入空中，但他的野心似乎不够大，并不打算进行可控飞行的大胆尝试。

从1889年起，马克沁陆续完成了机翼和螺旋桨的模型，并展开试验。1891年起，他开始建造一架外形巨大的双翼飞机，这架飞机花费了马克沁将近2万英镑。为了给这架飞机提供动力，马克沁发挥自己的聪明才智，特地设计制造了一种特别轻巧的蒸汽机——虽然他已经意识到汽油机更有优势。即便按照今天的标准，马克沁在1894年完成的这架飞机也算巨大。其机长28.96米，翼展31.70米，机翼面积371.6平方米，机组居然有4人，总重量达3629千克！飞机的动力来自两台轻型化的180马力蒸汽机，每台蒸汽机驱动一副直径5.44米的推进式螺旋桨。

马克沁发明过许多新奇玩意儿，其中最为成功的当然是以其名字命名的马克沁机枪。他发明飞机的举动虽然未获成功，但也足以让其名垂航空史册

1894年在英国试飞的马克沁飞机,这是一架重达3600千克的大家伙。这架飞机安装的180马力轻量型蒸汽机代表了马克沁的机械造诣,一直保存到今天

1894年,马克沁进行了飞行试验,试验地点是马克沁租下的肯特郡鲍德温公园。飞机被架设在一段作为滑行道的铁轨上,因为从一开始就不准备自由飞行,所以铁轨两侧还加装了限制飞机位置上移的限位栏。在第三次滑行试验中,两副螺旋桨推动飞机不断在铁轨上加速,很快超过了68千米/小时,飞机也逐渐升空,离开了铁轨向上升起。由于限位栏的存在,飞机很快与前者发生了剐蹭,落了下来,部分受损。试验取得了部分成功,但马克沁对于研制飞机的热情却也逐步减弱,他的研究方向很快转向其他东西。

在许多航空先驱陆续遭遇失败的时候,马克沁对动力飞行的前景始终坚定,他从不怀疑重于空气的飞行器的可行性。他还强调鸟类能够利用扑翼动作同时产生升力和推进力,但这种巧妙的动作对于人类是难以企及的。对于法国人建造飞艇的尝试,马克沁报以批评,称那是"一种非常笨拙的飞行"。和飞艇的气囊相比,一只鸟要比它排开的空气重600倍,一只鹅在飞行时发出的功率也不到十分

之一马力。与莱特兄弟不同，马克沁对于飞机的用途有一种病态的认识。在1891年发表的文章中，马克沁认为飞行器最终只能被那些富有且高度文明的国家装备，"贫穷国家"和"半文明部落"则无法使用。

　　马克沁没能成功飞起来。但到1915年，飞机开始大量出现在欧洲战场上时，几乎每一架飞机上都有马克沁的作品——无一例外地都装有马克沁机枪或者其衍生品。

马克沁的飞机没能飞上天，但装备马克沁及其衍生机枪的飞机，却成为第一次和第二次世界大战天空的主宰

这张珍贵的照片表现的正是哈格雷夫和他的箱式风筝

澳元上的风筝哥和远航哥

钞票喜欢吧？外汇更喜欢吧？可是，有些外汇背后的故事还真是考验你的航空造诣。澳大利亚20澳元钞票，正面就有一位留着络腮胡子的人物，而背面也有一位年轻帅哥。这两个人，都是在航空史上值得纪念的大人物，有多值得纪念，值得印在国家货币上？

20澳元正面印有哈格雷夫和他制作的各种飞机模型

钞票背面的帅哥是第一个飞越太平洋的勇士——查尔斯·金斯福德·史密斯

先来说正面那位络腮胡子哥，他叫劳伦斯·哈格雷夫(Lawrence Hargrave, 1850—1915)，1850 年出生在英国，15 岁时移居澳大利亚。他在悉尼学习工程技术，从事过飞行机械研究。1883 年，33 岁的哈格雷夫放弃了原本的工作，开始专注于试验飞行机械。

澳大利亚博物馆保存的哈格雷夫箱式风筝原物

1893 年，哈格雷夫成功发明了一种以箱形框架作为结构的风筝，这就是后来享誉航空史的箱式风筝。通过试验，他认为箱式风筝是值得研究和推广的东西。1894 年 11 月 12 日，在新南威尔士的斯坦威尔公园（Stanwell Park），他成功将 4 只箱式风筝连接在一起，采用钢琴弦作为风筝拉线，并在风筝下面悬挂了一把凳子，自己还勇敢地坐了上去。大风起兮，风筝升空，把哈格雷夫提升到 5 米多高度。这次试验证明了箱式风筝优越的升力特性和结构强度，后来的许多飞机先驱都在设计飞机时参考过哈格雷夫的箱式风筝。桑托斯–杜蒙、莱特兄弟、法尔曼，莫不如此。

哈格雷夫对人类航空探索做出了很大的贡献。他的发明对于载人动力飞行的成功意义重大。由于撰写了大量关于航空试验的科学论文，哈格雷夫在早期航空界名气极大。他不仅在飞行理论上取得了重大突破，还是转缸发动机的早期概念创立者，这种发动机后来成为飞机动力。

哈格雷夫制作的 8 款小型橡筋动力模型

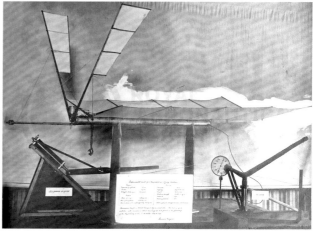

哈格雷夫制作的压缩空气动力模型，曾平稳飞行 110 米

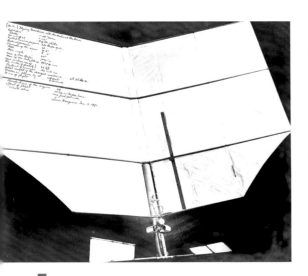

哈格雷夫制作的带螺旋桨的模型，曾用8秒飞行40米

面对早期飞行器制造的诸多挫折，不少哲学家和神学家已经开始从哲学和宗教的角度论证人类不可能飞行的时候，哈格雷夫始终坚信人类可以制造出飞行器，并鼓励年轻人继续进行研究。他制作了许多飞机模型，其中一些还是扑翼设计，用以展示他的飞行机械概念。在他撰写的《飞行机械要点》中，认为如果孩子们能把他制作的各种飞行机械模型当作玩具，那么人类就可能早日开发出用于日常生活的动力飞行器。遗憾的是，当时澳大利亚社会对于哈格雷夫制作的航空模型并没有什么兴趣，许多模型后来在1909年被德国慕尼黑德意志博物馆收购。二战中，这些模型不幸毁于战火。如今悉尼博物馆还收藏有部分哈格雷夫模型。更令人钦佩的是，哈格雷夫从来没有为自己发明的箱式风筝申请过专利。他的研究成果，为许多飞机设计者提供了飞机结构设计的宝贵参考。1906年完成欧洲首次动力飞行的杜蒙14Bis飞机就是典型的箱式风筝结构。无独有偶，法国航空大师加布里埃尔·瓦赞（Gabriel Voisin）在自传中表示，自己的飞机也曾借鉴哈格雷夫的箱式风筝。莱特兄弟在1903年完成震惊世界飞行的"飞行者一号"，结构同样参考了哈格雷夫风筝。

翻过钞票，你会看到另一位帅哥。这位帅哥叫作查尔斯·金斯福德·史密斯（Charles Kingsford Smith，1897—1935）。一战期间，他曾参加澳军，在加里波利、埃及和法国打过仗。1916年他加入皇家航空兵，成为战斗机飞行员，获得过军事十字勋章。战后他进入娱乐界，在美国好莱坞短暂担任特技飞行员。返回澳大利亚后，他积极倡导航空运输，认为这是未来交通运输的重要方式，并完成了一系列创纪录飞行。

1927年，史密斯和副驾驶查尔斯·乌尔姆（Charles Ulm）用了十天多一点儿的时间完成了环绕澳大利亚大陆的飞行，总航程1.2万千米，打破了原有的20天纪录。1928年，史密斯做出了一生中最为伟大的飞行壮举——以他为首的4人机组驾驶"南十字座"号三发福克飞机从加利福尼亚起飞直抵澳大利亚，成为首次飞越太平洋的飞行员。这次飞行中，4人用83小时完成了世界上最长的水上飞行航程。他们历尽艰险，大汗淋漓地操纵飞机与风暴搏斗，还险些把飞机降落在

史密斯飞越太平洋
时的座驾——"南
十字座"号

一大片云朵上——海市蜃楼让他们以为那是陆地。为了抵御像炸药一样爆裂的发动机噪声，他们用橡皮泥塞住耳朵。5月31日，他们从加利福尼亚奥克兰起飞，6月8日降落在布里斯班，那里有超过2.5万人在迎接他们。数天后当他们抵达悉尼时，30万人的欢迎队伍让他们震惊不已。如今"南十字"号陈列在布里斯班机场一处纪念机库里供人参观。

建立如此功勋为史密斯赢得了莫大荣誉：1932年英王乔治五世授予他骑士头衔。两年后，他又完成了首次向东飞越太平洋的壮举：驾驶"南十字座女士"号飞机从澳大利亚飞到美国。史密斯显然不打算为自己的飞行冒险设定极限，1935年，他驾驶"南十字座女士"号飞机试图打破英格兰—澳大利亚的远程飞行速度纪录，但飞机在缅甸海岸附近失踪，人们再也没能找到他。

最后说一句，20澳元纸币水印的人物头像也是位探索型先驱——澳大利亚大陆的发现者詹姆斯·库克（James Cook）船长。

20世纪30年代，"南十字座"号三发福克飞机飞越悉尼港

史密斯爵士站在自己的"南十字座"号前

爱迪生 VS 杜蒙
两个发明大家的对话

桑托斯·杜蒙设计过不少成功的飞机，但终其一生从未申请过专利

桑托斯·杜蒙是巴西著名航空发明家，托马斯·爱迪生是美国电器发明家，两人性格迥异。杜蒙一生从未为自己的飞行器申请过专利——如果那样，他可能会成为世界上最富有的人之一；而爱迪生则拥有无数专利，为其带来滚滚财源。那么如果两人见面又当如何？事实上，杜蒙和爱迪生真的碰过面，两位巨人针对航空器还有过一段意味深长的谈话。

1902年，杜蒙前往美国。一年前他驾驶No.6号飞艇成功环绕埃菲尔铁塔飞行，夺得了杜伊茨大奖，一举成为世界上最出名的飞行大腕儿。在纽约，杜蒙见到了他一直敬仰的爱迪生，爱迪生也对这个创造了不凡飞行业绩的年轻人很感兴趣。爱迪生认为，人类应该为自己感到耻辱，因为空中飞行的问题长期未得到解决。为此他还专门发表过一份声明，称尽管桑托斯·杜蒙制造了能够在空中转向并灵活操作的飞艇，但航空技术发明用于商业还要经过很长时间，因为没有航空发明者能够在现有专利法框架下从自己的工作中获得经济收益。"要实现商业可行性，我们必须建立一种保护机制，这一机制将可以为那些商用飞机发明者提供经济回报。"

在谈话中，爱迪生说："最近我到佛罗里达去，有一天我看到一只大鸟——我以为那是一只兀鹫，它悬浮在空中有整整一个小时，却几乎不扑动双翼。上帝创造鸟类时赐予它能够飞行的'机械'，但没有把这种'机械'给其他物种。他赋予鸟类非常小巧的大脑，后者用它来控制'机械'的运转。相比之下，他给人类的大脑要大得多。"爱迪生并不是第一个进行过这种比较的人，这位实验室里的发明大家对这个来自巴西的年轻人兴趣浓厚——他在巴黎和其他城市上空驾驶飞艇盘桓，不是一次，而是好多次。

"你是唯一一个做这样事情的人。"爱迪生大声说。

"我确信你从没在航空问题上投入精力。否则你可能在几年之前就完成了我现在做的事。"杜蒙礼貌地回答。这并不是奉承之词，杜蒙对爱迪生怀有深深的敬意，他非常欣赏爱迪生的发明天赋。

"我对航空不了解。我在几年前曾有一次接触过航空，那次我制造了一台通过燃烧火药工作的特制轻型发动机。我试着用它提升物体，还做了一个小模型，但它飞不起来。因为我还有其他更有收益性的项目要做，所以彻底放弃了它。"

"我告诉你，"爱迪生真诚地继续说，"如果专利局能有效地保护航空发明人，航空问题在30年前可能就解决了。"

杜蒙惊讶地看着爱迪生。爱迪生望着一脸茫然的杜蒙，说："但你是正确的，你的方向对了，你制造了飞艇而且能够

▶ 爱迪生赠送给桑托斯·杜蒙留念的肖像照。照片下面爱迪生亲笔写道：赠给桑托斯·杜蒙，航空飞行的先驱者。托马斯·爱迪生

▶ 当时的报纸对两位发明家的会面津津乐道。这是法国报纸对这次会面的报道。报道中称爱迪生曾说："我对杜蒙的飞行机器非常感兴趣，我建议他加入美国航空俱乐部。如此之多的人对飞行这项事业兴趣浓厚，我自己也许也会加入其中。"但许多关于这次会面的文献则给出了相反的记录，称爱迪生确切表示自己不会从事航空"这一无法转化为专利权"的项目

灵活操控它，你已经向成功迈进了一步，继续做。你要设法去掉飞艇上的气球，不断地让气球变得更小。"

"爱迪生先生，你的意思是说我应该在每次制造新飞艇时让气球变得更小吗？"

"没错，你做得很好，要让航空器在商业上变得可行还需要很长时间。当你让气球变得越来越小，直到最后用显微镜也看不到它时，你就彻底成功了。"简单地说，这就是爱迪生设想的航空技术解决方案。他坚定地相信航空问题能够解决，但他也同样坚定地认为最终的解决方案不是飞艇，而是其他能够飞行的机器。他说，只有利用这样的机器，航空才能变得安全，同时才能够在商业上获得收益。

在爱迪生看来，空中飞行需要解决高效动力和总体设计问题，目的是克服飞艇取消气囊后所带来的缺少浮力的问题，这样才能保证飞行器留在空中。他总是以飞鸟为例，希望人类最终能像鸟类那样自由起飞和飞行。"比如说兀鹫，它拥有的飞行机械比同体积的空气重一千倍。只用几秒钟它就能滑过很远的距离，越过各种障碍，却极少扑动翅膀。"

"看起来并不神奇，只是很小的一部'机器'加上很小的大脑。为什么人类就不能制造一个像飞鸟那么有效的飞行机器呢？许多人说人类根本就不可能飞行，如果造物主真的希望人类飞行，那么就会赋予人类身体某些特殊的功能部分，就像飞鸟那样。但我们也可以说人类也不应该借助轮子跑得更快，因为人类身上也没有长轮子。"有人问爱迪生，他研制的新型蓄电池是否能够为解决空中飞行提供帮助，爱迪生回答："不，当然不。它太重了。我们必须设法制造最轻的动力。飞行问题中最为重要的因素是制造既要强劲到足以驱动飞行机器，同时又要足够轻便的动力装置。目前可以预见的最好的解决方式是汽油机或火药燃机这类能够快速提供动力的装置，同时它们的重量又不是很大。杜蒙的方式是对的，但他使用了气囊。在大风中，你很难控制一具气球。为了在商业上变得更加实用，必须设法让飞行变得具备确定性和安全性。飞行器一定会到来，但根据我们现在取得进展的速度，可能还要花一些时间。"

有人向爱迪生建议，他应该亲自着手关于空中飞行的研究，帮助解决这一问题。"不，我不会投入那些不受保护易遭剽窃的项目。我认为飞行机械或飞艇不大可能获得专利，无论整体还是某些部分都不大可能通过法庭的专利审查和批准。如果有人制造了商业上成功的飞行器，许多人会立即仿制，轻易攫取发明者的劳动成果。美国目前还没有判定航空器发明成功的法律先例，因为人们已经围绕飞行器做了大量工作，出版了诸多专著，以至于最后成功的飞行器与以往的不成功飞行器之间的区别可能十分细微。我甚至怀疑发明人很难发现任何新原理，而新原理是提请专利申请的必要条件。"

"那些最终解决了空中飞行的人会发现，其实没有什么全新的东西。成功的飞行器，无非就是在极轻的框架上安装紧凑且动力强劲的发动机，此外再无其他玄机。毫无疑问，这样的框架与鸟类的身体结构某种程度上相似。我不认为这是一件很困难的事情，我们已经制造出许多比人类和动物的自然机能更优秀的机械，我看不出为什么不能制造出一种能与鸟类具备相同飞行功能的新玩意儿。"

作为两个伟大的发明家，爱迪生和杜蒙的观点并不一致。桑托斯·杜蒙有着一颗超级单纯的心，他制造飞机的目的是让全世界各国更好地交流。他曾说，飞机会终结所有的战争。有了飞机，各国的人民会方便快捷地到达彼此的国家，增进了解和信任，从而使战争成为一种"不必要"之举。

和爱迪生一样，杜蒙也坚信人类能够掌握飞行器技术。他更相信飞行器能给世界带来和平，他也许不曾想到，就在十几年后的第一次世界大战中，飞机就将登上战争舞台，加入杀戮机器的行列。但至少在1902年，杜蒙的确这样认为。对于他这种充满童真的愿望，巴黎帽子店的服务员曾礼貌地回应道："我希望您是对的"。

1932年7月23日，已经患有严重多发性硬化疾病、情绪低落的桑托斯·杜蒙在巴西圣保罗寓所选择用一根绳子结束了自己的生命。许多史学家认为，见到自己心爱的飞行器被用于战争成为摧垮他精神的最后一根稻草。巴西永远怀念杜蒙的航空创举，今天巴西空军荣誉体系中就有一种奖章称作桑托斯·杜蒙功勋奖章

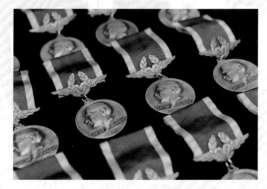

ROOSEVELT AND HOXSEY
COPYRIGHT COLE & C° 1910

坐在莱特B型飞机上的西奥多·罗斯福。1910年10月11日的这次飞行让他成为首位乘坐飞机的美国前总统

有大棒也有豪情
1910年西奥多·罗斯福的冒险飞行

　　1910年10月11日，美国密苏里州圣路易斯举行了一次小规模航展。莱特演示飞行队的飞行员阿奇·奥尔塞（Arch Hoxsey）驾驶一架莱特B型飞机在现场担任飞行表演任务。

　　就在奥尔塞准备起飞前的几分钟，一列车队浩浩荡荡抵达航展现场。从一辆轿车上走下一位体态微胖、留着标志性胡须的男人。人们一眼就认出，这正是卸任不久的前总统西奥多·罗斯福！罗斯福下车后向人群挥手问候，一名陆军仪仗兵站在他身旁，警察们则聚集成人墙封堵拥挤过来的人群——现场同时出现了飞

机和总统这个吸引关注目光的焦
点，人群产生了小小的骚动。

罗斯福走向飞机，观看这
新奇的机械。奥尔塞见罗斯福
兴致正浓，便很有分寸地询问
他，是否愿意坐上飞机上天兜几圈。起初这位前总统的回
答是："不了，谢谢。天上已经有足够多的飞机在飞了。"后
来，也许是因为感觉到这个时刻和机会比较特殊——当时他正以密
苏里州共和党人的身份参加竞选，于是他改变了初衷，脱掉外套，爬上莱特
B型飞机两个座位中的右座，也就是副驾驶座。

因为年事已高，罗斯福颇费了些力气才钻进张线和前升降舵支撑柱之间
的空间。发动机启动时，奥尔塞告诉罗斯福："抓紧扶手，我不希望您掉下去。"
的确如此，当时这些早期飞机上没有座椅安全带。

罗斯福在右侧座椅上坐定后，奥尔塞调试飞机，准备起飞。此时的奥尔塞早
已打定主意，要让这位总统见识一下不一样的飞行。次日出版的《纽约论坛报》
这样描述道："飞机迅速加速，在不到100英尺（约33米）高度绕场飞行。第一
圈飞了大约2.4千米，人群中纷纷传言，说前总统西奥多·罗斯福正在奥尔塞的
飞机上！飞机掠过看台时，罗斯福向前探身并向人们挥手致意。人们被惊呆了，
不由得屏住呼吸，目不转睛地看着飞机。"

这位前总统探出身子向地面人群挥手致意的举动，让奥尔塞大惊失色。正如
第二天的报纸报道的那样："奥尔塞非常担心总统会掉下飞机，或者他伸手的动
作会碰到就在他身边轰鸣的发动机运动部件。"奥尔塞赶紧向罗斯福喊话——声
音小了根本听不见，提醒他注意安全，同时操纵飞机转向。实际上，罗斯福正享
受这美妙时光。当时的报纸称，地面上惊讶的人们都默不作声，这一过程持续了
3分钟。于是，在航空史上，有着标志性的眼镜和小胡子的前总统西奥多·罗斯
福，成为乘坐飞机的首位国家元首。

罗斯福早就是闻名遐迩的冒险家、猎人和运动人士，乘坐木材、金属线和帆
布构建的飞行器升空飞行对他而言并不可怕，这不过是他优裕生活中又一次冒险
而已。事实上，他可能也是美国有史以来最具冒险精神的总统——据说他还是第

奉行大棒政策的西
奥多·罗斯福还是
一位痴迷的枪械爱
好者，对枪械和射
击兴趣相当浓厚，
他也是全美枪械协
会的终身会员。他
拥有的众多枪械
中，最为贵重的是
这支比利时列日FN
公司出品的勃朗宁
M1900式半自动手
枪，通体雕刻精美
花纹，花纹内填金，
富丽堂皇，配有珠
母制作的握把护
板。罗斯福在白宫
任职期间，时常将
这支手枪带在身上。
1986年，他的孙子
将此枪捐赠给美国
国家枪械博物馆

看过《博物馆奇妙夜》的朋友，想必一定对片中那位身着制服、高举佩剑的"大人物"印象深刻，他便是以探险著称的西奥多·罗斯福。不过片中由罗宾·威廉姆斯饰演的西奥多·罗斯福还多了几分幽默和温情

一位乘坐潜艇潜入水下的美国总统。

　　飞到第二圈时，奥尔塞突然驾机以近30度向地面俯冲，然后猛然拉起，以很陡的坡度爬升。在顶点改平时，罗斯福感到自己变得轻了——这是短暂的失重。第三圈时，奥尔塞又来了个大角度俯冲加拉起，这次拉起前飞机距地面最近只有大约6米！俯冲结束后奥尔塞爬升到60米高度，转了个大弯顺利着陆。

　　飞机停稳后，罗斯福爬下飞机，走到人群中间。他笑着与许多围观者握手。报纸记录他当时说："太棒了！一流的飞行！这是我经历过的最棒的时光。我真希望能飞上一个小时，但今天下午我没有时间了。"似乎是为了强调这种感受，他在末尾还加了一句："真是特别棒！"

三十多年后，美国总统才真正拥有自己的专机，那是另一个罗斯福——富兰克林·罗斯福。二战中，富兰克林·罗斯福要跨过大西洋赴雅尔塔参加同盟国首脑会议，商讨战争策略和战后世界格局。鉴于德国潜艇活动频繁，击沉了大量盟军运输船，总统如果乘船前往，将面临危险。尽管航空也有风险，但还是优于水路，而且速度也更快。于是就有了 C-54 "圣牛"。

1943年，富兰克林·罗斯福总统搭乘一架波音314 "狄克西飞剪" 参加卡萨布兰卡会议，成为首位乘坐飞机的在任总统。此后陆军航空队打算为总统专门配备一架专机，最初准备使用联合公司C-87，但鉴于该机是B-24轰炸机的运输版，军方担心搭载总统的 "轰炸机" 很容易被误认为作战装备，于是转而选择道格拉斯C-54作为改装平台，这就是后来的VC-54C "圣牛"

贝尔正在测试圆环形风筝，1908年。最右侧蓄络腮胡子者为贝尔

贝尔的风筝往事

亚历山大·格雷厄姆·贝尔，电话的发明人，他曾在航空器领域做出过不懈努力，并组建了航空实验协会和美国国家地理学会

1876年，一位29岁的美国青年从美国专利局申请了一份新型通话传输设备的专利，这堪称美国历史上最为赚钱的专利之一，这名青年的名字叫作亚历山大·格雷厄姆·贝尔（Alexander Graham Bell）。而他的专利，就是后来人们须臾不可离开的电话。

电话给社会带来了巨大的技术革新，而它对于贝尔的一个直接影响就是，他银行户头里的资产很快变成一组不断增加的天文数字。随着贝尔永远不需要再为赚钱操心，在他的手札上，出现了许多新技术。最令人称奇的是，贝尔曾花费大量精力去设计和试验飞行器——在当时重于空气的载人飞行器是一个既热门又矛盾的研究领域，科学界许多人都认为，人类无法解决载人飞行的技术难题。但在贝尔精心制作的记录文件中，我们能看到他在20多年间进行了近1200次飞行试验！贝尔不仅自己组织实验，还在1907年与格伦·柯蒂斯（Glenn Curtiss）、威廉姆·拜德温（William Baldwin）、托马斯·塞尔弗里奇（Thomas Selfridge）和约翰·麦柯迪（John McCurdy）等4位年轻的工程师组建了航空实验协会（Aerial Experiment Association，AEA），并亲自担任主席，共同开发航空器。贝尔的这4位合作者后来完成了加拿大首次动力飞机载人飞行，并根据贝尔的建议发明了副翼。AEA还进行了美国首次飞机公开飞行，当时莱特兄弟的飞行还处于半秘密状态。

贝尔对飞行的兴趣同样来自强烈的好奇心。在青少年时代，他也研究过鸟类的飞行动作，并制作过简陋的机翼和螺旋桨。富裕起来后，贝尔还出资资助了老朋友、飞行大师萨缪尔·兰利（Samuel Langley）的飞行试验。到1895年，兰利进行了首次重于空气飞行器的动力飞行。贝尔坚信人类能实现飞行梦想，公开宣称，"我不能置身于航空探索之外，有朝一日我们一定都能飞起来"。

1896年，贝尔的飞行梦想遭遇了一次重创：这一年德国飞行先驱李林塔尔在滑翔事故中不幸丧生。贝尔开始严肃地考虑载人飞行的安全问题。在贝尔此后的飞行试验中，他始终关注飞行器在空中的稳定性和安全性。在日记中，他这样问自己，如何不进行实际测试，不让人坐在可能存在设计缺陷的飞行器上，而又能检验设计思想呢？

贝尔很快发现风筝是个好办法。他并非最早想到风筝的人，莱特兄弟最初也是用巨大的双翼风筝开始试验，他们早期的载人滑翔机也非常类似风筝。1898年6月，贝尔在给妻子玛贝尔（Mabel）的信中写道："在我看来，风筝飞行试验对于开发实

这张饶有味道的照片摄于1903年10月16日，贝尔夫人玛贝尔·贝尔手持四面体风筝框架与贝尔接吻

1902年拍摄的贝尔试验过的圆筒形组合风筝

用飞行器的重要性与日俱增。"到1899年，贝尔已经试验了许多不同类型的风筝：圆筒形的线轴风筝、辐射形风筝以及澳大利亚人哈格雷夫研制的箱形风筝。

贝尔的风筝试验大多在加拿大新斯科舍省的巴德克（Baddeck）进行，当地的邻居们，甚至许多科学家都认为贝尔是"一个花费大量时间放风筝的傻子"。附近一个船工这样描述他："阳光明媚的午后，他来到小山脚下，带着一大堆愚笨的东西，花上一整天放飞它们。他还立了一块黑板，在上面记下那些在空中东摇西晃的风筝数据。他的那十几个风筝造型都十分古怪，飞得也不好。我要是去放风筝，肯定比他强。"但贝尔不理会这些，他关注的是飞行器的稳定性，而不是速度。

贝尔试了各种尺寸的风筝。其中一种被称作"巨无霸"（Jumbo）的风筝足有一个房间那么大。在试验中贝尔发现风筝越大，飞行性能越差。贝尔通过实验发现，多单元组合式风筝可以在增加升力面积和稳定性的同时避免风筝过于沉重。通过多次试验，贝尔认为四面体结构单元效果最好，以四面体单元组合而成的风筝比箱形风筝更坚固且性能更佳。贝尔设计的这种四面体多单元风筝，不仅是一种新颖的风筝结构，后来更演变为一种建筑结构方式。

贝尔四面体多单元风筝中的四面体单元边长10英寸（25.4厘米），外部覆盖红色丝织品。为了缝制蒙布，贝尔聘请了一大批家庭主妇来穿针引线。贝尔非常喜欢这种颜色，原因是它在照片中相当醒目。在试验中有一次风筝坠毁，周围村庄里的小女孩纷纷跑来，竞相瓜分风筝表面的丝绸，用来制作洋娃娃的衣服。1903年，贝尔把风筝的骨架材料从云杉木换成了铝管，并为自己的四面体多单元风筝结构方式申请了专利。1904年专利获批，此后这种结构方式极大地影响了建筑业。

贝尔拖曳风筝升空的方法五花八门，他尝试过用马匹、汽车和船只拖带风筝。他最热衷于用船只拖带风筝，因为这样风筝就可以在水上起飞和降落，安全方面最有保障。贝尔用四面体单元组合成各种形状

贝尔在向公众介绍自己的四面体多单元风筝框架结构，1904年

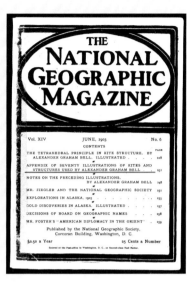

1903年6月号《国家地理杂志》上刊载了贝尔撰写的《风筝结构中的四面体原理》一文

1906年，贝尔在纽约航空俱乐部展览会上展出了自己的四面体多单元风筝。请注意一名助手站在贝尔身后的风筝结构框架上，以演示其坚固性

的风筝，他发现环形布局容易发生侧滑和坠毁。他还设计过一种称为"预言鸟"（Oionos，希腊文"预言鸟"之意）的风筝。这种风筝有短尾和横向翼状结构，贝尔认为这种风筝是"一种能够飞行的风筝，在解开拖缆后能够滑翔"。他设计的"霜之王"（Frost King）风筝有1300个四面体单元，升力面积达440平方英尺（约41平方米）。1905年圣诞，贝尔用这种风筝把一个车夫的兄弟尼尔·麦克德米德（Neil MacDermid）送上了10米的高空。但那并非有意，而是因为在放风筝时这位仁兄意外被风筝拉上了天。这次有惊无险的意外让贝尔欣喜地发现，自己设计的四面体多单元风筝完全可能带着飞行员和发动机一起升空。

贝尔试图建造能够稳定安全飞行的四面体多单元结构飞机的愿望最终没能实现。在紧凑、轻量、可靠且功率强劲的航空动力诞生以前，航空技术的发展方向已经悄然转变。航空试验协会测试过贝尔最新的由3393个四面体组成的多单元

贝尔设计制造的"幼天鹅"大型四面体多单元组合风筝

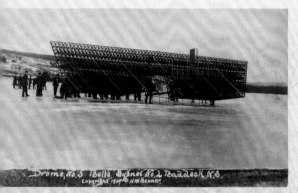

▶ "幼天鹅" II 四面体多单元结构飞机

▶ "幼天鹅" III 装上了70马力转缸发动机,但只能在地面几十厘米的高度跳跃,无法升空

▶ 贝尔的四面体多单元联合结构后来被广泛用于大跨度穹顶建筑上

风筝"幼天鹅"(Cygnet)。最初的试验是无人飞行,后来在1907年12月6日,AEA成员、美国陆军中尉托马斯·塞尔弗里奇坐在风筝中央一起上了天,他通过移动身体重心位置来控制风筝姿态。这次飞行中风筝由一艘汽船拖带,上升到168英尺(约51米),留空时间达7分钟之久,这是"幼天鹅"唯一一次飞行。随着风力降低,风筝降落到水面,汽船烟囱喷出的浓烟完全遮挡了风筝拖缆。结果塞尔弗里奇和船员都以为对方已经切断了拖缆,故而全都没有采取行动,结果落在水上的"幼天鹅"被汽船拖着继续前行,直到风筝被巨大的水流阻力扯得四分五裂。这次试验以失败告终,塞尔弗里奇大难不死,但他的好运气在1908年9月17日结束了:他在乘坐莱特双翼机飞行时不幸坠机丧生,成为飞机时代第一个罹难者。这次灾难的飞行员,正是奥维尔·莱特(Orville Wright)。

此后AEA的注意力转向测试双翼滑翔机和其他飞机:红翼、白翼和"金龟子"(June Bug)以及"银镖"(Silver Dart),这些全都是贝尔的4位青年合作者的作品。其中最好的"银镖",在1909年2月23日在加拿大进行了首次成功的动力飞行。这些试验贝尔都亲临现场,并创新性地提出了副翼概念。在"幼天鹅"之后,贝尔还花费了5年多时间,断断续续地试验动力版载人四面体多单元风筝,并先后制造了"幼天鹅"II和III,以及三翼版的"预言鸟"。这些动力风筝都没能真正离开地面起飞——最好的"幼天鹅"III装上了70马力"土地神"转缸发动机,但也仅仅

是在1912年3月的试飞中离地一两英尺（30 ~ 60厘米）。此后贝尔对飞机的兴趣逐渐减弱。他生命的最后十年里，注意力转向水翼快艇。1919年，贝尔和威廉姆·拜德温合作建造了一艘水翼艇，并创下水翼艇速度世界纪录，该纪录一直保持到1963年。去世前几个月，贝尔在采访中对记者说：那些总是坚持观察事物并加以思考、探究事物发生的理论原因的人，他们的脑力永远不会衰退。

在动力飞行器方面，贝尔没能成功，但他提出的四面体结构方式却演变成一种新颖的建筑结构方式。今天你看看大跨度穹顶建筑结构，以及高速赛车的内部框架，你就会发现四面体结构概念对后世的影响。而这一概念，就源自贝尔。

贝尔与拜德温联合制造的HD-4型水翼艇模型。该艇在1919年创下了114.04千米/小时的水上航行速度纪录，并一直保持到1963年

2011年，一群英国艺术历史研究者复制了一具贝尔"幼天鹅"风筝，并将其成功放飞升空

誉满天下谤满天下的 821393 号专利

莱特兄弟的专利战争

在家门口台阶上潇洒留影的莱特兄弟：左为哥哥威尔伯·莱特，右为弟弟奥维尔·莱特，1909 年

1906 年，美国人莱特兄弟从美国国家专利局取得了一份编号 821393 的专利证书。在这份专利证书的专利主张中，一项很重要的内容是飞机的控制技术。这项对于所有飞行器都至关重要的通用技术，从此成为莱特兄弟的专有权利，也为日后鸡飞狗跳的纠纷埋下了伏笔。此后数年，莱特兄弟不断地起诉国内外的各位航空人士和各大航空制造企业，以侵权为名将他们推上被告席，要求后者支付巨额专利费。其中最为著名的被告，便是美国另一位鼎鼎大名的航空先驱格伦·柯蒂斯。

821393 号专利

在 1902 年滑翔机试验中，莱特兄弟成功实现了滑翔机的三轴控制。他们最值得称道的创新是把滚转控制（通过扭转机翼）和偏航控制（通过方向舵偏转）两种手段合二为一。1903 年 3 月，莱特兄弟为这些控制手段提交了专利申请，但是被专利局驳回了。1904 年，两人聘请了俄亥俄州一位资深专利代办律师亨利·图尔明。专业人士果然不同凡响。图尔明仔细研究后告诉莱特兄弟，专利申请的权利主张应该聚焦于莱特 1902 型滑翔机上采用的三轴控制技术而不是飞机本身。这一睿智的建议让莱特兄弟在 1906 年 5 月 22 日顺利拿下了 821393 号专利证书。此后尽管有将近 30 人申诉认为自己是飞机的发明人，但图尔明的专利案始终没有被推翻。此外，图尔明还帮莱特兄弟申请了另外 4 项专利，并把 821393 号原始专利在欧洲申办成功。这纸 821393 号专利证书，描述了机翼变形控制技术，同时指出除机翼变形之外的其他技术也可以改变机翼外段迎角，实现横向滚转控制。横向控制理论实际上是所有飞机的设计关键，没有这项技术飞机就无法实现安全可控飞行。这份专利证书一方面体现了莱特兄弟的创新设计；另一方面又因为权利主张过于宽泛而阻挠了许多飞行家的行动，可谓誉满天下、谤满天下。

从威尔伯·莱特写给奥克塔夫·沙努特的信函中，可以看出兄弟俩对取得这项专利的欣喜："毫无疑问，所有使用这一（控制）系统的人都应用了我们的

1906 年 5 月 22 日签发的 821393 号专利证书，如今珍藏在美国国家档案馆。这份专利权利主张的方式和宽泛成了日后专利战的伏笔

专利，而我们是这项技术的唯一专利所有人。法国飞行家们已经承认了这一点。"在另一封信中威尔伯·莱特写道："从道德上，我们认为全世界广泛采用的横向控制手段都属于我们的专利范畴。我们认为从法律上也是如此。"

专利战争发端

1908年7月20日，奥维尔给格伦·柯蒂斯写了一封信，拉开了专利权战的序幕。当时柯蒂斯驾驶"金龟子"飞机刚刚夺得美国航空俱乐部1英里（1.6千米）航线飞行大奖，获得2500美元奖金。奥维尔在信里警告柯蒂斯："我们不允许将我们飞机的专利技术用于展览或商业……如果您的确希望这么做，我们很愿意与您商洽授权问题。"柯蒂斯回复说自己不准备进行商业展览，同时强调关于专利权问题应该去找比赛的赞助者AEA（美国飞行试验协会）。

柯蒂斯并不担心莱特的警告，因为贝尔已经向AEA保证过，"金龟子"使用的是副翼而不是变形机翼，这一特征将可以绕开莱特兄弟的专利主张范围——贝尔是世界上首次建议使用副翼的人，可是他的假设并不正确。莱特兄弟的专利证书认定，横向控制可以通过类似副翼的控制面来实现。

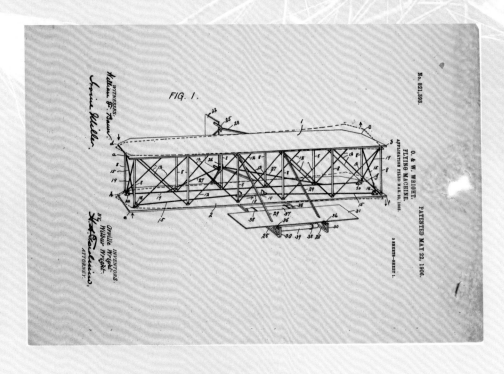

821393号专利证书附件中对于莱特飞机机翼扭转控制技术的说明图纸，现藏美国国家档案馆。图纸上除了有专利局审核官的签字，还有莱特兄弟两人以及律师图尔明的亲笔签字

　　柯蒂斯继续他的航空活动，势头丝毫不减。1909年6月，柯蒂斯制造了一架新飞机"金色飞行者"，这显然是在挑衅莱特的"飞行者"。他把这架飞机以5000美金的价格卖给了纽约航空学会。

　　莱特兄弟发现柯蒂斯无意于洽谈专利授权问题，于是威尔伯在1909年8月启动了两项行动。他先是起草了一份告知函，指责柯蒂斯及其合伙公司赫灵–柯蒂斯公司制造、销售和展览飞机的行为侵权。接着，他提交了诉状，要求禁止纽约航空学会使用"金色飞行者"，因为该机使用了侵权技术。

　　821393号专利证书宽泛的权利主张无异于莱特兄弟的尚方宝剑。这份专利让他们从一开始就处于有利位置。1914年1月13日，美国巡回上诉法庭认定莱特兄弟"是重于空气的飞行器实用飞行技术的开创者"，同时裁定副翼也属于莱特兄弟的专利主张范畴。

　　然而此时奇怪的事儿发生了。汽车大亨亨利·福特决定派自己的私人律师本顿·克瑞斯普来帮柯蒂斯打官司。克瑞斯普凭借老到的经验很快找到了挑战莱特专利权的新办法。他为柯蒂斯制定的新战略，是把飞机两侧副翼的联动机构断开，这样两个副翼就只能独立工作。莱特兄弟的专利中确实有关于副翼的权利主张，但在此前的诉讼中从未被正式提出。面对克瑞斯普的战略，莱特公司不得不重新制定诉讼方案。

1911年12月5日格伦·柯蒂斯申请的飞机设计专利，其两翼的三角形副翼负责提供横向滚转控制。这项权利主张在莱特兄弟发起的专利战中也成为被指控的对象

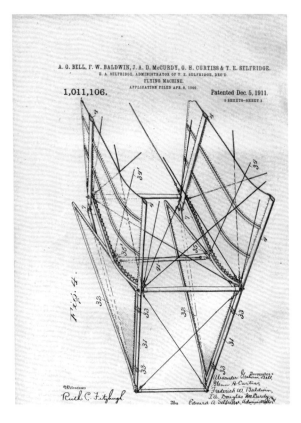

A. G. BELL, F. W. BALDWIN, J. A. D. McCURDY, G. H. CURTISS & T. E. SELFRIDGE.
T. A. SELFRIDGE, ADMINISTRATOR OF T. E. SELFRIDGE, DEC'D.
FLYING MACHINE.
APPLICATION FILED APR. 8, 1909.

1,011,106.
Patented Dec. 5, 1911.
6 SHEETS—SHEET 3

柯蒂斯还尝试过挑战莱特专利权的其他方法。早在1914年，柯蒂斯就征得史密森尼基金会许可，把当年试飞失败的兰利飞机带到纽约哈蒙兹波特进行测试，目的是证明莱特兄弟关于自己是"飞行第一人"的主张不成立。当时的记录显示，这架兰利飞机确实能够飞行，但此前经过了小幅改进，在法理上难以作为有力证据。

被莱特兄弟盯上的不仅只有柯蒂斯。莱特兄弟还给英国的萨缪尔·科迪写了一封信，宣称他研制的飞机也侵犯了兄弟俩的专利权。科迪回信告诉他们，早在莱特兄弟成功飞行之前，他就已经开始在载人风筝上使用机翼变形控制技术。兄弟俩还状告过在美国航空展上飞行表演的其他外国飞行家，其中包括法国飞行大腕儿路易·波朗。支持柯蒂斯的人们嘲笑说，如果有人跳到空中挥动手臂，莱特兄弟都会立即起诉他。

莱特在美国和海外的专利战取得了部分胜利，但大多是形式上的。法庭似乎支持莱特兄弟的诉求，却迟迟不做最后裁决。被诉方的律师们也努力通过要求法庭展开更多调查的方式来拖延时间。在这段被刻意拖延的时间里，被诉者仍然可以自由地做飞机生意。

莱特兄弟的被告们通常会采取两种战略。第一种是宣称莱特兄弟的专利技术"早已经被沙努特和威尔伯·莱特泄露"；另一种是坚称像路易斯·皮埃尔·莫伊拉德等先驱早已"预见"到这样的技术。作为第二种战略的经典范例，法国被告宣称莫伊拉德是真正的机翼变形技术之父。莫伊拉德确实曾经提出过利用扭转机

翼的方式实现水平转弯的方案，那并不是协调使用尾部方向舵和扭转机翼配合进行横向控制的莱特系统。莫伊拉德的滑翔机甚至根本没有尾翼。

法国特别法庭宣布了一项声明。这项声明看似支持莱特兄弟，却在莱特兄弟的维权问题上留下了一个漏洞：法庭组建了一个由三个航空部门组成的委员会，来研究确定莱特兄弟的专利是否曾被其他人"预见"到。

在德国，专利局宣布莱特兄弟的专利权主张因为"提前泄露"而无效。他们引述了奥格塔夫·沙努特 1903 年 4 月在巴黎法国航空俱乐部做的演讲，演讲中提到 1900—1902 年间的莱特滑翔机试验；另一个被引述的是威尔伯在 1901 年莱特滑翔机试验后向西方工程师协会所做的演讲。

德国人的辩驳所依据的事实基础其实并不牢靠。沙努特并不理解错综复杂的莱特控制系统，因此也就不大可能对外界表述这一设计。沙努特曾在一次采访中表示，"莱特兄弟提起专利诉讼是个大错误"，因为"他不认为法庭会支持扭转机翼尖端技术方法的专利主张"。沙努特这样的表述为他和莱特兄弟之间多年的友谊蒙上了阴影。至于威尔伯 1901 年那次演讲就更站不住脚——当时莱特兄弟还没有完成飞机控制系统的最后研制。那次演讲中最为重要的部分，应该算是威尔伯提出李林塔尔的升力和阻力表格存在错误。莱特兄弟据此对德国法庭的裁决提出上诉，但是毫无效果。

柯蒂斯绞尽脑汁寻找法理上的突破口时，奥维尔·莱特却在打着完全不一样的算盘：准备把莱特公司整个卖掉。作为莱特公司的掌门人（原掌门人威尔伯于 1912 年逝世），奥维尔从没感到过快乐，他不喜欢管理工作，甚至在莱特工厂内都没有保留一间办公室——他更乐于使用自己老自行车铺楼上的办公室。1915 年 10 月 15 日，他最终把莱特公司卖给了其他投资人。卖掉公司后，奥维尔彻底离开了飞机制造这一行，也远离了专利权纷争。

持久战的可怕后果

莱特两兄弟中，这场旷日持久的专利战对于威尔伯的压力更大——他一直为那些诉讼官司积极奔走。威尔伯是称职的证人，凭借自己的知识和档案记录，有效地向法庭阐明了自己专利的技术特征。他的证词陈述俨然就是大学航空工程研讨会，只不过下面的学生是法官和律师。庭审并不轻松。威尔伯憎恶法庭那种仪

这场专利战摧毁了许多东西。莱特兄弟与奥克塔夫·沙努特长期的友谊也因后者不支持兄弟俩的专利诉讼而蒙上了阴影

式化的僵化和拖沓，长期诉讼和不断奔波让他身心俱疲。

这场专利战变得广为人知，一些人甚至开始控诉莱特兄弟，指控他们"侵犯了自己这样或那样的专利"。这些反诉案件中比较典型的是伊拉斯特斯·温克利的指控，他持有的技术专利和航空风马牛不相及——缝纫机自动控制技术专利，但他却宣称莱特兄弟窃取了自己的思想并用于飞机。尽管这些诉讼最终都以莱特胜诉完结，但同样耗费了威尔伯大量精力和时间。

对于这一桩桩遥遥无期的诉讼，威尔伯不禁发出这样的慨叹："这真是相当有趣的事儿。在被人唤作傻瓜和捏造者6到8年之后，我们现在发现原来人们早就知道应该怎样飞行。"

专利官司让莱特兄弟把相当精力从飞机转移到诉讼，他们缓慢却无可挽回地失去了相对于竞争对手几乎5年的领先优势。1910年结束时，莱特兄弟的飞机在设计和性能上已经被欧洲制造商甩在后面。诉讼让威尔伯长期劳碌压抑，严重损害了他的健康。1912年4月，威尔伯在波士顿患上伤寒。5月30日，威尔伯在昏迷中死去，年仅45岁。

葬礼上，主教致了这样的悼词：短暂的生命，却硕果颇丰。他有着坚韧的智慧，冷静的性格，自立且谦逊。他清楚地看到了正确的一面，坚定地不懈追求。他生过，现已逝。

威尔伯死后，奥维尔决心继续威尔伯的未竟事业——专利战。1913年2月，奥维尔启程欧洲继续威尔伯的专利战。从英国到德国，再到法国，诉讼仍然拖沓冗长且结果难料。双方辩护律师唇枪舌剑各不相让却迟迟没有最终结果，一直拖到1917年——这一年莱特兄弟的法国专利权到期。

及时到来的战争

1912年威尔伯·莱特去世，奥维尔·莱特也在1916年衣锦退休，此前他把专利权以超过100万美元卖给了莱特－马丁公司。此后围绕莱特专利权的官司不仅没有平息，反而愈演愈烈并趋于扩大——莱特－马丁公司为专利支付了巨款，自然希望通过专利诉讼捞回成本。于是莱特－马丁公司取代莱特兄弟重新走上原告席，把其他飞机制造商推上被告席。到了这个地步，先前站在莱特对面被告席上的柯蒂斯公司也学会了做与莱特兄弟相同的事情，凭借自己持有的多项航空专利向其他航空企业宣战。这些打不完的官司成为美国航空工业的重大危机。

诉讼，以及诉讼威胁，让投资者们对航空制造业望而却步。1916年12月，莱特－马丁公司要求其他航空制造商向自己支付专利费——标准为每架飞机售价的5%，每家制造商每年最低限额1万美金。莱特－马丁公司这一专利费主张涵盖了所有飞机，无论它们是采用原始过时的机翼变形方式，还是柯蒂斯更为流行的副翼方式，统统都得交钱。

1917年，美国飞机相关技术专利的两家主要持有人——莱特公司和柯蒂斯公司，事实上已经完成了一项不小的"伟业"：阻挠了其他企业制造新飞机的热忱和进程，而准备加入"一战"的美国此刻却急需飞机。最终美国政府听取了海军次长富兰克林·罗斯福执掌的委员会的建议，推动航空工业组成了一个交叉授权组织，也就是历史学家所说的"专利池"。这个组织的正式名称叫作飞机制造商联合会。在联合会内，每个会员企业可以按照政府制定的标准结合自己的飞机产量缴纳较为合理的专利授权使用费。这笔费用大部分支付给莱特－马丁和柯蒂斯两家公司，直到他们的专利到期。美国政府采取这一措施原本是为了撑过战争。1918年战争结束，专利战的硝烟并未重新燃起。威尔伯·莱特已经去世，奥维尔·莱特也已卖掉莱特公司的股份，宣告退休。这场史诗般的专利战至此终于画上了句号。

客观地说，莱特兄弟掀起的专利战某种程度上损害了他们的公众形象。批评家们认为莱特兄弟的举动阻碍了航空业的发展。无论如何，维权总没有错。若说有错，美国专利局在1906年允许一张专利证书主张如此宽泛的权利，恐怕值得商榷。

凯瑟琳和她的兄弟们

　　1909年1月2日，法国波城。在弟弟奥维尔·莱特注视下，威尔伯·莱特驾驶一架"飞行者"准备升空，他们的妹妹凯瑟琳·莱特坐在副驾驶席上。这是凯瑟琳·莱特第一次乘坐飞机升空。为了保证上天后气流不会掀起自己的裙摆，凯瑟琳特地用一根绳子捆住了它。作为一位女士，凯瑟琳此时以乘客的身份飞行具有特别的意义：就在几个月前的1908年9月17日，奥维尔在麦尔堡为美军进行飞行演示时坠机，机上乘客、美国陆军中尉塞尔弗里奇丧生；奥维尔重伤，腿部骨折，肋骨断了几根。在欧洲期间，威尔伯多次带凯瑟琳飞行，其中一次英国国王爱德华七世在场。凯瑟琳的飞行有力地打消了许多欧洲观众心里的疑惑，连女士都能轻松飞行，还有什么值得担忧的呢？

　　在法国巡回飞行演示活动中，凯瑟琳扮演了极为重要的角色。当时的媒体发现，惊世骇俗的飞行机械的发明人莱特兄弟完全不善交际。尽管他们在机械和飞行方面造诣颇深，但新闻媒体看到的兄弟俩却永远只是穿行在表演现场，一言不发。与天生羞赧的哥哥们不同，凯瑟琳开朗活泼，生性乐观，非常健谈，成为两兄弟与买家之间很好的接洽人。法国演示行动期间，凯瑟琳担负起两位哥哥日常事务的"行政经理"工作，向外界展现了莱特家族具有亲和力的一面。每天早晨，她坚持学习两小时法语，午餐时间参加商务洽谈，下午再赶赴飞行场会见那些前来参观飞行演示的商界和政界人士。凭借凯瑟琳的拉丁文和法语才能，完全不通法文的两兄弟才能与社会各界正常交往。很难想象没有凯瑟琳，莱特兄弟的航空和商业活动是否还能如此顺利。为了接待西班牙国王阿尔方索十三世，凯瑟琳甚至与一位英国男爵夫人仔细地演练过欧洲宫廷屈膝礼。等到国王驾临，凯瑟琳突然忘记了动作，她随机应变，立即以美国方式大方地与国王握手，并送上阳光灿烂的微笑，令国王也赞叹不已。

凯瑟琳很早就表现出作为兄长们坚强后盾的才能。在奥维尔坠机受伤康复期间，她在6周时间里陪伴左右，协助奥维尔打理飞机业务，回复邮件，接待访客，甚至协助军方进行事故调查。

鉴于凯瑟琳的出色表现，欧洲媒体开始"刨根问底"地探究她在发明飞机过程中的贡献。有传言说是她不仅出资资助两兄弟，还亲手缝制了飞机机翼的蒙布，甚至还完成了设计飞机所需的数学计算。这些都不属实，但表明在公众心目中凯瑟琳对莱特兄弟事业的重要程度。他们离开法国时，法国政府向他们三人颁授了荣誉军团勋章——法国人实在想不出没有凯瑟琳，莱特兄弟是否还能如此成功，凯瑟琳由此成为获得殊荣的首位美国女士。

美国人也是如此认为。美国总统塔夫特在白宫向莱特兄弟颁发美国航空俱乐部金质奖章时，凯瑟琳也在受邀之列。此后莱特三兄妹携带新飞机在华盛顿为美军重新进行了演示，顺利拿到了美国陆军首架飞机订单。为了协助哥哥们打理飞机生意，凯瑟琳毅然辞掉了中学教师的职位，全身心投入这份幕后工作。1912年威尔伯去世后，奥维尔继任莱特飞机公司总裁，凯瑟琳则成为他的全权助理。那个时期投资人购买的莱特公司股票上，都有奥维尔和凯瑟琳两人的签名。

如果说成功人士莱特兄弟（两兄弟都是终身未婚）背后一定有不能被忽视的女性力量，那么这份力量就来自凯瑟琳·莱特。

涛贝勒，我是布莱里奥

帝国的基石已经沉沦，但兴致勃勃出访列强考察军事的清朝贵胄，仍然可算是这个古老帝国求变图存的表征。无论这种表征多么光鲜，也只能是封建帝制的回光返照。

1910年，大清国郡王衔贝勒、军谘大臣载涛率团出访西方列强考察军事，5月16日在法国巴黎附近的伊瑟雷莫里诺机场，载涛及随员与法国著名飞行家路易斯·布莱里奥（左一）合影

1910年5月26日，凡尔登。著名建筑师古斯塔夫·埃菲尔主持设计的别致车站里人声鼎沸。市长勒尼奥和总督勒孔特将军在当地军政要员的簇拥下，走进车站大厅，迎接一位头戴瓜皮小帽、留着油亮长辫子、长衫马褂的中国贵客。能得到法国市政要员的垂青，此人自然非比寻常。他，便是大清国宣统皇帝的叔叔、军谘大臣、郡王衔贝勒爱新觉罗·载涛，当时正率考察团一行17人，赴日、美、英、法、德、意、奥（奥匈帝国）、俄8国考察军事。这一时期，中国这个垂暮的帝国频频派出使团出访西方列强，希望弄清楚西方为何强盛，而作为天朝上国的中国又为何孱弱。

涛贝勒到了法兰西

在那些几乎从未看到过中国面孔的凡尔登市民心中，载涛一行的到来绝对是个大事件。载涛是中国皇帝的叔叔，在中国帝国权力架构中居于最上层的少数几

个人之一。陪同他的人主要是军队的官员。他们考察项目的重点，是航空、铁路和军事要塞建筑等技术。

就在几天前的5月16日，中国使团造访了巴黎附近的伊瑟雷莫里诺机场（Issy-les-Moulineaux），观看了一场重要的飞行演示。伊瑟雷莫里诺机场今天似乎默默无闻，但它在航空史上却地位显赫。早在载涛贝勒没有抵达之前，这里就是早期航空大咖们云集的地方——今天法国文博机构珍藏的照片上，能看到许多令后人敬仰的早期航空顶级大腕儿，当然要认出他们需要有些造诣。在这里，曾无数次刷新人类航空纪录：1907年10月26日，亨利·法尔曼（Henry Farman）在这里驾驶瓦赞-法尔曼I型飞机用52秒飞行了771米（2530英尺）赢得了恩内斯特·阿奇迪肯杯（Ernest Archdeacon Cup）。1907年11月17日，巴西著名飞行先驱桑托斯·杜蒙在这里驾驶他的19号飞机"豆娘"（Demoiselle）进行了三次飞行。耐人寻味的是，杜蒙建造19号飞机是为了夺取1000米闭合航线竞速大奖。但这个大奖杜蒙没拿到，夺走它的人还是法尔曼——1908年1月13日，法尔曼在这里用1分28秒飞完了1000米圆形闭合航线，赢走了5万法郎巨额奖金。1908年7月25日，法国早期军事航空的大力推进者、炮兵上尉路易斯·费迪南·费伯尔（Louis Ferdinand Ferber）驾驶自己的拉进式双翼机在这里进行了短暂飞行。虽然

这张拍摄于1907年10月的照片能够充分说明伊瑟雷莫里诺机场在法国乃至世界航空史上的地位，画面中星光闪耀：左侧两位女士旁边身着法式军服的是炮兵上尉路易斯·费迪南·费伯尔；他前方头戴条纹鸭舌帽蓄须者是亨利·杜伊茨；画面正中交谈的三人，左侧是法国著名飞行家兼雕刻家利昂·德拉格朗日（Leon Delagrange），中间是亨利·法尔曼，右侧背向观者的是路易斯·布莱里奥；画面中间偏右微笑着走向观者的人，正是桑托斯·杜蒙；杜蒙正后方侧身向右走动者是恩内斯特·阿奇迪肯（富有的律师、法国航空俱乐部创始人之一、航空大奖赞助人）

比莱特兄弟晚了5年的飞行看似并不起眼，但费伯尔真正令人敬佩的是，在莱特兄弟成功飞行而自己的飞机尚未成功之时，积极游说法国战争部，推荐购买自己的竞争者——莱特兄弟的飞机。1909年1月23日，还是在这里，路易斯·布莱里奥首飞布莱里奥XI型飞机。6个多月后的7月25日，他驾驶布莱里奥XI以勇往直前的精神飞越英吉利海峡，从加莱直抵多佛，这是人类航空史上飞机第一次跨越海峡。

涛贝勒与航空大咖们

关于1910年5月16日载涛一行造访伊瑟雷莫里诺机场的具体细节，留下来的历史资料极为有限，但我们还是要感谢法国新闻界那些恪尽职守的摄影师们，他们用镜头给我们留下了当年中国代表团参观伊瑟雷莫里诺机场的场景。从照片看，载涛在伊瑟雷莫里诺至少见到了三位航空史上的大腕儿，他们分别是布莱里奥、阿尔弗莱德·勒布朗（Alfred LeBlanc）和亨利·杜伊茨·默尔特（Henri Deutsch de la Meurthe）。其中一张照片上，布莱里奥头戴鸭舌帽，右手平伸，显然是指着远处的飞行器在为载涛讲解。对面的载涛戴着眼镜，头戴六合

1910年5月16日，巴黎附近的伊瑟雷莫里诺机场，布莱里奥在向载涛介绍布莱里奥XI型飞机的情况。载涛身后微胖者为首席随员李经迈

1910年5月17日，一袭戎装英气勃发的载涛在法国文森内斯军营由法国军官陪同检阅法军。此时载涛和法国将领都不曾意识到，就在4年之后的大战中，他们在这座军营看到的剽悍骑兵队列将在机枪面前土崩瓦解；巍峨的筑垒要塞将在重型火炮面前战栗；看似简陋的飞机将从天空以新的维度改变战争，并逐步成为战场的主宰力量

载涛在向法国陪同人员询问航空有关事宜，其右侧是李经迈，两人身后是考察团成员清军军官

一统帽（俗称"瓜皮帽"），身着质地考究的绸缎马褂和高领坎肩，双手相握，借助一名法籍翻译认真地听着。其身后一位身材微胖的官员，是中国使团首席随员，曾任中国出使奥地利大臣、光禄寺卿以及江苏、河南、浙江按察使的李经迈，他的父亲便是晚清重臣李鸿章。这张照片与历史文献中关于参观中布莱里奥曾为载涛讲解布莱里奥XI的设计和性能特点等记述暗合。法国方面的记载提及，中国代表团非常渴望了解西方航空技术的发展状况，这一心态可以理解，晚清政府许多人认为中国之所以贫弱，是因为科技不如西方列强，因此主张西学。很少有人提及或不愿提及，中国落后的真正原因是陈旧腐朽

这张照片上，载涛与头戴飞行帽的法国著名飞行家勒布朗谈笑风生。载涛左侧是李经迈，右侧留小胡子笑容可掬的是禁卫军训练大臣爱新觉罗·良弼。清朝结束后良弼组织宗社党，誓与民国对抗，1912年1月26日被同盟会会员彭家珍用炸弹炸死。画面左侧戴礼帽蓄络腮胡者，便是法国航空技术进步的鼎力私人资助者亨利·杜伊茨

的封建政体。

在另外一张照片上，载涛正与一名头戴飞行帽的法国飞行员谈笑风生，其左侧是李经迈，右手边笑容可掬的是禁卫军训练大臣爱新觉罗·良弼。1842年8月29日在南京江面上与英军签下《南京条约》的大学士伊里布，便是他的爷爷。那位与中国代表团交谈的法国飞行员，则是阿尔弗莱德·勒布朗。他是布莱里奥的合作伙伴，在布莱里奥飞越海峡的行动中，他是后勤总管，负责打理一切勤务保障事务。后来又成为购买布莱里奥飞机的第一人，同时还是布莱里奥飞行学校招收的第一名学生，也是通过飞行考试从法国航空俱乐部获得飞行员资质的第二人。他后来成为一名出色的飞行教员，还对新制造的布莱里奥飞机进行验证飞行。在勒布朗身后那位身着考究西装、头戴礼帽、留着优雅的亚瑟王式络腮胡子的也是一位大牛。他虽不是飞行员，但其对法国乃至人类飞行技术进程的促进作用，却远超过一名飞行员。他就是亨利·杜伊茨。此人是法国石油商人，他并非一般的土豪暴发户，而是一位对航空有着强烈兴趣的知识型大款。人家有了钱，没有去花天酒地、无边无际地炫富烧钱，而是设立多项巨奖鼓励航空先驱们突破一个又一个飞行极限。杜伊茨还是法国航空俱乐部的创始人。1901年10月19日，杜蒙

驾驶6号飞艇用时29分30秒完成了环绕埃菲尔铁塔的飞行，赢取了一笔10万法郎的奖金，这个奖项就是杜伊茨设立的。杜伊茨不是技术专家，也不是飞行家，但他用自己的财富鼓励和支持了人们的进取精神。在航空史上，杜伊茨是一个不能被忘怀的名字。

要塞坑道里的烘焙房

搜集到的零星记录显示，中国代表团在法国还曾仔细考察过凡尔登城防要塞工事。1870年普法战争之后，为了加强沿河防线，城堡下方挖掘了7千米长的隧道。当时的报纸报道称，载涛对这些坚固的防御工事非常有兴趣，他看到在这些深埋地下的工事内的烘焙房内居然还能烤面包，兴致盎然。随后，中国代表团还搭乘法国军用火车前往穆兰维尔要塞（Fort Moulainville）。在这里中国代表团看到了120毫米厚铸钢制成的回旋炮塔，以及规模宏大的屯兵掩体。法国总参谋部甚至还策划了一场对要塞的模拟攻击，以便让中国客人更好地认识这座要塞的防御能力。显然，这些体量巨大的工程对中国人颇具诱惑力。

参观结束后，法国举办了招待宴会。法方的记载称中国官员们非常希望能够与法国军方建立良好的合作关系。史料中甚至还提及，载涛在祝酒词中表示，他祝愿并希望中法两军之间的合作关系"前途不可限量"。现在想来，加强中法之间的军事合作，应该不只是中国方面的一厢情愿，包括法国在内的欧洲其他列强，都对载涛一行的来访给予高规格礼遇。其中无非隐含着两层含义：一是借助载涛在清廷权利格局中的影响力捞取政治利益；另一方面来得更直接，就是通过展示先进装备技术，来换取中国的订单和白银。而一旦控制了中国重要军事装备的获得渠道，那么就能在列强攫取中国利益的竞争中掌握更多的话语权。

尽管中国代表团和法国官员对双方合作的未来都抱有美好的希望，但事实并未像他们所愿那般发展。中国代表团的官员们并不知道，他们身后那个拥有五千年文明史的帝国，世界上最古老的封建国家架构，将在一年之后开始崩塌，取而代之的是"中华民国"。法国官员们也不知道，4年之后，一场旷日持久的大战将在欧洲拉开帷幕，他们曾经向满清官员演示过的各种先进装备、要塞工事、军事

早在载涛抵达法国三十多年前，清政府就已开始向美国派遣留美幼童。从1872年到1875年，总计派出4批，共计120名童生，平均年龄仅12岁。这些童生中后来涌现出许多大人物，如北洋大学校长蔡绍基、外务尚书梁敦彦、铁路工程师詹天佑、海军将领蔡廷干、内阁总理唐绍仪等，但出洋学习的"汤药"治不好中国没落封建政体的膏肓之症

思想，将经受现代战争最为严苛的考验。

载涛的风雅与风骨

说到载涛，他的风雅和风骨令人感佩。他早年曾留学法国索缪尔骑兵学校，专修骑兵作战科目，一生爱马，善画马。他还是京剧票友，武功扎实，既能长靠又能短打，更擅猴戏，与杨小楼均为张淇林亲授，李万春曾随他学戏三年。

清帝逊位后，载涛也曾困窘，迫于生计，连贝勒府都卖给了当时的辅仁大学。但即便如此，他还是先后拒绝了张作霖、土肥原、宋哲元的邀请，特别是拒绝到伪满洲国任职。1935年伪满洲国康德皇帝溥仪到遵化马兰峪祭扫东陵，载涛拒不接驾，他说"我是民国人，绝不留恋过去的清朝，也绝不欢迎康德回来扫墓"。

中华人民共和国成立后，毛主席任命载涛为解放军炮兵司令部马政局顾问，专门为中国军马养殖出谋划策。曾与载涛共事的原马政局局长郑新潮的回忆文章中称，载涛曾经这样谈及自己这次"出山"："这次被邀出山，可算是第四次了。任命我为马政局顾问，论职务并不比张作霖、土肥原、宋哲元给的职务高。说句笑话，也不过是弼马温的官职，但就是这样的差事，我也感到十分荣幸。因为共产党能把亿万人民团结住，就显示出它的强大威力。只有得民心的政党，才是最有前途的。共产党是能治乱世的党，中国兴盛是大有希望的，我就是有这种感觉和看法，才愉快地接受了弼马温这一职务，并要全力把工作做好，这也算对人民的一点贡献。"

在苏联解体、东欧剧变的动荡中，罗马尼亚货币列伊贬值贬得一塌糊涂。但在收藏市场上，那些带有飞机形象的列伊纸币和铸币，价值反而增值不少，一方面，各国发行的航空题材流通货币原本不多，另一方面，列伊上的航空人物乃是罗马尼亚航空史上响当当的大腕儿——奥雷尔·弗拉伊库（Aurel Vlaicu）。

奥莱尔·弗拉伊库是罗马尼亚著名工程师、发明家、航空先驱。他1882年出生在特兰西瓦尼亚一个小村庄的富农家庭，当时这里还属于奥匈帝国，现位于罗马尼亚境内。高中毕业后，他先后进入布达佩斯技术大学和慕尼黑路德维希－马克西米利安大学，1907年获得工程师资格。在慕尼黑

罗马尼亚钞票上的航空大腕儿

▶ 弗拉伊库像

期间他就创制过扑翼式飞机，使用弹簧来驱动机翼，但他很快放弃了这一设计。

1907年到1908年间，弗拉伊库加入奥匈帝国海军服役，1908年9月1日，退役后加入欧宝汽车公司担任工程师。1909年3月，弗拉伊库离开欧宝回到家乡，和兄弟一道制造了一架滑翔机，在1909年夏天成功驾驶它进行了飞行。1909年10月，弗拉伊库移居罗马尼亚王国，11月1日开始在布加勒斯特陆军兵工厂制造自己的第一架动力飞机——弗拉伊库一号。罗马尼亚战争部为他提供了资金支持，罗马尼亚公共教育部也给他每月300列伊的薪水。弗拉伊库一号的动力系统是一台法国50马力的"土地神"转缸发动机。1910年6月17日，弗拉伊库一号完成了首次飞行。9月28日，在罗马尼亚军方举行的演习中，弗拉伊库驾驶他的飞机完成了一次通信飞行，这是飞机用于军事用途的早期尝试。

弗拉伊库一号成功后，战争部受到鼓舞，又为弗拉伊库拨款1.6万列伊，资助他建造弗拉伊库二号。该机于1910年12月开始建造，次年4月成功首飞。1912年6月23日到30日，弗拉伊库驾驶二号机参加了维也纳阿斯彭国际飞行周竞赛，他

1989年，尼古拉·齐奥塞斯库政权崩溃后，列伊恢复为可兑换货币，从而出现了剧烈的恶性通货膨胀，从初期的1美元兑换8列伊一直跌到2003年9月的1欧元兑换4万列伊。这是通货膨胀时期罗马尼亚发行的50万列伊面额纸币，正面印有弗拉伊库肖像，背面则是他制造的弗拉伊库二号飞机和雄鹰图案。如今在收藏品市场上这样一枚XF美品价值约300～500元

弗拉伊库一号飞机历史照片

弗拉伊库坐在弗拉
伊库二号飞机上

FAI颁发给弗拉伊库的第52号飞行员证书

2005年7月，罗马尼
亚实行币制改革，发
行第4版列伊，规定
1万旧列伊兑换1新
列伊。这是新版50
列伊纸币，币值变
了，但弗拉伊库的肖
像和飞机仍然稳居票
面之上

的42位竞争对手中不乏大腕儿级人物，其中就有罗兰－加洛斯。竞赛中，弗拉伊库力压群雄，在小半径转弯和定点投掷项目中获得两个单项冠军，在定点着陆项目中荣获亚军。这次比赛为他赢取了7500奥匈帝国克朗奖金。赛后，国际航空联合会（FAI）给他颁发了第52号飞行员证书。此后他回到罗马尼亚特兰西瓦尼亚进行了多次飞行表演。

后来，应马可尼公司用于实验航空无线电设备的要求，弗拉伊库又制造了双座的弗拉伊库三号飞机，该机采用一台带整流罩的80马力"土地神"伽马发动机。就在三号机尚未完工的1913年9月13日，弗拉伊库在尝试成为飞越喀尔巴阡山的第一人时，不幸坠机遇难。后来弗拉伊库的朋友们完成了剩余的制造工作，并在1914年进行了试飞。1916年，德国占领布加勒斯特期间，这架飞机被缴获运往德国。罗马尼亚军官最后一次看到弗拉伊库三号机，是在1942年柏林举办的一次航空展览会上，但没有任何展牌说明。

弗拉伊库的飞机结构方式较为特殊，他们都有一根中央铝管作为机身纵梁。发动机驱动两副反转螺旋桨，一副螺旋桨位于发动机舱前面，另一副位于机翼后方，这样能部分抵消扭矩效应。发动机是转缸发动机，采用三轮车式起落架，后轮带有刹车。弗拉伊库的飞机没有副翼，仅依靠飞行员转动方向盘操纵方向舵和升降舵来实现控制。方向盘转动控制升降舵，而立柱侧面移动则控制方向舵。

弗拉伊库在罗马尼亚历史上拥有崇高的地位，被誉为罗马尼亚航空之父。在罗马尼亚许多与科技和工业相关的博物馆和纪念设施中，都能看到弗拉伊库和他的飞机。罗马尼亚的钞票和硬币上，始终有他的形象，在社会主义时期有，社会变革之后仍然有。

2010年，罗马尼亚发行的50巴尼面值铜铸币，上面带有弗拉伊库肖像和一号机图案

现代航空爱好者制作的弗拉伊库二号机复制品

1919：奥泰格掏出 2.5 万美元

奥泰格大奖刺激飞行家们飞越大洋

20世纪初是一个奇妙的时代。飞机技术的不断进步，让人们对于冒险的飞行活动同时心怀兴奋和畏惧。每一年都会有新的飞行纪录被建立，也会有旧的纪录被打破。许多飞行者都在寻求通过创立新的飞行纪录，在航空史上书写下自己的名字。

飞行纪录和其他纪录一样，几乎都是在竞争环境中创造的，而这种竞争环境，是需要外部刺激的，最直接的刺激，莫过于金钱。当时，不少热衷于航空事业的西方富商巨贾，动辄会拿出巨资设立大奖，用

旅店业大亨、法裔美国人雷蒙德·奥泰格出资设立的奥泰格大奖直接刺激了远程航空技术进步，更为重要的是激励了飞行家们的远航冒险行动

于奖励率先完成自己指定的创纪录飞行的勇敢者。在20世纪20年代，最为著名的航空大奖，当推奥泰格大奖（Orteig Prize）。奥泰格大奖的设立者，是一位旅店业大亨、慈善家、法裔美国人雷蒙德·奥泰格（Raymond Orteig）。奥泰格对航空充满热情，通过在纽约经营旅店积累起雄厚的财富之后，他在一战后经常听法国飞行员们讲起他们那些伟大冒险的行动。久而久之，奥泰格相信商业航空旅行能够造福全世界。1919年，奥泰格听说有人成功从纽芬兰到爱尔兰之间实现了不着陆飞行，他立即考虑自己是否也能为进一步拓展航空纪录做些什么。在写给美国航空俱乐部的一封信中，奥泰格这样写道：

先生们，作为对勇敢的飞行者的激励，我希望能通过美国航空俱乐部提供2.5万美元，用于奖励率先完成从巴黎飞到纽约，或纽约飞到巴黎，不着陆飞越大西洋的协约国飞行员。关于飞行与奖励的具体细节，悉听尊便。

法国飞行家、第一次世界大战王牌飞行员雷内·方克是奥泰格大奖冲击者之一。他计划使用西科斯基S-35飞越大西洋，但由于飞机载荷问题解决不力，发生坠毁事故，挑战失败

奥泰格所设想的飞越大西洋线路，总里程为5794千米，或者说3600英里，相当于从纽芬兰到爱尔兰之间距离的两倍，当时看起来几乎是不可能完成的任务。20世纪20年代初，飞机技术取得了显著进步，从技术上看这种飞行不是没有可能，尽管飞行员要冒巨大的风险。从1919年到1924年的有效期内，没有一个人完成这项任务，奥泰格大奖自然也就无人领取。

2.5万美元绝对足够诱人，许多飞行员都铆着劲儿希望能拿下这笔奖金。奥泰

美国极地探险家理查德·伯德准备驾驶福克F.VII"美利坚"号冲击奥泰格大奖，但"美利坚"号在1927年4月26日试飞中坠落损坏。等到"美利坚"号修复完毕，准备再次冲击大奖时，林德伯格成功抵达巴黎的消息已经传来。图为交付仪式上的福克F.VII"美利坚"号

格自然也知道飞行员们的打算，于是宣布将奥泰格大奖的有效期延长5年。

1926年，法国飞行家雷内·方克（René Fonck）率领一个团队准备挑战奥泰格大奖。他背后的支持者，是著名的飞机设计师、现代直升机之父伊戈尔·西科斯基，后者为方克团队出资10万美元制造了S-35飞机。9月，方克与3名同伴驾机起飞，可惜飞机超载严重，未等起飞便告坠毁。

到1927年，摩拳擦掌准备夺取奥泰格大奖的团队已经达到3个。第一个是美国极地探险家理查德·伯德（Richard E. Byrd）率领的3人机组，他们使用的飞机是大师级人物安东尼·福克设计的"美利坚"号三发飞机。另一个团队是克拉伦斯·张伯伦（Clarence Chamberlin）和伯特·阿科斯塔（Bert Acosta）两人组。

niral R. E. Byrd's
r FⅦ Trimotor
erica"
oosevelt Field before
atlantic Flight
s during the
ning Ceremonies that
erg's Arrival in Paris
Announced.

最后一个团队是斯坦顿·沃斯特（Stanton Wooster）和诺埃尔·戴维斯（Noel Davis）。此外，法国人查尔斯·农杰赛（Charles Nungesser）和弗朗索瓦·科利（François Coli）也准备驾驶勒瓦索飞机从东向西飞越大西洋，冲击大奖。

然而，这几个团队都出师不利。张伯伦和阿科斯塔进行了多次飞行试验，测试了飞机的载重能力和留空时限。但由于赞助人之间以及团队之间的意见分歧，团队最终解体，一连串法律问题让这个团队只能放弃。

伯德团队也在精心准备。然而天有不测，"美利坚"号在1927年4月8日的测试飞行中坠毁，挑战行动宣告失败。4月26日，沃斯特和戴维斯在试飞中坠机，两人均告罹难。伯德团队接下来用了近一个月时间修理飞机，失去了角逐大奖的有利时机。

5月8日，农杰赛和科利二人组总算从巴黎起飞，开始自东向西飞越大西洋。但当时的盛行风造成了很大的困难，两人最终在爱尔兰附近失踪，搜救人员几经寻找也未能找到任何坠机痕迹，这成为航空史上一件著名迷案。

最终，奥泰格大奖被一位名气并不算大的飞行员夺得，他就是查尔斯·林德伯格（Charles Lindbergh）。

1927年5月20日，林德伯格驾驶一架叫作"圣路易斯精神"号的飞机，从纽约长岛罗斯福机场起飞，经33小时的单人艰难飞行后，降落在巴黎布尔歇机场，成为完成奥泰格大奖所要求的飞行纪录的第一人。充分汲取前面团队惨痛教训的林德伯格没有选择大型三发飞机，而是改用重量更轻、燃油效率更好的单发飞机；他也没有选择多人机组，而决定冒险单人飞行。在密苏里州圣路易斯市的银行家支持下，林德伯格认真改装了飞机。他抛弃了一些"多余"的东西——无线电、六分仪和降落伞，唯一的救生设备是充气救生筏。在那个年代，一旦落水，他生

■ 1927年5月20日，林德伯格驾驶一架改装型瑞安单发飞机 "圣路易斯精神" 号，成功飞越大西洋，从纽约飞抵巴黎，夺得了奥泰格大奖

还的概率不比零大多少。

　　林德伯格飞抵巴黎时，奥泰格正在法国度假，闻讯后他立即赶往巴黎，与林德伯格会面，同时安排向林德伯格兑付奖金。在1927年6月26日的一次庆祝晚宴上，奥泰格向林德伯格颁赠了一枚18K金质奥泰格奖章。奖章正面铸有在大洋上穿行云间的 "圣路易斯精神" 号。与这枚奖章一起送到林德伯格手上的，还有一张特别制作的精美烫金、面额2.5万美元的支票。如今这张支票的原本和复制品都收藏在美国华盛顿国家航空航天博物馆。

　　用大奖促进创纪录飞行的概念并不是奥泰格的专利。在他设立奖项之前——英国就设立过英国经度大奖和英吉利海峡飞越大奖，然而奥泰格的确开创了一个先河：他是第一个私人出资设立飞行大奖的人。奥泰格大奖对飞行创新活动起到了史无前例的推动作用，无数为了拿到奖金的飞行员和企业，纷纷想方设法改进飞机，让它们能飞得更远、更可靠、更省油。有人估计，奥泰格奖金的每一美元，至少拉动了16美元的新技术投资。

　　和今天一样，一些处于前沿的技术活动往往很难获得公众关注和理解，但如果它们和醒

■
林德伯格抵达巴黎后，奥泰格立即安排向林德伯格颁发奖金。为此他特地签发了这张面额2.5万美元的巨额支票，交给林德伯格。如今，这张绘有 "圣路易斯精神" 号的烫金精美支票，被珍藏在美国国家航空航天博物馆

1919：奥泰格掏出2.5万美元

除了奥泰格奖金，林德伯格还获得崇高的荣誉：被授予美国国家最高荣誉——国会荣誉勋章。此外还获颁美国历史上第一枚优异飞行十字勋章。在美国匹茨堡举办的一场欢迎宴会上，与会者都获赠一枚林德伯格纪念章，正面带有林德伯格及其母亲的肖像，背面带有宾夕法尼亚州匹兹堡城市纹章，上面标注有日期1927年8月3日。纪念章采用传统勋章造型，上面带有红白蓝三色缎带

奥泰格（右）与他的大奖激励诞生的英雄林德伯格在一起

目的经济活动联系起来，立即就会成为例外。总额高达2.5万美元的奥泰格奖金，极大地提升了全美乃至世界范围内公众对飞行活动的关注和兴趣。从1926年到1928年，美国航空旅客年运输量增加了30倍，从5782人飙升到173405人。林德伯格飞越大西洋的英雄史诗般行动后一年内，申领飞行员执照的人就增加了3倍，美国注册飞机的数量则增加了4倍。全美各地参观过林德伯格"圣路易斯精神"号飞机的公众人数，达到了3000万人！在林德伯格成功的光环背后，可能不会有人注意到，为了竞争奥泰格大奖，先后有6名飞行家付出了生命代价。

奥泰格大奖及其产生的热情大浪，最终涌现出林德伯格如此英雄的事实本身，激发了更多富豪出资设立各种奖项，来鼓励更多飞行家们创造更多更新的飞行纪录。这种传统一直延续到今天，1996年，设立的1000万美元的X大奖，可以看作是现代版的奥泰格精神传承。

不关注航空的企业家卖不好石油

亨利·杜伊茨·莫尔特和他设立的航空大奖

在世界航空史上，有不少富豪大亨曾一掷万金乃至十万金地用巨额财富设立航空奖金，激励那些航空制造者和飞行家们努力向前。尽管他们的初衷或多或少有商业味道，但这些以个人热情为基础的航空奖金，绝对成为早期飞行者奋力前进的重要支撑。

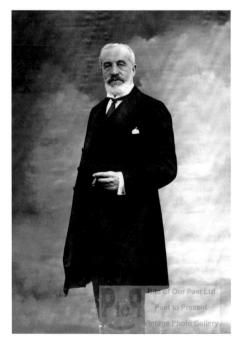

亨利·杜伊茨·莫尔特是法国航空技术发展的大力支持者和参与者

1845年，亚历山大·杜伊茨在法国开办了一家公司，专门制造和经营植物油。1859年汽油制取技术发明后，杜伊茨开始致力于在法国推广汽油。1877年亚历山大让两个儿子亨利和埃米尔参与公司业务，并在1881年开办了自己的炼油厂。亚历山大的儿子亨利·杜伊茨·莫尔特（Henri Deutsch de la Meurthe）很快在生意场上表现出卓越的才能。作为成功的石油商人，当时他在商界被誉为"欧洲石油之王"。与此同时，亨利显然比父亲更具开拓性眼光。他意识到石油工业的未来要仰仗小型内燃机的发展，因此大力推动汽车工业——他还专门赠送给法国总统玛利·弗朗索瓦·萨迪·卡诺（Marie François Sadi Carnot）一辆汽车，此外，他还热情关注同样需要汽油的航空工业。亨利与富豪律师欧内斯特·阿奇迪肯（Ernest Archdeacon）等人合

1901年8月8日，桑托斯·杜蒙驾驶5号飞艇冲击杜伊茨大奖。但起飞不久后飞艇因气囊泄露下坠，最后挂在一座高楼上。依靠巴黎消防队的帮助，吊篮里的杜蒙方才脱险。这是1901年8月25日法国《小日报》描绘杜蒙这次遇险的铜版画

1908年1月13日，亨利·法尔曼用时1分28秒完成了1千米圆形闭合航线，夺得5万法郎杜伊茨–阿奇迪肯大奖。这是美国国会图书馆收藏的新闻照

作，在1898年建立了一个旨在促进航空技术发展的专门机构，这个机构就是法国航空俱乐部（the Aéro-Club de France）。这还不够，他意识到经济激励对于鼓励创新的重要意义，为此他利用自己丰厚的财富，设立了一系列航空大奖，鼓励飞行家们努力向前。

1900年，亨利宣布出资10万法郎（约合今天的40万欧元）设立了一项大奖，奖金有效期从1900年5月1日到1903年10月1日。这项史称杜伊茨·莫尔特大奖（Deutsch de la Meurthe prize）的获奖要求十分明确：获奖者要能够驾驶飞行机械从巴黎圣克劳德公园出发，抵达埃菲尔铁塔再返回出发地，且总耗时不超过30分钟。这一看似简单的要求意味着，获奖者必须保持至少22千米/小时的平均速度，才能在半小时内完成这段11千米的往返航线。后来的事儿我们知道，在经过一次危险的失败后，巴西飞行家阿尔伯托·桑托斯·杜蒙在1901年10月19日驾驶6号飞艇完成了这项任务——今天的档案显示他冲过终点时总耗时为29分39秒。然而由于飞艇返航到达终点时锚泊绳索的固定遇到了一些麻烦，多耗费了一些时间，评议委员会最初拒绝颁发奖金。此时在场的杜伊茨表现出了足够的大度，他表示自己对杜蒙的飞行非常满意，同意向杜蒙颁发奖金。这一事件引发了围观市民的热情欢呼，新闻媒体也对此大加赞扬。杜伊茨的表态不仅维护了杜蒙作为飞行家的面子，也激励了后者的社会责任感。杜蒙在拿到奖金后，宣布除将一部分用于奖励自己的技术团队，剩余的一半全部捐作善款，用于救济巴黎的贫民。

1904年，杜伊茨和阿齐迪肯联合设立了航空大奖（Grand Prix d'Aviation），也被称作杜伊茨-阿奇迪肯奖，奖金总额5万法郎，用于奖励第一个驾驶重于空气的飞机完成1千米圆形闭合航线的人——早年的飞机控制困难，要完成1千米圆形闭合航线，要求飞机的转弯半径和控制响应都要非常到位。终于在1908年1月13日，亨利·法尔曼驾驶一架瓦赞双翼机用1分28秒完成了这种航线，夺得这笔奖金。

作为早期航空的热情支持者，亨利在航空领域建树不少：他与莱特兄弟等人在法国设立合资公司，向法国政府推销飞机；他赞助1908年8月8日的法国勒芒飞行表演；他还向飞机制造商阿斯特拉和纽波特等公司投资；也曾出资支持布莱里奥的飞机制造。1912年到1936年间，亨利还设立了杜伊茨杯，用于奖励飞行速度竞赛获胜者，奖金总额2万法郎，最初由杜伊茨家族出资，后来由法国航空俱乐部举办。利用自己雄厚的财富，亨利一方面大力支持航空工程实践者们改进完善航空技术；另一方面还积极支持航空教育。1909年5月，亨利为巴黎大学提供了一笔50万法郎的巨款，同时还设立了每年1.5万法郎的奖学金，用来支持建立航空技术学院，重点支持航空运输用飞机的发展。

鉴于亨利在早期航空技术发展中的卓越贡献，1912年11月20日，法国政府宣布授予他荣誉军团总司令级勋章。

20世纪初的欧洲，许多企业和富豪都把航空作为形象宣传和商业推广的重要手段。掏钱赞助航空大奖赛是个不错的主意。1909年8月22至29日，在法国兰斯附近举办了首届香槟航空周活动，这是世界上最早的国际航空赛事。赛事为期一周，设有多项飞行竞技项目，为各奖项提供赞助的有法国知名香槟制造企业和美国《纽约先驱报》等商业机构，奖金总额高达20万法郎。图为当年的航空周宣传招贴

亨利·福特不仅开创了汽车制造业的新纪元，在飞机的商用潜力尚未被完全认知和开发时，他就相信这些嗡嗡响的东西有前途

不造飞机的工业家
造不好汽车

福特铁皮鹅飞了，却留下了一枚金蛋

今天说起飞机，几乎所有人都能脱口而出几种飞机型号。这些型号绝大多数都属于两大厂商——美国的波音和欧洲的空客。然而在100年前，有不少著名的工业家都曾经加入过飞机制造商的行列。只不过在漫长的商业角逐过程中，他们的名字没能作为飞机品牌延续至今，否则今天飞机的品牌会异常丰富。

90多年前，有个怀揣梦想的男人。他预见到终有一日，商业航空网络会覆盖整个美国乃至整个世界，航空旅行将是一种安全、舒适和便捷的出行方式。这个男人的名字在后世的汽车制造业如雷贯耳，他叫亨利·福特（Henry Ford）。

在大多数人还把飞机视为吵闹而危险的机器时，福特就开始关注飞机，并致力于将其转化为成功的商业产品——这种超前认知也许来自他在汽车制造业方面的开创性经历。福特推出的产品与当时的飞机相比特征鲜明——那是一种被称作福特三发的全金属飞机，许多人干脆把它唤作"铁皮鹅"（Tin Goose）。在当时，没人会真正想到，福特三发飞机会产下一枚金蛋，成为美国商业航空后来走向繁盛的一颗种子。

福特三发飞机的故事要从一个叫作威廉·布什纳尔·斯道特（William Bushnell Stout）的人说起。第一次世界大战期间，斯道特曾是美国著名汽车制造商帕卡德公司飞机分部的总工程师。战争临近结束时，斯道特为美国陆军设计了一种飞机，因为其独特的机翼外形，被称作"蝙蝠翼"。这是美国制造的第一种内部支撑的悬臂式单翼机。该机的另一个创新之处是率先采用了胶木层板作为飞机蒙皮。遗憾的是，斯道特的动作慢了一点，等到"蝙蝠翼"飞上天，战争已经结束，陆军对它顿时没了兴趣。

1923年2月17日首飞的斯道特AS-1，外观颇像某种大肚子的动物

陆军撤了，海军却对"蝙蝠翼"来了兴致。海军要求斯道特制造一种全金属双发动机的鱼雷轰炸机。但斯道特再次运气不佳，他的作品在试飞时坠毁，根本没能投产。

100封信和2万美元

这次失败后，斯道特决定先解决资金短缺的问题。他开始到商业市场上寻求投资方支持，以便设计更新的飞机。斯道特的办法也很独特，他给底特律的100位工业家各发去了一封信，要求每人投资1000美元支持自己。这种方式俨然和今天的众筹别无二致。这100位工业家中，就包括汽车界大佬亨利·福特。100封信发出去后，居然有65个人相继回复。虽然不是每个工业家都像斯道特希望的那样慷慨，但他还是筹集到了2万美元，其中福特和他的儿子埃德塞尔（Edsel）各自出了1000美元。

解决了钱的问题，斯道特在1922年11月6日成立了属于自己的公司——斯道特金属飞机公司（Stout Metal Airplane Company）。在这家新公司旗下，斯道特设计的第一款飞机是一架可载客4人的单翼机，飞机为全金属结构，安装一台OX-5活塞发动机。斯道特给这架飞机起了个相当亲民的名字：飞行轿车（Air Sedan），缩写为AS-1。1923年2月17日，AS-1进行了首飞。试验表明AS-1的飞行性能很糟糕。问题的原因很简单——发动机功率严重不足。后来斯道特找来一台希斯帕诺-苏萨发动机换了上去，结果飞行性能明显改善。此时福特听到了斯道特AS-1试验的事情，这位伟大的工业家立即开始考虑商业航空运输的可行性问题。

福特亲自去见斯道特，得知后者正准备制造动力更加强劲的飞机——这种飞机可以乘坐10人（2名机组和8名乘客）或者与之等重的货物。这种飞机依然采用上单翼设计，不过动力系统改为420马力（308千瓦）的"自由"发动机。

斯道特的下一个作品是1924年4月23日首飞的2-AT"飞行卧车"（Air Pullman）。该机整体使用杜拉铝制造，这反映了斯道特在全金属飞机方面的激进态度。当时美国不少飞机都是在木制或金属框架上覆盖织物。为了吸引市民关注，斯道特给这架飞机命名为"底特律少女"（Maiden Detroit）。作为货机时该机被称作"飞行卡车"（Air Truck），这也是第一种机身上带有福特标志的斯道特飞机。

1924年12月，美国邮政署出资购买了"底特律少女"，用来运输邮件。这笔

交易的成功让斯道特公司获得了进一步发展的资金。1925年3月，斯道特又制造了一架新飞机，命名为"迪尔伯恩少女"（Maiden Dearborn），并做好了试飞准备。

1925年4月13日，"迪尔伯恩少女"从底特律起飞前往芝加哥。这是福特航空运输公司（Ford Air Transport Service）的首航飞行——福特策划了这次飞行，飞机上装载着汽车零部件、公司邮件以及一些管理人员，目的地是位于芝加哥的福特工厂。

没过多久，2–AT"迪尔伯恩少女Ⅱ"（Maiden Dearborn Ⅱ）也投入这条航线服务。1925年7月31日，福特干脆买下了斯道特的公司，把它变成了福特汽车公司的斯道特金属飞机分部（Stout Metal Airplane Division）。8月25日，福特正式对外发布消息，宣布进军商用航空领域。"福特汽车公司希望用实践证明，商业飞行服务究竟能否实现安全性和盈利性"，福特这样表述自己的意图。1925年12月到来时，斯道特已经制造了11架2–AT，其中5架用于福特航空运输公司。

福克 VS 福特

福特努力试图说服公众，搭乘福特飞机是正确的选择。1925年8月，福特举办了福特"航空可信之旅"（Ford Air Reliability Tours）竞赛活动，覆盖13个城市，

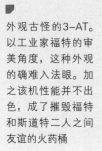
外观古怪的3-AT。以工业家福特的审美角度，这种外观的确难入法眼。加之该机性能并不出色，成了摧毁福特和斯道特二人之间友谊的火药桶

总航程1900英里（3040千米）。所有飞机制造商都可以申请参加这项赛事。这次活动吸引了欧洲著名飞机设计师、荷兰人安东尼·福克。为了参加这次商业角逐，福克还特地改造了一架福克F.VII三发飞机。

有一种猜测认为，福克是得知了福特准备制造三发飞机的计划才决定参加比赛，给对手来个"下马威"的。比赛中，改装型福克飞机一路领先，率先到达终点。单发动机的福特AS-1飞机仅以3分钟之差屈居第二。通过这次竞赛，福特和福克两家企业都获益颇丰。福克显然成了大赢家，公众们对福克飞机的热情为福克飞机日后在美国市场的成功行销奠定了基础。

在福特看来，2-AT的性能仍不能令人满意。他要求斯道特制造装有三台发动机的更大的飞机。斯道特沿用了2-AT的基本构型，在两翼下各安装一台莱特"旋风"气冷星形活塞发动机，第三台发动机则装在飞机头部。这种被称作3-AT的新飞机头部浑圆，客舱前部设有全景式舷窗，乘客们可以尽情领略航线正前方的风光。飞行员则坐在客舱上方的敞开式座舱内，但是在这个位置驾驶飞机，起降过程中两侧机翼会严重遮挡飞行员的视野。

以今天的工业审美观评判，3-AT的确外形古怪，看到它的人都称其丑陋。试飞员施罗德（R. W. Schroeder）驾驶3-AT试飞时险些在着陆时坠机。他向福特提交的试飞报告，以及另一名试飞员对这架飞机"既不中看也不中用"的评价，让福特异常恼火，他迁怒于斯道特，两人的交情至此泡了汤。

1926年1月17日斯道特制造厂失火，3-AT飞机和斯道特早前的设计资料全部葬身火海。此后斯道特被福特安排去做巡回演讲，推销福特航空产品。他的工作则由新组建的工程设计团队承担。

许多年来，外界一直认为斯道特设计了全部的福特飞机，但斯道特从未这样宣称。福特的新产品4-AT的设计方案是新团队的设计成果，其中斯道特的助手、负责总体设计的汤姆·陶勒（Tom Towle）贡献突出，他在设计中参考了2-AT不少特点。与3-AT相比，4-AT的性能得到显著改善。1926年6月11日，4-AT完成了首飞。试飞员表示"飞机性能完美"。

4-AT在外观上类似于福克F.VII三发飞机，但采用了全金属结构，福特宣称4-AT是"最安全的民用客机"。4-AT的机身和机翼借鉴了容克在第一次世界大战期间的设计成果——战后曾有一些容克飞机出口到美国。4-AT的主体结构采用铝合金框架，外覆波纹铝。由于结构和蒙皮工艺实在太像容克飞机，以至于当福特试图向欧洲出口4-AT时，容克公司一纸诉状将福特告上了法庭。一场官司下来，被告福特败诉。福特自然不甘心就此丢掉出口机会，在1930年提出了上诉，结果又被驳回——法庭坚持认为福特的设计侵犯了容克的专利。

福特4-AT生产现场。该机的生产工艺流程很大程度上得到了福特汽车装配线的真传

20世纪20年代末，福特三发飞机客舱内景。空乘人员正为乘客服务。场面看着惬意，但千万别忘了这里没有加温，没有增压，有的只是难忍的噪音和振动

广告与现实

20世纪20年代，福特和福克的飞机产品在美国商用航空市场占据着主导地位，但他们的飞机都存在问题，缺乏基本的舒适性考虑。要凭借这样的飞机让公众相信飞行是安全可靠且舒适的旅行方式很难。曾经出现过飞行中机翼从机身脱落的严重事故。如果一架福特三发飞机起飞过程中三台发动机中的一台出现故障，那么由此导致的振动，以及波纹铝机身流场的恶化，很可能直接造成飞机失速。

公众对福特飞机的好感更多源自它的外观。福特4-AT外部没有张线和支撑杆，它的金属蒙皮上的波纹质感鲜明。铝材比木材更坚固，这也是福特一直努力宣传的重点。在一份福特4-AT广告中曾有这样的宣传词："您的旅行舒适性被给予与结构坚固性一样的高度重视。4-AT拥有封闭的机身和数量众多的舷窗，为乘客提供了良好的视野和通风。发动机排气管会让噪音远离机身，客舱的降噪内衬让乘客更加舒适。在舱内不用费力就能交谈。大尺寸的软垫座椅可以让12名乘客舒适地完成旅途。"

坦白说，这种宣传词只能算是善意的夸大，与实际情况绝对不符。4-AT的客舱没有任何加温设备，乘客能否顶得住高空的严寒全靠自己身上的"行头"。舱内的噪音也相当了得，达到了117分贝，这种水平的噪音不仅让"轻松交谈"变成"不

可能完成的任务"，甚至可能对听力造成永久性损伤。当然，一个时代有一个时代的应对方式。飞行中，副驾驶会向乘客们派发口香糖、棉花和阿摩尼亚溶液。口香糖用来让乘客们咀嚼，消除压力造成的耳部疼痛；棉花可以塞进耳朵，抵御发动机的噪音；至于阿摩尼亚则可以帮助乘客舒缓晕机。在人类刚刚开始享受商业航空服务的年代，晕机是一个极为普遍的现象，特别是在充斥着噪音、寒意、振动以及低压的环境中。以至于当时有人建议在发给乘客的晕机杯底部印上大峡谷的照片，这样就能让乘客盯着这幅小画，缓解晕机症状。无论如何，乘坐这样的飞机从美国大陆的一端飞到另一端，当乘客们抵达终点走下飞机时，他们身心俱疲，螺旋桨的噪音仍然回荡在脑海，每一根神经都乱了套。

4-AT和其后的5-AT三发飞机一共制造了199架，美国陆军、海军和海军陆战队都使用过它们。随着大萧条的不断恶化，以及更新更快的飞机出现，福特三发飞机逐渐退出了历史舞台。但福特三发飞机这段风光运营刺激了许多航空制造商迎头赶上，推出了更新的飞机加入角逐。其中就包括闻名世界的道格拉斯和波音。随着1932年道格拉斯DC-2的成功，以及福特私人飞行员哈里·布鲁克斯（Harry J. Brooks）在试飞中丧生，福特的航空热情开始枯萎。福特没能在商业航空中赚到丰厚的利润，但他在工业界的鼎鼎大名却为萌芽时期的商业航空产业做了极佳的背书。

1927年5月26日，第1500万辆福特T型车驶下生产线。福特和埃迪塞尔兴致勃勃地坐在这辆车上合影留念。此时福特的事业正向巅峰迈进，但他的航空事业却完全是另一番遭遇

伯内利和他的升力体梦想

伯内利和他的升力体飞机模型

今天宽体客机已同舒适航空旅行密不可分，但实际上早在90年前就已经有人在积极尝试"宽体"概念。虽然他的设计始终没能投入量产，但他对于宽体以及升力体概念的执着追求，还是足以令他的名字永垂航空史册。这个人就是美国航空设计师文森特·伯内利（Vincent J. Burnelli，1895—1964）。

出生于1895年的伯内利一直对飞机设计饶有兴趣，他从一开始就坚定地认为装载乘客和货物的机身应该为全机的升力做贡献。早在1919年，24岁的伯内利就设计制造了一架载客26人的大型客机，曾搭载多名国会议员在华盛顿进行演示飞行。紧接着，伯内利在1924年设计建造了世界上第一架升力体飞机RB-1，该机采用双翼布局，翼展22.5米，外观上最大的特别之处在于机身侧剖面采用了升力翼型，机身截面也不是圆形或椭圆形，而是矩形。这样一来机身宽度和可用空间

RB-1双翼升力体飞机

因故障迫降损坏的RB-2

大大增加，足以摆放宽大舒适的长沙发，载客量达到了32人。RB-1的动力装置为两台400马力的"自由"XII活塞发动机，发动机不是装在远离机身的机翼短舱内，而是并列置于机身前部。这样一来机械师完全可以在飞行中调整和检查发动机。RB-1的机翼为木质结构外覆帆布，机身后部设一片水平安定面和双垂尾。

■ 1929年的GX-3

1924年，伯内利又制造了RB-2升力体式飞机。该机机体和机翼外部采用当时颇为流行的波纹铝蒙皮，宽大的机舱可以装载两辆轿车，曾作为飞行展厅使用，是当时世界上最大的运输机。实际飞行中发现，飞机纵向和横向操控性不佳，伯内利为此对设计进行了改进，并在1927年推出了CB-16。CB-16是美国第一架双发动机豪华"宽体客机"，该机配备可收放式起落架，机身后部安装双尾撑，平尾和垂尾设在尾撑末端，以改善此前稳定性不足的问题。CB-16还是第一种能利用单发维持满载飞行的双发飞机。

伯内利接下来的作品是1929年的GX-3，该机首次使用了与高升力后缘襟翼配合使用的前缘襟翼。而这样的配置已经在今天的喷气式客机上广为使用。

1934年伯内利又设计了采用可收放起落架和封闭式驾驶舱的UB-14，但在试飞中原型机不幸因副翼故障坠毁，没能投入量产。

1943年，通用航空运输公司利用伯内利1930年的专利技术，为美军开发了一种新型升力体式突击滑翔机，军方代号为XCG-16。该机飞行性能原本十分出

■
通用航空运输公司采用伯内利专利研制的XCG-16军用滑翔机

1935年，进行飞行表演的UB-20，机身居然能挂载一辆家用轿车！这也是最早可以"随机托运汽车"的旅客机

色，有望与同期竞标的瓦克公司CG-13一争高下，但在试飞中由于压载物松动导致重心后移，飞机失控进入平螺旋坠毁，失去了胜出的机会。

尽管伯内利将自己的飞机称作飞翼式飞机，但他的设计实际上都拥有某种形式的尾翼。准确地说，伯内利的设计更接近升力体，而不是纯粹的飞翼。伯内利始终认为他的升力体设计和常规飞机相比具有无与伦比的安全性、经济性和使用性能。许多知名航空专家也对其设计表示支持。遗憾的是，他始终没能拿到盼望已久的批量订单。究其原因，他的超前设计未能获得政府的积极支持是重要因素。没有这种支持，他无法完善设计，产品也难以被人们广泛接受。

1944年，伯内利完成了自己最后一种升力体飞机CBY-3"货运霸王"。该机沿用双尾撑和升力体设计，但外观更为圆润，机身宽度达到了20英尺（约6米），载重量比DC-3还要多一吨，试飞时仅滑跑了200米就成功升空。可是该机仍然没有摆脱伯内利的"订单陷阱"，没有获得订单。1955年，伯内利对CBY-3原型机进行修改，准备将其用于北极考察。改进后的CBY-3可装载20名乘客、41只雪橇犬及雪橇等装备。可惜这次冒险后来因故取消，未能成行。

此后这架孤独的"货运霸王"继续在加拿大北部和南美作为商用飞机定期飞行。后来该机被佛罗里达州迈阿密空运公司购买，并换装了莱特R-2600发动机，

▐ 1945年进行试验飞行的CBY-3，是伯
内利距离成功最近的一次，不过该机仍
然未能斩获订单

一直运营到1964年——也就是在这一年的6月
22日，伯内利怀揣着升力体飞机的梦想离开了
人世，享年69岁。而退役后的CBY-3"货运霸
王"则被移交给康涅狄格州新英格兰航空博物
馆收藏。今天这架"货运霸王"虽然已经缺失
了两台发动机和尾段，机身满是破败之象，但
它仍在无声地追忆着伯内利和他的执着梦想。

▐ 1939年12月美国《模型飞机新闻》杂
志封面绘画就是伯内利设计的CB-34
升力体轰炸机方案

在一些重大场合，丘吉尔总是骄傲地穿着那身空军准将制服，帽子上的皇家空军帽徽和左胸的皇家空军双翼徽章，充分证明了这一点

丘吉尔差点儿拿到飞行执照

　　历史照片上的温斯顿·丘吉尔（Winston Churchill）常常以一副大腹便便的肥硕形象示人，而铁幕演说又很容易让人将他与彻头彻尾的保守派联系在一起。笔者并不准备在这里讨论这位昔日英国首相的体型抑或政治倾向，只是想借此文给大家陈述一个事实，那就是丘吉尔曾经是一位热情爆棚的飞行爱好者。也许正是由于这份飞行中磨炼出来的冒险强悍精神，才让他在纳粹的强力重压下没有垮掉，最终领导英国军民夺取了最后的胜利。

　　在对待新技术的问题上，丘吉尔并不古板。他对技术抱有很高的热情，特别是对于航空技术。丘吉尔还曾对航空模型十分热衷，英国科学博物馆在2015年曾举办过一个名为"丘吉尔的科学家们"的专题展览，展品中就有一架布莱里奥飞机模型，这件模型被明确标注为"温斯顿·丘吉尔爵士与布兰福德侯爵（Marquis of Blandford）在布伦海姆堡放飞时弄坏的模型"，它是整个专题展览中最受欢迎的明星展品。

一个令人惊讶的事实是，丘吉尔是最早学习飞行的那批人之一，极有可能是这个世界上最早学习飞行的政治家。在莱特兄弟操纵飞机成功升空后不到十年，丘吉尔就跳上了飞机驾驶席。当时飞行还被认为是一项危险的运动，因此没有哪一个飞行员会让丘吉尔爵士放单飞——如果这位大人物在自己眼皮底下发生飞行事故，那自己肯定要青史留名，而且绝对不会在光彩人物列表中。但目睹过丘吉尔飞行的人们回忆，丘吉尔是一位聪慧的学员，据称最多曾在一天内升空超过10次！

1912年英国皇家航空队成立，这便是后来皇家空军的前身。历史资料表明，早在1909年丘吉尔就对飞行产生了浓厚兴趣，当时他还是帝国防御委员会成员。丘吉尔很早就意识到飞机对于军事的巨大潜力，并向英国政府提出利用奥维尔·莱特的技术为英国军方服务。他的预见性对陆战也产生了深远影响，正是他的预见性最终导致坦克的出现。被任命为海军大臣后，从1911年到1915年，丘吉尔承担起创建皇家海军航空兵的工作。从1917年7月一直到第一次世界大战结束，丘吉尔负责所有飞机的设计、制造和供应。从1919年到1921年，丘吉尔担任空军部长（Air Minister）。丘吉尔不仅鼓励采用先进装备，还希望能够自己尝试

这张照片摄于1914年，丘吉尔正在接受飞行培训课。如果没有家人干涉，没准儿他会成为一名很棒的飞行员

那些令人兴奋的新技术。

如果不是1913年的一次空难，丘吉尔的飞行生涯也许还不会戛然而止。这一年的12月3日，吉尔伯特·维尔德曼·勒辛顿上尉（Gilbert Wildman-Lushington）驾驶一架莫莱斯－法尔曼（Maurice Farman）双翼机从肯特郡升空，机上还有另一名乘客——来访的福西特（Fawcett）上尉。飞机返航时突然下坠，从15米高处重重地撞击地面后彻底倾覆，勒辛顿上尉颈部骨折，当场身亡，福西特上尉也伤得不轻。这本是那个事故多发的年代一起看似再平常不过的失事，但碰巧的是这个勒辛顿上尉并非别人，正是丘吉尔的飞行教练之一。于是丘吉尔的安全问题一下子成为大问题，在众多朋友以及妻子克莱门蒂娜（Clementine）不厌其烦的要求下，丘吉尔极不情愿地被迫放弃了自己心爱的玩具——飞机。在放弃前，丘吉尔总计飞行过大约140次。在克莱门蒂娜与丘吉尔两人之间的往来邮件中，就有许多关于飞行的讨论。在一封信中，克莱门蒂娜毫不掩饰地表示了自己的担忧："昨晚你的电报深夜方至，彼时我们早已安歇——每次我看到你的电报，都以为是在传递你在飞行中遇难的噩耗……再见，我亲爱的且令人煎熬的人。"

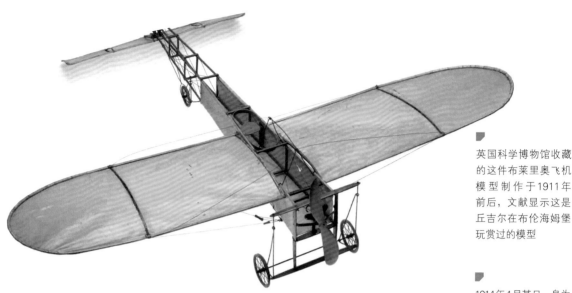

英国科学博物馆收藏的这件布莱里奥飞机模型制作于1911年前后，文献显示这是丘吉尔在布伦海姆堡玩赏过的模型

1914年4月某日，身为海军大臣的丘吉尔搭乘英国皇家航空队一架双翼飞机，由英国飞行员杰拉尔德少校（Major Gerrard）驾驶，从阿佩文索尔兹伯里平原（Upavon Salisbury Plain）升空，历时20分钟，抵达朴茨茅斯视察，算是利用出公差的机会过了一把飞行瘾

但放弃飞行让丘吉尔备受煎熬。他痛苦地说，这真是令人纠结……无论如何，我知道关于这种全新技术的许多东西……多到我能理解不久的将来由此带来的一切政策问题。

尽管不能成为一名飞行员，但丘吉尔仍对航空热情不减。1914年4月某日，身为海军大臣的丘吉尔搭乘英国皇家航空队一架双翼飞机，由英国飞行员杰拉尔德少校（Major Gerrard）驾驶，从阿佩文索尔兹伯里平原（Upavon Salisbury Plain）升空，历时20分钟，抵达朴次茅斯视察，算是又利用出公差的机会过了一把飞行瘾。

随着丘吉尔政治生涯的开始，他还作为一名新闻工作者不停地忙碌着。丘吉尔从未获得过飞行员执照，却从不错过机会大书特书关于飞行的事儿。1924年六七月间，他先后发表过两篇文章，题目分别为《在空中》和《我为什么放弃飞行：两次险些致命的坠机故事》。

二战爆发前夕，面对希特勒德国的军事威胁，英国开始加强防空力量建设。1937年英国皇家空军决定在萨里郡建立辅助空军中

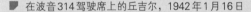

■ 1939年4月，丘吉尔搭乘一架皇家空军双翼机前往615中队驻地视察

■ 在波音314驾驶席上的丘吉尔，1942年1月16日

队——第615中队。当时英国皇家空军有一项传统，就是委任高级军政官员担任飞行中队的"荣誉准将"。1939年4月，丘吉尔被任命为615中队的荣誉准将，此举体现了皇家空军对扩编航空兵工作的重视程度。第615中队今天仍然保留着"丘吉尔私属"的绰号，也正是源于这段往事。丘吉尔十分珍视皇家空军授予自己的这一荣誉军衔，他在视察北非前线和会见斯大林等重要场合，都曾穿着皇家空军准将军服出席。英国一些历史学家认为，皇家空军飞行资质翼形证章的设计创意发起人也是丘吉尔。据说丘吉尔曾在法国买下一个拿破仑时代的鹰形胸针，并把它作为礼物送给妻子。后来在与莫里·休特上尉讨论为英军飞行员设计特殊证章时，他拿起这个胸针说："就是像这个一样的东西？"

几乎每次乘坐飞机，只要条件允许，丘吉尔都要争取机会去摆弄一下自己曾经熟悉的飞行机械。1942年1月16日，在搭乘英国海外航空公司波音314水上飞机"贝里克"（注册号G-AGCA）从弗吉尼亚前往百慕大途中，丘吉尔就坐上了机长席。凭借自己高超的谈话技巧，丘吉尔很快与机长约翰·凯利·罗杰斯（John Kelly Rogers）混熟，他叼着粗大的雪茄迈进驾驶舱，罗杰斯不仅没有制止，甚至在雪茄熄灭后还允许他划着火柴重新点燃。丘吉尔要求让自己试试手，罗杰斯于是让位给首相大人，让他尝试操纵这个庞然大物。罗杰斯当然不能闲着，在首相过驾驶瘾的同时，罗杰斯朝副驾驶耳语，叮嘱他一旦首相大人对飞机失去控制，就立即修正防止发生危险。飞

▶ 操纵C-47 "达科他" 的丘吉尔，1944年

行中，丘吉尔做了两次侧倾转弯，动作还算顺利，没出什么纰漏。握着驾驶杆，丘吉尔谈起自己早在1913年就开始的飞行生涯，他还用波音 "飞剪" 与自己熟悉的那些早期飞机做了一番比较。

无独有偶，一组近年发现的历史照片还原了另一个惊人的场面：1944年，丘吉尔与一名飞行员交换了位置，亲自接手操控一架C-47 "达科他" 运输机！当时，丘吉尔正搭乘这架飞机赴前线视察。在整个飞行过程中，副驾驶寸步不离，以防首相掌舵可能造成的风险。这组照片的拍摄者，就是把主驾驶座席让给首相的皇家空军资深飞行员、中队长保罗·彭福德（Paul Penfold），这组珍贵历史照片估价高达4000英镑。

丘吉尔始终没有拿到他曾经热望的飞行执照。然而他对飞行的热情却从未泯灭。这种热情，早在他1912年首次飞行时就已经澎湃。丘吉尔在回忆文章中说："飞行像是一个极端危险、嫉妒和令人兴奋的女人。" ——在早期的飞行生涯中，他曾遭遇过两次事故。今天英国人会把水上飞机称为Seaplane，而这个 "大海"（Sea）加 "飞机"（Plane）的组合词，便是丘吉尔爵士创造的。

▶ 这件英国格雷斯夫人制瓷公司出品的 "空军准将丘吉尔" 肖像大水罐精心塑造了丘吉尔的形象，他身着空军准将制服，手持一件 "喷火" 战机模型，体现了英国人对丘吉尔的浓浓敬意。售价950英镑

被音乐大师拯救的航空大师

  这张珍贵的压题照片虽然可能会一下子让不少人不明就里：一大群人和一架半成品飞机，定格了一个极其重要的历史瞬间。这群人中有一位令后人敬仰的大师，不知道您是否能认出他来？左起第九位（如果您习惯从右侧数，那就是第七位），戴着格子呢帽那位，叫作伊戈尔·西科斯基（Igor Sikorsky）。纵然您不熟悉他的尊容，他的大名也一定像惊雷般无数次震荡过您的耳膜。他便是现代直升机的发明者，从俄国移民美国的伟大工程师。移民到美国后，早已决心投身飞行器制造的西科斯基创建了自己的公司——西科斯基航空工程公司。这家公司日后成为西方直升机制造业巨头，在世界航空史上留下了浓墨重彩的一笔。此刻，作为公司掌门人的西科斯基与工程技术人员一道，在未完工的S-29A型水上飞机的

"骨骼"前合影，留下了这张颇具历史味道的照片。

S-29A对于西科斯基来说有着特别的意义，它是西科斯基迁到美国后设计制造的第一种飞机——S-29A中的A代表的就是"美利坚"英文单词的首字母。S-29A是一种双发动机双翼旅客机。这种飞机1924年首次飞行，采用敞开式座舱，封闭式客舱内可容纳16名乘客。照片清楚显示，这架飞机的主体结构还是木材，那时候制造飞机的主力技术人员是技艺精湛的木匠。从画面中那硕大的V形活塞发动机不难看出，S-29A配备的是两台400马力（298千瓦）"自由号"发动机。当时美国民机制造业刚刚兴起，商用客运飞机还是一个相当新鲜的概念。尽管西科斯基对S-29A寄予厚望，但它却没能吸引到哪怕一个商业航空公司买家。这倒是正应了那句话——希望是美好的早餐，却是糟糕的晚餐。

拍摄这张照片的1923年，是西科斯基在美国开办的企业——西科斯基航空工程公司的第一个年头，也是西科斯基移民美国（1919年）之后的第四个年头。这家公司位于长岛，工厂厂区原来是一个养鸡场，场主维克多·尤特哥夫（Victor Utgoff）也是一名俄国移民，曾是沙俄海军中尉。西科斯基从尤特哥夫手中借到这块土地，开始制造自己在美国的第一架飞机——S-29A。然而，整个设计制造工作几乎就是一场磨难：到1923年临近尾声时，西科斯基已经精疲力竭，公司仅有的那点儿财力已经完全枯竭。除了缺钱这个难缠的问题外，工人们还必须用手工方式完成大部分工作——因为工厂没有合适的机械设备。因为没钱，西科斯基和他的工人们（大多是来自俄国的移民）只能不断地搜掠垃圾场，从中翻拣飞机上可能用

身着飞行装的伊戈尔·西科斯基1914年留影。早在三年前的1911年，他便获得了俄罗斯帝国航空俱乐部颁发的国际航联飞行员执照（第68号）

▌ 音乐大师谢尔盖·拉赫玛尼诺夫在关键时刻的慷慨资助，拯救了西科斯基的公司，更拯救了现代直升机尚未破土的幼芽

到的零件。这是飞机制造史上的奇葩之举，因为要迁就那些来自废料堆的各色零件，西科斯基不得不频繁地更改设计，以便让那些身份不明的"外来零件"能派上用场。飞机机身的主体结构使用的角钢来自废弃的铁床架，用来调节钢缆松紧的套筒螺母是从伍尔沃斯（Woolworth）的五毛店（廉价品特卖店）买来的。负责安装起落架的，是西科斯基的侄子迪米特里·维纳尔（Dmitry Viner），他是一名挖沟工人。由于没有千斤顶来抬升机身，迪米特里干脆在飞机下面挖了一个沟，以便把起落架立柱装上去。装上轮子后，再把飞机从沟里拖出来。

可怜的西科斯基航空工程公司甚至都没有足够大的总装厂房。S-29-A大部分制造工作只能在露天场地进行。天气转冷后，工作进度陷于停滞。工厂的工人已经数周没有发薪，他们的热情和天气一样降到了冰点，工人逐渐减少，只剩下寥寥几个。公司依靠出售股份换来的那点微薄资金大部分被用来购买食物，让工人们果腹。

一个周日，一辆豪华轿车开进了公司。车上下来一位一袭黑色外套、身材修长、气质优雅的高个子绅士。他径直走到S-29A前面，一言不发静静地打量着这架古怪的半成品。这位绅士不是旁人，正是迁居美国的著名俄裔作曲家、指挥家和钢琴演奏家谢尔盖·拉赫玛尼诺夫（Sergei Rachmaninoff）。

"公司里的每个人都很兴奋"，西科斯基的儿子、后来西科斯基公司副总裁谢尔盖·西科斯基回忆道。"他们以为谢尔盖·拉赫玛尼诺夫可能打算购买公司的飞机。父亲迎上去，和他攀谈起来。大约半小时后，拉赫玛尼诺夫说，'我信任你和你的飞机，我想要帮助你。'这位作曲家坐下来，拿出支票本，签了一张5000美金的支票（按照今天的币值大约是10万美元），笑着把支票递给发呆的西科斯基，'等到你有偿还能力时，再还给我。'"

完工状态的西科斯
基S-29

拉赫玛尼诺夫的这笔巨款对于创业初期的西科斯基无疑是雪中送炭。他的资助从根本上解决了西科斯基面临的最严峻的困难。在拉赫玛尼诺夫眼中，自己这位制造过第一架多发动机飞机和当时最大飞机的杰出工程师同胞，完全能够做出更大的成就——如果有人能在经济上给他那么一点点助推动力的话。西科斯基无畏艰险，毫不退缩地坚持制造飞行器，令他深为感动。

有了这笔"及时雨"的资助，西科斯基公司租下了一个老旧的木制厂房。工人们在当地警察的协助下把飞机搬进了室内，警察们也开始敬重这些吃苦耐劳的俄国人。几天之后，西科斯基和家人也搬进了韦斯特伯里的一所出租屋。

1924年9月25日，经历了一年多的磨难挫折后，S-29A终于成功飞上了天。虽然这架飞机迟迟找不到买家，但还是频繁有偿或无偿地进行演示飞行和租赁飞行。很快，这架S-29A为公司赚取了第一笔利润——500美元。耐人寻味的是，这笔利润还是与音乐有着千丝万缕的联系：那次租赁飞行的任务就是把两架大钢琴从纽约城运到华盛顿特区。其中一架钢琴送到一家百货公司，另一架则送交赫伯特·胡佛总统（Herbert Hoover）的夫人。

出于对这笔投资的感激，西科斯基邀请拉赫玛尼诺夫出任公司第一副总裁，后者愉快地接受了。有一位大牌作曲家加盟，西科斯基公司上下士气大振。西科斯基也由此与拉赫玛尼诺夫成为挚友，他的航空制造事业，也开始走向兴旺。拉赫玛尼诺夫多次造访西科斯基家，而西科斯基也经常携家人出席拉赫玛尼诺夫在纽约卡内基音乐厅（Carnegie Hall）举办的音乐会。曾有一次拉赫玛尼诺夫带好友钢琴家和作曲家约瑟夫·霍夫曼（Josef Hofmann）到西科斯基位于康涅狄格州斯特拉福德（Stratford）工厂去参观飞机制造。"我还记得妈妈经常亲手为拉赫玛尼诺夫他们准备午餐"，谢尔盖·西科斯基这样回忆。"经常有两三个记者跟着拉赫玛尼诺夫，从工厂一路跟到西科斯基住所。父亲总是不得不走出房门，对他们说：'先生们，请不要进院子，也请不要扒窗子，那样不礼貌。这只是朋友间的聚会而已。'"生前每每谈及此事，西科斯基都表现得非常自豪。他曾在1929年签发了一张支票，连本带利归还了拉赫玛尼诺夫的"借款"，作为对这位"天使投资人"的答谢。

唯一的一架S-29A最后到底还是卖了出去（不过是私人购买）。此后它的身份几经变更，曾经作为承租运输机，而后再作为飞行雪茄店，除了商业航班之外，它基本什么都做过。1929年，这架飞机被飞行员罗斯科伊·特纳（Roscoe Turner）购买下来，此后它曾出现在好莱坞电影《地狱天使》（*Hell's Angels*）中，客串第一次世界大战时期德国的哥塔轰炸机。然而成也萧何败也萧何，S-29A最终在电影拍摄期间不幸坠毁，彻底结束了作为一架飞机的生命。

S-29虽然陨落，但它所见证的音乐大师拯救航空大师的故事，却成为创新史上一段美谈。

▌西科斯基直到晚年，仍然十分珍视自己与拉赫玛尼诺夫的那段友谊

时事艰难　童心不泯

像小王子那样远足

一个手链与他的传奇主人

1998年，法国马赛以南的地中海海域，一位渔民像往常一样在刚拖上来的渔网中捡拾鱼虾。突然，混杂在鱼类中的一个金属物件闪烁的银色光芒吸引了他，那是一个造型优雅的断裂手链，缀有一块略带弧度的铭牌，上面镌刻着一个人名：安东尼·德·圣埃克苏佩里（Antoine de Saint-Exupery）。寻常的渔民当然不知道这手链意味着什么，但当它出现在学者面前时，整个法国社会被引爆了！这手链的主人，正是失踪54年的著名文学家、飞行家、冒险家、军人圣埃克苏佩里。他笔下诞生的诸多作品中最具盛名的，是享誉世界的童话作品《小王子》。

1900年6月29日，在法国，一个男孩出生了，他注定要成为一位冒险家、浪漫诗人和飞行员，他的名字叫作安东尼·德·圣埃克苏佩里。

圣埃克苏佩里3岁时，飞机诞生了。此后数年法国成为欧洲航空的中心。12岁时，圣埃克苏佩里就试着把翅膀装在自行车上，制成了自己的第一架"飞机"。当然这样的"飞机"没法离地，但他却毫不气馁。每一个夏日，他都会骑上自行车到附近的飞行场去看那些飞行员们测试飞机，并且哄骗他们说妈妈同意自己飞行。于是一个飞行员就让他搭乘飞机上天飞了一圈。此事令圣埃克苏佩里的妈妈非常不快，对他看管得更严了。1918年3

1998年法国渔民意外打捞到的圣埃克苏佩里的手链，上面刻有他的名字以及他的纽约出版商的名称地址。这条手链如今收藏在法国巴黎布尔歇航空博物馆。圣埃克苏佩里没能看到《小王子》在自己的祖国以母语出版

月到6月间，圣埃克苏佩里目睹了德国飞机和飞艇对巴黎的轰炸，这让他对航空科技更加着迷。1917年到1920年，圣埃克苏佩里进入巴黎圣路易斯公立中学，准备报考海军学院，但没能通过考试。1920年末，他进入巴黎艺术学院学习建筑，但几个月后就选择了退学。

1921年4月，圣埃克苏佩里入伍服役（当时法国实行义务兵役制），被派往驻斯特拉斯堡的第2战斗机大队。由于没有飞行资质，作为地勤的他只能偷偷学习飞行技术。6月，母亲抵不住圣埃克苏佩里的软磨硬泡，终于同意出钱让他自费学习飞行。他最初使用的是法尔曼F.40飞机，后来又换成了索普维斯。梦想的力量就是强大，仅仅学习了一个月，圣埃克苏佩里就在7月9日驾驶一架索普维斯F.1完成了首次单飞。也是在这个月，他被调往驻摩洛哥的第37战斗机大队。此后开始试着飞行更远的距离，座舱中的寒冷令他刻骨铭心，不得不穿上厚厚的多层外套，把自己裹得像只粽子。1922年2月他奉调返回法国，被派往驻巴黎布尔歇的第34航空团。1923年5月，圣埃克苏佩里奉命运送一名军官出行，他驾驶的飞机是汉里奥特HD.14。此前他从未摸过这种飞机，单纯的信心果然脆弱，飞行不久飞机就坠毁了，他和军官双双负伤。此后不久，圣埃克苏佩里即宣告退役。

布尔歇航空博物馆专门开辟了圣埃克苏佩里展区。不过以法文形式书写的主人公姓名，加上地处航空馆，很少有中国观众会把主人公与《小王子》联系起来。图为打捞出水的圣埃克苏佩里座机的起落架部分

邮路，热情与冒险

退役后的3年，圣埃克苏佩里当过记录员和旅行推销员，获得商业飞行执照后还当过空中观光飞行员，专门负责运送游客俯瞰巴黎风光。圣埃克苏佩里从未失去对飞行的热情，他总是把飞行经历描绘得如同童话一般。1925年，一位杂志编辑听了他讲述的飞行故事后，鼓励他写下来。于是圣埃克苏佩里出版了自己第一部短篇小说《飞行者》，那是1926年4月的事儿。

1926年10月，圣埃克苏佩里听说一家航空公司正在开展航空邮政业务。这与过去自己熟悉的坐着马车或驾着汽车摇摇晃晃穿街走巷的邮差相比，是多么令

法国加入欧元区前的1992版50法郎纸币上，便是以圣埃克苏佩里和他的《小王子》为纪念主题，足见法国人对他的敬仰

A 纸币正面印有圣埃克苏佩里的头像

B 票面左侧上方的飞机前视图，是圣埃克苏佩里开辟南美航线时使用的Late 28飞机

C 《小王子》中圣埃克苏佩里手绘的蟒蛇及被它吞下肚子的大象

D 《小王子》中圣埃克苏佩里手绘的绵羊

E 《小王子》中一头金发的小王子形象

F 圣埃克苏佩里曾经飞行的从图卢兹到西非摩洛哥航线

G 圣埃克苏佩里未能完成的从巴黎到西贡航程

H 圣埃克苏佩里参与开拓的非洲到南美航线

I 钞票背面是圣埃克苏佩里在图卢兹－摩洛哥邮路上驾驶过的布雷盖14飞机

J 小王子的形象也出现在票面背面

K 水印图案同样是圣埃克苏佩里头像

L 象征圣埃克苏佩里飞行生涯的罗盘图案

人神往的工作！圣埃克苏佩里立即应聘这家公司，他成功了。这家公司的老板，是法国著名飞机制造商莱特柯埃尔。

在莱特柯埃尔公司，圣埃克苏佩里从头干起，先是做机械师，然后负责检测飞机，再后来学习与其他飞行员一起完成邮政飞行任务。终于，他获准驾驶飞机从法国向西班牙运送邮件。当时飞行员们使用的飞机是布雷盖14，这种敞开式座舱双翼机主要材料是木头和金属，外面蒙着帆布，螺旋桨也是木制的。布雷盖14上没有无线电，航程也短，经常需要降落加油，飞机总是出故障，但维修也很简单。当时飞行员们除了携带邮件，还要往飞机里塞上几只信鸽，一旦遇上麻烦就可以放出信鸽送信求救。第一次执行从法国到西班牙的邮政飞行，去程还算顺利，但回程时圣埃克苏佩里遇上大雾天气，只能临时降落待援。所幸莱特柯埃尔派出的一支搜索队找到了他。

圣埃克苏佩里开始越来越多地承担邮政飞行任务，他先是在欧洲飞行，然后又飞向西非海岸。当时莱特柯埃尔公司的邮政飞行多是双机同行，这样一旦出现意外能互相施救。早期邮政飞行只能昼间进行，当明亮的星光高悬，飞行员们就明白自己得着陆过夜了。

怀着探索天空的极大热情，圣埃克苏佩里于1929年重新加入飞行团队，开拓到南美的新邮路。他们驾驶飞机飞越冰川、雨林和高山，与狂风和雷暴搏斗。在从非洲到南美的跨大西洋航路上，飞机无法降落过夜。艰难的夜间飞行中，飞行员们只能依靠星光、罗盘以及海岸的灯塔进行导航。圣埃克苏佩里喜欢在飞行途中写作。在南美，他开始写作新书《夜航》。他的座舱里经常塞满了揉皱的废弃草稿。

1930年，公司开始换用莱特柯埃尔Late 28型飞机。Late 28拥有封闭座舱，发动机功率更大也更可靠，航程远胜过早前的布雷盖。Late 28上还有无线电报机这样的奢侈品，还能装载几名乘客。飞行员们可以在夜间飞行，他们通过方位测算法、星光、地面灯火和无线电信号导航。夜间降落时，地面燃起的篝火就是向导。远程飞行仍是一项危险的工作，但却让邮件能以前所未有的速度送达。

圣埃克苏佩里担任了阿根廷航路飞行主任，协助开辟了布宜诺斯艾利斯—里奥加耶戈斯港航线。阿根廷里瓦达维亚将军机场上经常强风骤起，风力大到飞机难以顺利降落，需要几个人手持装有钩子的长竿把它钩下来。有一次，圣埃克苏佩里飞行时遭遇龙卷风，飞机瞬间就被向上抛起了近500米！

1930年4月，由于在朱比角的出色工作，圣埃克苏佩里荣获法兰西荣誉军团勋章。次年10月，他的《夜航》出版并荣获金甲虫奖，还被翻拍成了电影。这本书风靡一时，社会影响力是如此之大，以至于法国著名香水制造商娇兰都在1933年专门推出了一款特别香水，命名为Vol de Nuit，即"夜航"。今天娇兰仍然继续保持这一系

在旅居美国纽约期间，圣埃克苏佩里还见到了1927年首次单人飞越大西洋的航空英雄林德伯格。这是圣埃克苏佩里珍藏的林德伯格赠他的个人照片，该照片连同圣埃克苏佩里其他存照一起在2014年由索斯比拍卖行以5000欧元的价格拍出

1931年10月，圣埃克苏佩里根据南美航线飞行经历写成的小说《夜航》出版并轰动一时。两年后法国著名香水制造商娇兰推出了一款特别香水，命名为Vol de Nuit，即"夜航"。今天"夜航"仍然是娇兰一个特别款，如果喜欢飞行，那就用娇兰"夜航"吧

列，只是许多购买者未必知道娇兰"夜航"这份文化底蕴。

1933年，圣埃克苏佩里测试Late 293水上飞机时遭遇事故，险些淹死，但最终死里逃生。从1933年到1936年，他转行在苏联、西班牙和摩洛哥担任报社记者。1935年5月17日，他还有幸乘坐了图波列夫研制的当时世界上最大的飞机ANT-4，但第二天该机就在莫斯科上空失事。7月，他驾驶一架LeO H190飞机前往柬埔寨造访吴哥窟，途中发动机故障，降落后他在飞机里挨了整整一夜。从1935年到1938年，圣埃克苏佩里为法国航空公司工作，还为该公司撰写过电影剧本。1937年5月1日巴黎世界博览会期间，圣埃克苏佩里从埃菲尔铁塔上跳伞，成了当时一则新闻。这段时间，他开始动笔写作关于飞行生涯的回忆录。

飞向西贡

1935年，法国航空部出资设立了一项总额120万法郎的大奖，奖励给率先打破巴黎—西贡（今越南胡志明）飞行纪录的人。圣埃克苏佩里找不到任何理由拒绝这一冒险而又浪漫的赛事。1935年12月29日清晨，圣埃克苏佩里和领航员兼飞行机械师安德雷·普雷沃特从巴黎布尔歇机场起飞，踏上了漫漫征程。如果要打破纪录，必须在90小时内完成航程，这段航程总计13800英里（22209千米）。他们的飞机是一架红白相间的高德隆C.630，注册号F-ANRY。这是一架4座单引擎飞机，机体主要结构为木制，机翼和机身采用层板蒙皮，外敷帆布。发动机是排量9.5升的气冷雷诺180马力倒置6缸直列发动机，最大速度310千米/小时，升限7500米，航程1260千米。埃克苏佩里曾多次驾驶该机飞行，用他自己的话说："它的发动机运转非常平稳，连一颗螺丝都没松动过。"

离开巴黎后，圣埃克苏佩里沿着塞纳河飞向卢瓦尔河谷，然后继续向南，在马赛附近穿越法国南部海岸。在地中海上空，他们发现左翼出现燃油泄漏。普雷沃特估计泄漏的燃油大约有76升。他们只能往回飞，在马里尼亚纳降落修理并重新加油。对于损失的时间，圣埃克苏佩里写道，那就像伤口一样让人心疼。

重新上路后，他们飞越地中海，航向突尼斯。这次他们遇上了低云和大雨，

只能在海面以上 18 米高的低空飞行。天气好转后，他们沿撒丁岛继续飞行。在突尼斯比塞大进入非洲，15 分钟后降落补充燃油。利用白天最后的两个小时，他们再度起飞，航向班加西。晚上 11 时抵达班加西，20 分钟后飞机加满燃油，他们趁夜又起飞了。

月落时分，圣埃克苏佩里完全在暗夜中向东飞行。3 小时后，翼尖昏暗的航行灯告诉圣埃克苏佩里他们进入了云中，能见度只有几米。没有导航辅助手段，飞行员只能利用罗盘、空速计和钟表来导航。尽管出发前圣埃克苏佩里曾与气象学家洽商飞行路线，但却没有办法掌握实时天气。他们无法测知飞机的真速，粗略的气压数据也让他们没法判定精确高度。没有地标的情况下，在漆黑的夜里飞越荒凉的撒哈拉沙漠，只能猜测自己的位置。

从班加西起飞 4 小时 15 分钟后，这架 C.630 在浓云中不幸撞上了一处坡度很缓的台地，当时的速度是 274 千米/小时。飞机在地面上滑行了 40 多米，严重受损，但圣埃克苏佩里和普雷沃特都奇迹般地没有受伤。真正糟糕的是，他们损失了全部淡水，所余全部给养只有"破旧保温壶里一品脱咖啡和半品脱葡萄酒……几颗葡萄，还有一个橙子"。

圣埃克苏佩里和普雷沃特在沙漠中艰难跋涉。他们经历了海市蜃楼、沙漠迷途，不止一次地在筋疲力尽之际发现自己走回了坠机地点。严重的缺水和疲劳让他们一度产生幻觉。幸运的是，4 天后他们被贝都因部落救了下来。他们不知道的是，在失踪的几天内，全世界都在寻找他们，几乎所有报刊头条都是他们失踪的新闻。这段刻骨铭心的经历被圣埃克苏佩里写进了回忆体作品《风、沙和星辰》并于 1939 年出版。这后来成为他最为著名的小说《小王子》的基础。

溶化在天空里

这次冒险后，圣埃克苏佩里继续尝试成为第一个从纽约飞到南美最南端的法国人。1938 年 2 月 15 日，他和普雷沃特从纽约起飞，经过数站之后于次日抵达危地马拉城，补充燃油重新起飞时却意外失事。万幸的是，圣埃克苏佩里再次大难不死，但也伤得不轻。事后他返回巴黎修养并继续写作，此时欧洲已经战云密布。1939 年 3 月，他的新书《风、沙和星辰》出版。该书荣获了法国学院罗曼大奖和美国国家图书奖。1939 年 9 月，法国对德宣战。有过服役经历的圣埃克苏佩里又

1935年，圣埃克苏佩里尝试刷新巴黎到西贡的飞行纪录，但途中飞机坠毁在利比亚沙漠中。他和领航员历尽艰辛，4天后被贝都因部落救起。这段刻骨铭心的经历被圣埃克苏佩里写进了回忆体作品《风、沙和星辰》并于1939年出版。图为坠毁的C.630飞机

被征召入伍。1939年11月26日，他被派往2/33侦察大队，驻地在法国奥尔孔特。从1940年3月起，他开始执行侦察任务，座机也从邮政飞机换成了布洛赫174。

在天上，圣埃克苏佩里看到了德军恐怖的行军队列和惊人的破坏力。1940年5月10日，德军入侵法国，这个看似强大的国家仅仅抵抗了38天就宣告沦陷。圣埃克苏佩里所在大队被调往北非，他也退出了现役。圣埃克苏佩里意识到自己不可能在德国占领下的法国生活，于是逃往里斯本，登上了前往纽约的轮船。途中获悉自己的飞行挚友吉勒梅（Guillaumet）在战斗中被击落身亡，他明白，自己失去的不仅仅是熟稔的朋友，还有他热爱的祖国。

在纽约，不会说英语的圣埃克苏佩里感到十分不适，他也不能再飞行，但密切关注着战争中世界的走向。在纽约的第一年，他花费大量时间写作新书《飞向阿拉斯》。1942年2月该书出版，这本关于一位飞行员战士的书立即成为当年度最受欢迎的书籍。

在纽约，他发表了《致世界各地法国人的公开信》广播讲话，宣扬自己的爱国情怀。他仍然保持着一颗童心，经常和孩子们一起玩耍，有时还为他们折纸飞机。

在纽约，他回忆起自己的童年，那些去过的地方，那些见过的事物和人。感触激发了他的灵感，他买了一小盒水彩颜料，开始创作一本绘本小说。小说的主人公是一位长着金发的男孩，恰如童年的圣埃克苏佩里。1943年4月6日，这本绘本小说出版，书名为《小王子》。书中他描绘了一个比他所处的星球更加圣洁的

星球，这颗星球上一个男孩离家到远方游历，去探寻心中各种问题的答案。

在纽约生活了两年多之后，圣埃克苏佩里无法压抑对祖国的眷恋，也希望再度飞行，1943年初他重新报名加入法国空军。4月13日，就在《小王子》出版后的一周，他搭乘一艘美国运兵船离开了纽约。

在北非，圣埃克苏佩里重新加入老部队——2/33侦察中队。作为盟军地中海侦察联队的一部，此时2/33中队有来自英国、美国和法国的飞行员。起初该中队从阿尔及尔起飞执行侦察任务，随着越来越多的城市被解放，他们也越来越接近法国。圣埃克苏佩里要求执行前往法国南部的侦察任务，那里生活着他的家人。从1943年6月起，圣埃克苏佩里开始执行航空侦察任务，在8月的一次飞行中出了意外，飞机坠毁在跑道上，此后他被停飞。直到1944年5月，他才重新恢复飞行。1944年7月31日上午8点45分，圣埃克苏佩里驾驶一架F-5B侦察机（即P-38侦察型）从科西嘉起飞，对里昂以东的德军设施进行侦察。那是个晴好的日子，他本应该在12点半返回，然而却再也没有回来。

54年后，圣埃克苏佩里的手链在马赛近海被发现。两年后，潜水员在这一位置附近发现了一架洛克希德P-38的残骸。2003年残骸被打捞出水，这正是一架洛克希德F-5B侦察型。一切表明，圣埃克苏佩里的确在此发生了坠机，这次他没能摆脱厄运。但更多的人愿意相信，圣埃克苏佩里其实是像自己笔下的小王子那样，远足到一个充满童真、没有贪欲、虚伪、暴力和恶性的世界。

这张照片记录了圣埃克苏佩里最后一次起飞的场景。他驾驶一架美制F-5B侦察机（该机就是名满天下的P-38"闪电"的侦察版）起飞后一去不返，宛若溶化在碧空里，恰如他笔下的小王子。那天是1944年7月31日

那些女人　飞过蓝天

一部撼人心魄的温婉航空史

最早的女勇者

谁是第一个飞起来的女人？这个答案今天有点儿难缠。1908年7月8日，一个叫作特蕾丝·佩尔蒂埃的女人在米兰作为乘客搭乘一架法尔曼飞机飞向天空，操控飞机的是法国雕塑家德拉格朗日，这是世界上首次女性作为乘客的飞行记录。佩尔蒂埃自己也是一位特立独行的雕塑艺术家。她不仅被认为是第一位乘坐飞机飞行的女性，还极有可能是第一个驾驶飞机飞行的女性：同年，她在都灵曾单独驾驶飞机飞行了大约200米，高度2.5米。当然，她没执照。这次飞行具体日期不详，但1908年9月27日出版的《意大利画报》曾做了报道。据此推测，她的飞行时间当是9月，当属世界第一位驾机飞行的女性。

梳理一下那些早期女性飞行者，你会发现她们是一群向来就不信邪的勇敢者甚至叛逆者。正是这种胆大到令人吃惊的气魄，让她们敢于挑战当时最不具公众信任感的飞行器。1903年莱特兄弟成功起飞后的十年间，飞行在大多数人眼里是最大胆最癫狂冒险家们的危险行径，那些木条帆布加上活塞发动机构成的不停颤抖的飞机，也被公众贴上"危险品"的标签。在这个时候，一些女性大胆地乘坐甚至驾驶飞机冲上蓝天，对当时保守的社会两性差异观构成的挑战，显然要比其他任何活动都更强烈。

另一位早期女性飞机乘客的代表是莱特兄弟的妹妹凯瑟琳·莱特。她首次乘坐飞机升空那天，是1909年1月2日，地点在法国波城——当时莱特兄弟正在法国巡回展示他们划时代的发明。凯瑟琳这次飞行需要不小的勇气：就在几个月前的1908年9月17日，奥维尔在麦尔堡为美军进行飞行演示时坠机，机上乘客、

美国陆军中尉塞尔弗里奇丧生，奥维尔重伤，腿部骨折，肋骨断了几根。访欧期间，威尔伯·莱特多次带凯瑟琳飞行，其中一次英国国王爱德华七世就在现场。凯瑟琳的飞行打消了许多欧洲民众心里的顾虑，连女人都能轻松飞行，还有什么值得担忧的呢？

大胆参与飞行以及诸多社会商务活动，为凯瑟琳带来了耀眼的光环。即将离开法国时，法国政府向莱特三兄妹颁授了荣誉军团勋章——法国人实在想不出没有凯瑟琳的莱特兄弟是否还能如此成功，凯瑟琳由此成为获得殊荣的首位美国女士。

别说女人不行

有些女性在选择驾驶连男人都谨慎对待的飞机前，早已表现出超越常人的勇气与技艺。世界上首位拿到飞行执照的女性、法国人雷蒙德·德·拉罗什早在少年时就表现出超常的运动才能，深爱摩托车和汽车驾驶。1909年她找到查尔斯·瓦赞要求学习飞行，那时瓦赞飞机还只有一个座位。瓦赞只能站在地上，指

1909年雷蒙德·德·拉罗什坐在一架瓦赞1909型双翼机驾驶席上。1910年3月，拉罗什成为世界上首位拿到执照的女飞行员

115

柯蒂斯推进式双翼机上的美国先驱级女飞行员鲁斯·劳·奥利弗，1912年前后

导驾驶座上的拉罗什操控飞机。就这样，拉罗什在1910年3月拿到了世界上第一张颁发给女性的飞行员执照。

在学飞道路上，美国先驱级女飞行员鲁斯·劳·奥利弗就没有拉罗什那样顺利了。起初她准备直接进入莱特的飞行学校，但奥维尔·莱特拒绝教授她。在劳看来，奥维尔认为女性不适合从事机械类操纵工作，此事令她学习飞行的决心更为坚定。她后来说："让我做成一件事情的最佳方式就是对我说'你不能做那件事'。"1912年11月，劳拿到了飞行执照，1915年开始进行公开特技飞行表演。1916年11月19日，劳驾机从芝加哥飞往纽约，创下了连续飞行950千米的平均速度纪录。次日她在纽约上空飞行时发动机突然停车，她驾驶无动力的飞机平安滑翔着陆，遇到了一位美国陆军上尉。后者对劳颇为钦佩，动手为她修理好飞机，帮她重新登程。这位上尉叫作亨利·阿诺德，也就是日后名震军界的美国陆军航空队总司令。

交通工具似乎是女性挑战自己同时也挑战传统性别观的"传统阵地"。出身富裕商人家庭的布兰奇·斯图亚特·斯科特是汽车爱好者，是第二个驾车穿越美国大陆的女性。1910年布兰奇开始学习飞行时格外幸运，开明的格伦·柯蒂斯亲自执教。9月6日，一阵大风让正在单

"让我做成一件事情的最佳方式就是对我说'你不能做那件事'。"

独驾机练习滑行的布兰奇意外升空，她也由此被认定为美国首位单独驾机升空的女性——不过她与首位驾机升空的佩尔蒂埃一样，飞起来时都还没有驾照。

与布兰奇相仿，比利时第一位女飞行员埃莱娜·迪特里厄成为飞行员前也有交通工具运动类头衔：自行车赛世界冠军、自行车/摩托车运动员和汽车赛车手。1910年，迪特里厄使用桑托斯－杜蒙的"豆娘"飞机开始学习飞行。11月25日，迪特里厄获得飞行执照，在女性中位列世界第四。

艰险任务的温婉挑战

单单是驾驶飞机飞起来，并不能让勇敢的女性们满足。她们很快开始尝试冲击飞行纪录——无论是速度、高度还是航程。在许多飞行竞赛中，她们甚至与男性同场竞技，并在异性们惊诧万分的目光中捧走桂冠。

迪特里厄就是这样一个人。1910年12月21日，她在2小时35分钟内不着陆连续飞行167千米，夺得费米纳杯。1911年，她创下一项惊人事迹：在意大利佛罗伦萨国王杯飞行竞赛中，一举击败14位男性选手，夺得国王杯。1912年，她成为第一个驾驶水上飞机的女性。同年她击败保罗雷纳·高德隆在内的其他4位水上飞机飞行员，夺得瑞士飞行大赛冠军。

美国早期著名女飞行员哈丽雅特·昆比的胆量比迪特里厄毫不逊色。她在1911年8月1日拿到了美国航空俱乐部签发的飞行员执照，这是美国颁发给女性的第一本驾照。拿到驾照不满一年，昆比就做了件大事儿：于1912年4月16日驾驶一架布莱里奥XI飞机从英国多佛出发飞越了英吉利海峡，成为历史上第一个完成此事的女性。

冲击纪录有时需要付出的不仅仅是勇气。漂亮的加拿大女飞行员米尔德里德·爱丽丝·多兰失踪那一年，只有22岁。她的美丽，永远定格在1927年。那一年她参加了著名的窦尔飞行大奖赛，挑战一旦成

这张照片拍摄于100多年前的1912年。画面上这位美女飞行员是首位飞越英吉利海峡的女飞行员哈丽雅特·昆比。她的飞行员执照是美国颁发给女性的第一本执照。1912年7月1日，昆比驾驶一架布莱里奥飞机飞行时不幸坠机遇难

功，她将成为第一个从加利福尼亚飞到夏威夷的人。人们目送多兰随着"多兰女士"号飞机消失在视野中，这也是多兰最后一次被人看到——这架飞机连同机上三人，永远消失在太平洋上。多兰走了，但她留下的话仍然为人回味："女人飞行并不比男人更困难……她们当然具备远程飞行所需的勇气和坚韧。"

在林德伯格飞越大西洋引发的"越洋热潮"中，许多飞行家试图追随他的足迹。美国美女飞行员鲁斯·埃尔德就是其中一员。拿到飞行执照仅仅数周，她就开始准备这次凶险的航程。她邀请自己的教官乔治·霍尔德曼做副驾驶兼领航员。这样一旦有问题还有一个比自己经验更丰富的飞行员当靠山。1927年10月11日，两人驾驶一架黄色涂装的史汀生SM-1"底特律人"从长岛罗斯福机场起飞，这架飞机被命名为"美国女孩儿"。10月13日早晨，预定抵达巴黎的上午7点已过，但是她们仍未出现。事实上在离开美国海岸640千米后就再无船只报告看到过她们的飞机。几个小时过去，没有任何关于她们的消息。巴黎时间下午4点35分，终于有消息传来，埃尔德和霍尔德曼被搜救人员在海上找到，两人都还活着。

英国女飞行家埃尔西·麦凯伊从来没把危险放在眼里。她曾经与英国军事飞行员赫恩尼上尉驾驶飞机尝试反筋斗特技动作。结果她的安全带松脱，她硬是抓住张线才化险为夷。"越洋热潮"席卷世界之后，埃尔西成为大西洋任务的另一位挑战者：她买下一架史汀生"底特律人"单引擎单翼飞机，命名为"奋进号"，打算用它征服大西洋。1928年3月13日上午8点35分，埃尔西和欣奇利夫上尉驾驶"奋进号"从林肯郡克兰威尔皇家空军基地起飞。只有极少几个人知道此事——起飞是秘密进行的，当时埃尔西的父亲正在埃及，而她向父亲保证说自己不会尝试这一冒险。起飞5小时后的下午1点30分，爱尔兰西南海岸的灯塔值守员看到"奋进号"正飞行在前往纽芬兰的大圆航线上；一艘法国轮船也报告看到过它。然而此后就再无"奋进号"的消息。美国长岛米切尔机场上，5000人等在那里准备见证这一历史性的时刻。不过他们永远没能等到埃尔西。直到8个月后的1928年12月，一个起落架轮胎被海浪冲上

> "女人飞行并不比男人更困难……她们当然具备远程飞行所需的勇气和坚韧。"

了爱尔兰西海岸，人们发现那属于"奋进号"。

1932年5月20日，北爱尔兰卡尔莫尔一座农场上。一架飞机盘桓几周后突然降低高度，颠簸着降落在草地上。一个女人一脸疲惫地跳下飞机。附近一个劳作的农夫走上来诧异地问："你飞了很远吗？"那位女士说："我从美国来。"这个女人，叫作艾米莉娅·埃尔哈特。这位农夫并不知道，这架降落在自己农场上的女士，此刻已经成为世界上第一位单人驾机飞越大西洋的女性。早在1928年作为首位女性机组成员飞越大西洋后，艾米莉娅就萌生了独自挑战大西洋的想法。飞行结束后她这样对新闻媒体说："斯图尔茨（飞行员）一直在操控飞机，他必须这么做。我只是一件行李，就像是一麻袋马铃薯……也许有朝一日我会独自飞过大西洋。"4年之后，经过充分准备的艾米莉娅驾驶一架洛克希德"织女星"5B从纽芬兰格雷斯港起飞，经过14小时56分钟飞行后，降落在北爱尔兰一处牧场，终于成功地单独驾机征服了大西洋。

英国女飞行家艾米·约翰逊为自己设定的目标更远。1930年，她成为世界上第一位单独驾机从英国飞到澳大利亚的女飞行员。这段1.8万千米、耗时6天的征程让她成为英国最著名的女性。

除了远距离飞行，续航时间纪录中也不乏女性挑战者。1929年，美国女飞行员埃莉诺尔·史密斯和博比·特劳特驾驶一架"阳光"双翼机从洛杉矶大都市

机场起飞，联手创造了一项空中加油条件下的持续飞行时间纪录。她们在空中连续飞行了42.5小时。史密斯负责操纵飞机，而特劳特则负责空中加油任务。1932年8月20日，美国女飞行家路易斯·萨登与弗朗西斯·哈莱尔·马萨利斯再次创下惊人的续航时间纪录：连续飞行了196小时！这种飞行不仅考验飞行员的耐力——两人除了轮班驾驶飞机，还要不时与空中加油机配合，使用空中输油管向反复告罄的油箱注入燃油。这种耐力飞行纪录的不断突破需求，也促成了空中加油技术的出现和不断发展。

1936年4月1日，英国女飞行家艾米·默里森·约翰逊穿着一袭羊毛面料的白色时髦女装，拍下了这张照片。这是著名时装设计师斯基亚帕雷利女士设计的飞行时装之一，准备用于艾米从伦敦到开普敦的单人远航行动

动人事业成就时髦偶像

女性天生爱美。时髦的服饰、首饰以及装饰文化对她们更具吸引力。与早期飞行结缘后，被社会聚焦的女人们也有意无意地影响着流行风，虽然当时甚至连她们自己都不曾意识到。

一个最为有趣的例子算是窄底裙。1909年，凯瑟琳·莱特乘坐哥哥驾驶的飞机飞行时，为防止飞行中迎面气流吹起裙摆，她用一根细绳束住了裙子下摆。飞行结束，她穿着未及解开下摆的长裙以奇怪的姿势走下飞机，恰被一位法国时装设计师看到。后者以此为灵感设计了新款时装，于是就有了欧洲风行一时的窄底裙。比利时女性第一飞迪特里厄钟情时尚，她是最早穿上时尚型飞行装的女性，这套飞行装由巴黎著名裁缝伯纳德设计。因为飞行时不穿古板的紧身胸衣，她还遭到过媒体的讥讽。

除了飞行女达人，出身英国贵族

的埃尔西·麦凯伊还身兼女演员和室内装饰设计师等头衔。她自幼表现出极强的独立性，为了爱情不惜大胆私奔，最终赢得家庭认可。埃尔西当时是女性们的偶像，她举止优雅，穿着时尚，喜欢佩戴各种精致的珠宝。人们经常看到她驾驶自己的劳斯莱斯轿车疾速行驶，或是开着那架阿弗罗双翼机飞翔在天空中。埃尔西无时无刻不在意自己的美丽，1920年前后她曾留下一张著名的照片。画面上，一位靓丽的女士站在飞机座舱里，举着一面小镜子用粉饼化妆，让人不由联想起《木兰辞》里"当窗理云鬓，对镜贴花黄"的诗句。艾米·约翰逊也曾拍摄过不少时尚照片，其中一张照片上，她穿着时装设计师斯基亚帕雷利女士设计的白色羊毛时装，以恬静的神态留下了倩影。

　　把自己的美丽与商业元素结合，也是女飞行者们独有的优势。在各种历史档案库中，你会发现许多女飞行员为各种时尚品牌代言的精致照片。作为美国女飞群体杰出代表的艾米莉娅就是一个典型，她甚至创立了自己的工作室和服饰品牌，并亲自代言自己的作品。担任国际女飞组织"九十九人会"主席后，她还为该协会设计了白色夹克套装，该组织著名的两个阿拉伯数字"9"相嵌套的标志，

20世纪30年代，国际性女飞行员组织"九十九人会"部分成员合影。4位女士从左至右依次为贝蒂·吉利斯，美国第一位获得妇女辅助转运中队（WAFS）资质的女飞行员；艾米莉亚·埃尔哈特，第一个驾机飞越大西洋的女性，环球飞行的女性探索者；弗朗西斯·马萨利斯，持续飞行时间纪录的创造者；埃尔维·卡勒普，爱沙尼亚首位女飞行员，同时也身兼多种职业：艺术家、儿童文学作家和玩具设计师

也是出自艾米莉娅之手并沿用至今。女飞行员昆比飞越英吉利海峡成名后，接受温菲茨饮品公司之邀，担任葡萄苏打饮料代言人。她那一袭紫色飞行服的翩翩倩影频频现身各种广告招贴，成为美国社会的时尚标签。

美国杰出女飞行家杰奎琳·科克伦曾做过美发师，成名后又在化妆品行业创业成功。她充分利用了自己在航空领域建立的社会知名度，给自己的化妆品系列定名为 Wings to Beauty，译成中文就是"飞向美丽的翅膀"。她甚至开着自己的飞机巡回全美，推广自己的产品。她的丈夫还利用自己与好莱坞的密切关系，设法聘请玛丽莲·梦露为妻子的口红代言。科克伦的化妆品事业是如此成功，以至于1951年波士顿商业机构将她评选为美国25位最成功的商业女性之一。1953年和1954年，美联社把她列为"年度商业女性"。

艰难时局与铿锵玫瑰

在战争这样重大的困难形势下，人类社会所固有的性别差异观念也迅速松动。1917年4月美国加入一战后，鲁斯·劳就凭借个人影响力极力呼吁美国军方批准女性驾驶军用飞机投身战争，但未获支持。此后她在杂志上撰写文章《让女性飞！》，指出飞行的成功会证明女性完全可以胜任该领域的工作。尽管如此，美国人和英国人都逐渐发现，那些女性飞行员即便不参加激烈的空中搏杀，也能作为重要的后方高价值资源发挥作用。第二次世界大战期间，美国组建了 WASP（妇女空军勤务飞行员部队），英国也组建了 WAAF（妇女辅助空军部队），两者主要承担飞机转运和物资运输任务。苏联则更为大胆，放手让女飞行员作为战斗员投入作战，甚至组建了全女性飞行员的独立作战部队，如第586战斗机飞行团、第46"塔曼"近卫夜间轰炸机飞行团，和第125近卫轰炸机飞行团等部队，其中甚至涌现出丽特维亚克等杰出的空战英雄。这倒并不是因为苏联人更开明，而是严酷的卫国战争形势使然。

旧中国时期也涌现过一些女性飞行先驱。她们中大多数人的飞行经历，都是从海外开始的。出身香港实业家庭的李霞卿，来自医生家庭的颜雅清，以及出身商业家庭的张瑞芬，都是中国早期女飞行员的卓越代表。

李霞卿在飞行史上有着特殊的地位。她曾先后在瑞士航空学校和波音航空学校学习，取得了飞行执照。1936年李霞卿回到中国，为中国政府实施过空中勘

察活动，被委任为上海市航空学校教官，直到1937年中日全面开战该校被迫关闭为止。从1938年到1943年，李霞卿在美国全境及拉丁美洲各地巡回飞行，筹集捐款用以赈济抗日战争中的受害者。她也因此以美女飞行员的身份成为二战期间美国联合中国援助行动的形象大使。战争同样让颜雅清做出了自己的选择。抗战爆发后她在美国各地进行巡回飞行，为支援中国抗战行动筹集善款。抗战时期，张瑞芬同样有回国开设航校、培训飞行人才支援抗战的计划，但是男友的意外辞世以及病重父亲的严令最终令其无法成行。

历史上每一位飞行女性的故事，都是一部励志传奇。1913年亨顿航空大会上，英国女飞行员谢丽达·德布瓦·斯托克斯在飞行表演时发生坠机，身受重伤的她昏迷了6个星期才逃出死神魔掌，飞行生涯也被迫结束。上苍对她的考验并未结束：1918年，她任职皇家海军的丈夫因潜艇失事遇难。

早期华裔女飞行员张瑞芬，在抗战时期曾在美国筹款购置飞机，准备回国创办航校，支援抗日，可惜未能成行。

"飞行让我感到欢乐。那是一种力量的感觉，那种喜悦就像是掌控一台美妙有如纯血赛马的机器。"

然而斯托克斯并未沉沦，她选择了学术研究作为方向，在牛津大学坚持学习，取得了社会人类学学士学位。

法国女飞行员杰奎琳·奥里奥尔更是励志典型。她在1948年取得飞行执照，很快成为一名技艺娴熟的特技飞行员。一年之后的1949年，她乘机时突遭坠机，虽然大难不死，但面部受到重创，多处骨折。她熬过3年康复期，接受了33次重建修复手术。也是在医院里，为了填补精神空白，她开始努力学习代数、三角学和空气动力学，以及其他与航空相关的知识，为的就是出院后能把飞行生涯提升到崭新的层次。这一切坚持的结果，使她获得了军事飞行员资格，继而又成为法国第一位女性试飞员。她是最早驾驶飞机突破音障的女性之一，在20世纪五六十年代先后5次刷新世界飞行速度纪录。1963年6月14日，她驾驶达索"幻影"IIIR在100千米闭合航路上飞出了2038.7千米/小时的速度，刷新了原来由杰奎琳·科克伦保持的速度纪录。

"生而飞行"，这是奥里奥尔对飞行情感的精彩概括。她曾这样解释自己对于飞行的情感："飞行让我感到欢乐。那是一种力量的感觉，那种喜悦就像是掌控一台美妙有如纯血赛马的机器。与这些原生喜悦相伴的是另一种不那么原始的情感，那就是完成任务的成就感。每次我迈进机场，就兴奋地感到自己属于这里。"

法国女飞行员杰奎琳·奥里奥尔的典型经历使其成为法兰西航空史的女性标志之一

梦露 · 战争 · 无人机

装配线上的梦露和OQ-2

1945年1月26日，第二次世界大战已经接近尾声。为了宣传美国后方火热的军需生产，特别是彰显那些奋战在军需生产一线的劳动妇女，负责第六期战争债券宣传工作的美国陆军上尉罗纳德·里根（Ronald Reagan）——后来成为美国第40任总统，指派摄影师戴维·科诺沃（David Conover）到无线电飞机公司（Radioplane）工厂拍摄生产线上的妇女，作为宣传素材。

科诺沃端着相机穿梭在无线电飞机公司工厂生产线。就在OQ-2无线电遥控靶机的装配现场，他看到了一位19岁的漂亮女装配工，她叫诺玛·珍妮·多尔蒂（Norma Jeane Dougherty）。科诺沃立即被诺玛的形象和气质打动了，他觉得作为一名为美国制造军事机器而努力工作的女性，这是极佳的宣传素材。他立即为她精心拍摄了照片，后来诺玛手持螺旋桨的照片出现在各种著名封面上，打动了无数读者。随后星探们找到诺玛为其提供试镜机会，诺玛从此开始了大红大紫的演艺生涯，她的名字也自此改为玛丽莲·梦露（Marilyn Monroe）。

在科诺沃拍摄的那张著名的照片上，梦露拿着一副木制螺旋桨站在一架OQ-2无人机前，成为战争时期美国劳动妇女的缩影。

无线电飞机公司的创建者雷金纳德·丹尼曾是电影明星，同时也是航空模型骨灰级发烧友

接下来得说说OQ-2，这是美国第一种进入批量生产的无人机。而制造它的企业家——无线电飞机公司的创建者雷金纳德·丹尼（Reginald Denny），也是颇有名气的演艺明星：一战时期他曾在英国皇家飞行部队服役，战后移民美国，到好莱坞发展，成为电影明星。丹尼素来爱好遥控航模运动，演艺工作之余常常自己操控无线电遥控航模自娱自乐。1934年，他干脆与几个伙伴合伙成立了雷金纳德工业公司，同年又在好莱坞大道开设了一个模型工作车间，被称

无线电飞机公司最初提交军方演示的RP-4，该机使用并列双螺旋桨设计，军方代号OQ-1

作"金纳德·丹尼玩具车间"，再后来这个车间发展成为无线电飞机公司。

丹尼相信，如果能以低廉的价格生产无线电遥控航模，对于训练防空火炮操控人员是非常有用的。1935年，他向美国陆军展示了自己研制的无线电遥控无人靶机RP-1。1938年，他从沃尔特·赖特（Walter Righter）手里买下一个更为成熟的模型发动机设计方案，随后开始向模型爱好者推销，命名为Dennymite。不久，他把这款装备新型发动机的遥控航模向军方做了演示，称作RP-2，正苦于缺少防空火力射击训练器材的军方立即表现出浓厚兴趣。丹尼立即对RP-2进行改进，推出了RP-3和RP-4，这一年是1939年。

1940年，鉴于战争随时可能将美国卷入，美国陆军开始强化军事训练。陆军向无线电飞机公司订购了53架RP-4，并给它起了个正式军用代号OQ-1。继这笔小额订单之后，陆军在1941年又签下了一笔更大的订单，这次购买的是改良后的RP-5，陆军命名为OQ-2。美国海军也接踵而至，他们将购置的RP-5命名为TDD-1。此后大量OQ-2/TDD-1源源不断走下无线电飞机公司洛杉矶工厂装配线，交付美国军方用于射击训练。

OQ-2的结构非常简单，动力系统是一台双缸两冲程6马力（4.5千瓦）O-15-1活塞发动机，驱动一副两叶螺旋桨。OQ-1最大飞行速度可达144千米/小时，飞行高度2400米，无线电遥控系统由邦迪克斯公司（Bendix）制造。OQ-2利用弹射器发射升空，如果在地面几轮炮火中幸存下来，那么它可以利用降落伞回收。继OQ-2之后，无线电飞机公司又推出了一系列改型——OQ-3/TDD-2、OQ-4/TDD-3。整个二战期间，在这所加州工厂里，总计出产了近1.5万架无人机，有力地支持了美国陆海军防空火力射击训练工作。二战中美军在作战中防空兵器操作人员表现出了不错的技术素养，其中无线电飞机公司的无人靶机功不可没。1952年，无线电飞机公司被一家企业收购，那家公司的名字叫——诺斯罗普。

美国海军在准备放飞无人靶机用于射击训练，从外形看，这架靶机应该是OQ-3

乾隆，第一个有机会见到气球的中国人

公元1793年9月14日，清乾隆五十八年，热河行宫（今天称为承德避暑山庄），清高宗纯皇帝乾隆接见了来自万里之外的大英帝国使臣马戛尔尼一行。这段历史，在中国的史籍和影视作品中都有表现，中国也曾有表现这一觐见场景的艺术品传世。在世俗文化层面，中国人更多地把关注点放在马戛尔尼觐见乾隆帝时究竟是否下跪了，是跪了一条腿还是两条腿，是他一个人下跪还是整个使团全体下跪，他们究竟是一跪一叩还是三跪九叩。虽然马戛尔尼下跪觐见乾隆一事在大英帝国看来也是种谦卑懦弱的举动，但是更让英国人感到沮丧的事实，是马戛尔尼关于两国通商以及互派公使等请求悉数被乾隆帝拒绝。就在马戛尔尼悻悻回国之际，也就是公元1794年，英国著名讽刺画家詹姆斯·吉尔雷（James Gillray，1757—1815）以自己的视角绘制了马戛尔尼觐见乾隆帝的场景，这幅画的题目叫作《乾隆皇帝凝视下的英国》。画面上，英使马戛尔尼以觐见英王之单膝下跪礼朝见乾隆，而后面的随从则全部叩拜，这显然是作者的讽刺之举。英使对面，乾隆及一班文武侧目睥睨，高傲异常。虽然作为一名讽刺画家，吉尔雷也希望借此讽刺英国使臣在大清帝国的谦卑之举，但是这显然不是他的全部用意。在这幅作品中，吉尔雷详尽描绘了马戛尔尼带给乾隆帝的各色礼品。这些礼品并非随意绘制，它们几乎无一例外地出现在马戛尔尼日记中记录的礼单中。其中包括英王乔治三世御用4轮马车模型，英国皇家海军最新主力舰、拥有一百门大炮的"皇家君主"号模型，最为惊人的是还有一具飘行空中的气球。在马戛尔尼的

The Reception of the Diplomatique & his Suite, at the Court of Pekin.

Pub.ᵈ Sept.ʳ 14ᵗʰ 1792 by H.Humphrey N.º 18 Old Bond Street.

英国讽刺画家詹姆斯·吉尔雷笔下的马戛尔尼一行觐见乾隆帝的场景

日记中曾明确提及，他带给乾隆的气球并不是画面中这样的小型玩具，而是一个可以承载吊篮、容纳一名英国军官的大型热气球。马戛尔尼甚至为乾隆帝准备了一场高大上的私人表演——准备让英国军官乘坐这具气球，升起在乾隆帝的头顶，让东方人看一看，西方人已经掌握了飞行的技巧。

遗憾的是，这项宫廷表演的请求，被乾隆朝廷里的另外一位著名历史人物断然拒绝了（同时被拒绝的还有英国皇家燧发枪团的近代火枪表演），他的名字后来无数次出现在中国史籍、评书和影视剧中——和珅。也许有人会说，和珅真的很坏。但是不要忘记，马戛尔尼见到乾隆帝的那一年，即乾隆五十八年，25岁以宝亲王身份继承大统的弘历已然83岁。晚年的乾隆刚愎自用，想必其内心绝对不会容许英国人的飞行器飘行在大清皇帝的头顶。更为要紧的是，在当时的中国，还没有人会相信人类可以驭风飞行。倘若英国人的气球真的升起在避暑山庄，那对

世界上最早的热气球由法国人蒙哥尔费兄弟发明，时间是1783年，也就是乾隆四十八年。人类的飞行纪元由此拉开，此后两个多世纪里，飞行深刻改变了整个世界

于中国传统文化的信仰，将是一种颠覆力量。如此推断，和珅对马戛尔尼气球飞行表演请求的拒绝，恐怕更多是代表了乾隆帝本人的意旨。

　　至此我们可以很负责任地说，在中国本土第一个听闻过气球飞行器，甚至可能见到过气球实物的人，应该是清高宗乾隆。当时的乾隆帝并不知道，马戛尔尼携带气球来到面前的时候，这种奇妙的飞行器在西方发明仅仅十年，堪称最新的科技成果。也就在这十年间，欧洲乃至整个西方世界正刮起一股强劲的"气球风潮"。气

球的形象，迅速充斥了所有装饰和家居用品。在那个时代，如果不采用气球作为装饰元素，就不算时髦。气球作为人类最早掌握的一种载人飞行器，拉开了人类飞行时代的大幕。很可惜，随着乾隆帝对于马戛尔尼各种请求的拒绝，中国错过了一次近距离接触西方近代文明的机会。

历史总有奇妙诡谲的一面。在马戛尔尼回国那一年（1794年）的6月。欧洲爆发了一场著名战役，史称弗勒鲁斯战役（Battle of Fleurus）。这场战斗，在法国和英国、汉诺威、荷兰以及哈布斯堡王朝组成的反法联盟之间展开，双方分别投入了约8万兵力。法国人虽然竭尽所能集中兵力试图给对手致命的打击，但要想取得战役的胜利却并不容易。战斗中，法军在战线后方升起了一具气球（氢气球），气球下方的吊篮里蜷缩着一名法军军官，用望远镜远眺敌军的军阵布局，再把情报通过旗语传递给地面。法军由此实施了人类历史上第一次以航空侦察为校射手段的远程火炮精准打击。法国人最终赢得了这场战役的胜利，而那具气球的名字也随着青史留名。也就是

1794年，法军在弗勒鲁斯战役中使用了一具侦察气球，用于指导地面炮兵。这是历史上气球首次登上战争舞台，气球的身份由此发生了根本性转变

LE GOUVERNEUR DE BAC-NINH
ÉLEVAIT SA GARNISON ET LA PARESSE
À LA HAUTEUR D'UNE INSTITUTION ①

UN JOUR UN AÉROLITHE
D'UN NOUVEAU GENRE VINT,
TROUBLER SA DOUCE QUIÉTUDE! ②

SA CRAINTE GRANDISSANT IL LA PEINT
A SA GARNISON, TOUS GAILLARDS A POIL ③

LE MONSTRE AÉRIEN DEVENANT TERRIBLEMENT
MENAÇANT FIT GERMER UNE RÉSOLUTION HÉROÏQUE
DANS LES RANGS DE CES PAISIBLES CHINOIS ④

UN SAUVE QUI PEUT GÉNÉRAL FUT CONSI-
DÉRÉ PAR CES RUDES LAPINS COMME
LA SEULE ACTION D'ÉCLAT POSSIBLE ⑤

NE POUVANT ÉCRASER
L'ENNEMI ILS S'ÉCRASENT EUX-MÊMES ⑥

VOUS PENSEZ A LA RIGOLADE
DES LOUSTICS D'LA NA-CELLE
EUX MERRAIENT A LA GIBELOTTE ⑦

L'ENTRÉE DANS BAC-NINH
DEBUTA PAR UNE CHASSE ET FINIT
PAR UN JOYEUX CANCAN ⑧

ON DRESSA LA MARMITE
À TOUS CEUX QUI FURENT PINCÉS
VINRENT GROSSIR LE FRICHTI ⑨

1885年中法战争中法军的航空侦察校射气球给清军地面部队造成了极大威胁。这是法军绘制的表现"北宁大捷"的宣传漫画

从公元1794年（乾隆五十九年）起，气球完成了华丽转身，从科技玩具变身成为军事斗争的重要工具。此后一百年间，气球再也没有以友好交流的身份来过中国。更为遗憾的是，此后中国人再见到气球多是在战场上，而且是在中国军队的敌人手中。就在马戛尔尼觐见乾隆107年后，他带来的气球，随着八国联军侵华的铁蹄飘行在古老的北京城上。而在那一幕发生之前的60年，英军的战舰就以密集的火炮向中国重新宣示了自己的力量，那场战争叫作鸦片战争。

今天我们很难以聪明或是愚蠢来给乾隆帝和他的臣僚们做一个历史鉴定。长期与西方世界的割裂，使得中国社会成为一个极度发达的闭锁式世界，而高度发达的农业文明以及由此带来的高水平自给能力，又让中国的封建统治者们很难理解和领悟近代西方文明的特点，更难以相信近代科学的奠基以及工业革命的出现，对于西方文明即将取得的绝对优势（特别是军事技术优势）无法预判。乾隆帝的保守，是特定历史条件下的结果。他，只是中国封建社会保守思想的一个代表。在人类历史上，许多革命性的事件往往发轫于最初看似笨拙的创新行动，气球如此，蒸汽机如此，燧发枪也如此。始终保持对于新生事物和创新技术的敏感和好奇，并以此为基础积极探索其对于社会生产力的推动作用，恐怕是一个民族保持其先进性的重要精神法则。

1900年8月，八国联军攻克北京后，法军在北京古老的街巷里释放氢气球，为北京城拍摄了最早的航拍照片

火箭尾焰里的星条旗

　　"火箭的红色尾焰，空中的炸弹爆裂，在暗夜里映衬着我们的旗帜仍然屹立。"这是弗朗西斯·斯科特·基（Francis Scott Key）在1814年9月14日写下的诗句。就在当日凌晨1时，英军对扼守北美军事重镇巴尔的摩的要塞麦克亨利堡（Fort McHenry）发动强攻，英军舰队发射的无数炮弹和火箭在要塞内外爆炸燃烧，在夜色中尤为醒目。攻击持续了整整3小时，英军官兵和美国民众都在远处眺望要塞，担心要塞安危。年轻的美国律师弗朗西斯·斯科特·基，便是这场激烈攻防战的目击者之一。天色将明，弗朗西斯·斯科特·基依稀看到，要塞上方那面巨大的星条旗依然迎风飘扬。这番景象使他深受鼓舞，慨然写下此诗。后来这首诗被谱上曲，成为美利坚合众国的国歌。

　　这次战斗中英军使用的火箭，是一种直径3.5英寸的32磅火箭，它能携带7磅燃烧剂，在目标区域点燃房屋设施，引发大火。这些火箭被称作康格里夫火箭，它的发明者是极富创新精神的英国人威廉姆·康格里夫（William Congreve）。作为一名英国皇家炮兵中将的儿子，康格里夫很早就对炮兵装备很感兴趣。

没有人怀疑古代火箭起源于中国。史籍记载，公元1272年中国人就已将原始火箭用于军事，1275年，马可波罗更是把中国火箭的样品带回了欧洲。13世纪，蒙古人和阿拉伯人都使用过从中国传入的火箭，并将火箭技术传入欧洲。到16世纪初，火箭技术已为欧洲诸国熟知，但此后200年间，火箭一直没能作为一种真正有效的武器，主要是跑跑庆典焰火和战场信号的龙套。

1780年的一场战斗改变了英国人的观点。这一年，发生在印度的甘特尔之战中，一支英军部队遭遇了印度麦索尔苏丹海德阿里的军队。这支印度军队由海德阿里的儿子蒂普沙希布统率，这位青年将领十分重视火箭，将火箭队的人数扩充到5000人，装备有从6磅到12磅的铁壳火箭，这些火箭尾部装有10英尺（约3米）长的竹竿作为定向杆。尽管这样的火箭飞行飘忽不定，但对于东印度公司的当地部队仍然非常有效。蒂普沙希布在1792年和1799年的塞林伽巴丹围困战中都曾大量使用火箭，引起英国军械委员会的浓厚兴趣，他们开始重新考虑火箭的战场价值，并要求皇家军事实验室展开研究。1804年，年轻的康格里夫开始负责这项工作，着手研制新型火箭武器。

1780年的印度甘特尔之战中，英军发现印度人手中的火箭具备不错的作战潜力，这直接启发了康格里夫。图为蒂普沙希布军中的火箭射手

康格里夫先是从集市上买了一堆火箭焰火进行试验，发现它们很难飞出600码。接着他自己设计制作了一些火箭，射程增加到1500码（约1371米）。1805年，康格里夫用硬纸板制作的6磅火箭射程已经达到2000码（约1828米）。

使用黑火药推进的火箭，射程至多不过数百英尺，几乎谈不上飞行稳定性，它会飞到哪儿完全无法预测。康格里夫发现，通过增大导弹外形尺寸，采用压紧

1815年制造的100
磅康格里夫火箭

装药等方式，能够提高火箭射程。他还为火箭设计了多种弹头，改善了火箭的作战效能。利用自己的工程技术知识，康格里夫计算出最为有利的发射角度。他发现如果以50度~55度仰角发射，火箭能够实现最大射程。今天火箭飞行稳定性是依靠弹翼实现，但康格里夫当年在借鉴印度火箭的基础上，选择了更简单有效的方式——在火箭后部安装一根4.57米长的木杆，也称作导向杆，这根杆用两个金属箍固定在火箭弹体上。经过屡次改进试验，并听取了一些海军高级军官的建议后，康格里夫制造的32磅铁壳火箭射程可达3000码，成为应用最广的品种。但这些火箭飞行轨迹仍然神出鬼没，精度较差。

康格里夫甚至还开发过直径18英寸的300磅火箭约45厘米，136千克，战斗时填充燃烧剂，主要用于焚毁当时的木制战舰，或者在敌方城垒内部纵火。但这种怪物实在太大，难以操作，只能用于试验。

从1806年起，康格里夫火箭就被英军大量用来对抗拿破仑的军队，无论是在陆上还是海上，都取得了不错的效果。康格里夫甚至还发明了专用的火箭发射架。1809年，他制造了第一艘火箭发射船"格拉戈"号，它曾在荷兰海岸附近抗击拿破仑舰队。后来康格里夫又主持制造了第二艘火箭发射船"黑暗之神"号（Erebus），这是一艘经过改装的单桅帆船。船上两舷主甲板下每侧各有10个发射窗，窗内的火箭可以55度仰角发射。保存至今的该舰航海日志显示，1814年4月，就在启程前往美国参战前，康格里夫曾亲自登船检查火箭发射窗。就是这艘"黑暗之神"，在1814年9月13—14日向麦克亨利堡发射了大批火箭。

1807年，英国皇家海军舰队在攻击歌本哈根之战中，康格里夫火箭发挥了不小的作用，英军利用专门的火箭发射船向哥本哈根要塞发射了大约2500枚火箭。许多火箭根本没有击中目标，但给丹麦人极大的心理震撼。一名丹麦目击者这样描绘自己看到的一切：那些可怕的火箭焚毁了大量房屋和仓库……我看到一枚火箭击中了一座房子，穿过屋顶和3层地板，钻进了侧面墙壁里！

1809年，在摄政王的支持下，康格里夫火箭推广到陆军，并组建了陆军火箭部队。当时许多高级将领对火箭心存反感，威灵顿公爵就曾坦言，自己之所以要求将火箭炮兵纳入麾下，并非因为想在某种城市纵火，或是因为火箭的用途，而是打算"征用"火箭部队配属的马匹来拖拽那些笨重的火炮。

1813年1月，英国皇家马队炮兵中专门成立了火箭分队，专业化水平进一步提高。在莱比锡之战中，英军火箭分队成功用火箭击退了法国剽悍骑兵旅的冲击。这一幕被反法联盟的君主们看在眼里，后来沙皇亚历山大还亲自为英军火箭支队指挥官颁发勋章以示嘉奖。在后来著名的滑铁卢之战中，法军仍然对英军的火箭十分挠头。

第二次北美独立战争中，康格里夫火箭堪称可怕的武器。从缅因到新奥尔良，英军所到之处，都有康格里夫火箭的身影。1814年8月底在马里兰州布莱登斯堡之战中，康格里夫火箭给那些训练不足的美国新兵造成了巨大的心理恐慌，以至于他们一听到来袭火箭推进剂燃烧发出的嘶嘶声，就四散奔逃。就在几英尺开外，坐在马背上的美国总统詹姆斯·麦迪逊和几位阁僚看到了这一景象后，也知趣地选择了退却。一些人坚信，正是康格里夫火箭引发的大火烧掉了"总统宫"，只留下了外墙部分。后来经过改建和整修，这栋残破的建筑被刷白，也就是今天美国总统官邸——"白宫"。在这场近三年、史称"美国第二次独立战争"的战争中，康格里夫火箭并未造成重大人员伤亡，但它们对未来战争产生了重要影响。在英军装备康格里夫火箭后，数十个国家相继组建了自己的火箭部队和火箭制造设施。

在麦克亨利堡攻防战中，英国人原打算用火箭暴雨征服这座要塞——在25小时的攻击中"黑暗之神"发射了600 ~ 700枚火箭，但由于美国守军训练有素，

康格里夫出版的专著《火箭系统详解》中绘制的火箭发射艇插图。这种船用火箭理念直接促成了后来火箭发射船的出现

■ 1845年，英军皇家炮兵正在进行火箭射击训练。此时的康格里夫火箭经过改良，
已经开始采用管状发射筒。英军甚至还装备了多管火箭发射器

火炮射击十分精准。"黑暗之神"无法达到足够近的距离，许多火箭由于射程不足掉进了海湾里，今天它们可能仍然沉睡在要塞不远处的水底。

实际上，美国国歌歌词中所说的火箭"红色尾焰"不大可能出现。这些火箭逶迤蛇行奔向目标时，它们后部确实会拖着灰色烟雾，但喷口处的火焰并非红色，而是橙色，如果离得稍远，你根本看不见。诗人的描述，应该揉入了艺术加工的成分。

还有一个事实不能不提，那就是1841年1月7日鸦片战争中第二次穿鼻之战中，东印度公司派遣的铁壳蒸汽炮舰"复仇女神"号在河口水域担负起机动炮台使命，给广东水师很大打击。大清兵丁看到这种不用风帆能逆风疾行且火力凶猛的跑船，都称其为"魔鬼船"。"复仇女神"上，除了2门32磅炮、4门6磅炮，还装备有1具康格里夫火箭发射器。19年后的英法联军侵华战争（也称第二次鸦片战争）中，英军的火箭支队使用康格里夫火箭成功击退了僧格林沁剽悍蒙古骑兵的冲击，取得了八里桥之战的胜利。那时，原本源自中国的火箭武器，在清军中已经变得陌生。

1909，新闻媒体制造的新闻事件

英国《每日邮报》和英吉利海峡飞越奖

1707年10月22日，英国皇家海军4艘战舰在西西里岛附近遭遇恶劣天气，4舰均告沉没，1550人丧生。这是英国历史上最为严重的海难之一。惨剧的真正原因并非天气，而是舰队领航员无法准确测定舰队所在经度，从而导致航线偏差。这次惨痛的教训让素来以海权作为国家战略的英国意识到，必须开发出准确测定经度的实用技术。为此英国议会在1714年通过经度法案，设立了一系列奖项，用巨额奖金鼓励科学家们开发经度测定技术，这便是历史上有名的"经度奖金"（Longitude Rewards）。经度奖金并非单一奖项，奖金额度随着竞争方案测定精度的提升而增加：精度高于1度的可以获得1万英镑（约合2015年的130万英镑），如果精度高于40分，奖金提升为1.5万英镑；如果高于30分，则奖金数额可达2万英镑。对于那些提出近海航行经度测定方法的人，以及提出可供实验的建设性思想的人，经度法案都规定了相应的奖励额度。在经度委员会存在的114年时间里，不少人获得过各种奖励。其中最为著名的获奖者是约翰·哈里森（John Harrison），他从1737年到1750年间多次获奖，在1765年因为发明航海钟赢得了1万英镑巨额奖金。

20世纪初，航空事业发端之际，奖金激励概念被迅速用在了这项赢得无数人热情的新生事物上。企业家、出版商、航空爱好者们纷纷出资设立奖项，激励那些"第一"的出现。这些"第一"有些也许只是在地上短暂跳跃的笨拙表演，有些则是飞越大西洋这样的壮阔冒险。

说到航空奖金，就不能不提1908年英国《每日邮报》设立的"英吉利海峡飞越奖"。这项奖金总额为500英镑，用于奖励第一个驾驶飞机从法国加莱抵达英国多佛的飞越英吉利海峡的人。这段距离大约为38千米，对现代飞机是小菜一碟，但对100年前的飞机却是艰难挑战，以至于奖金设立一年几乎没有人发起像样的尝试。《每日邮报》于是把奖金翻倍到1000英镑，时限扩展到1909年底。

1909年7月25日，法国人路易·布莱里奥（Louis Blériot）成为最终的赢家。他驾驶一架布莱里奥XI型单翼机完成了海峡飞越，不仅拿到了《每日邮报》的1000英镑，还获得了法国政府"配套奖励"的5万法郎奖金。

如果说飞行家们是为了钱在冒险，那肯定有失偏颇。布莱里奥在飞越海峡前早就是一名成功的商界人士：他为卡车开发的实用型车灯早就实现了发家致富。他是在1900年世界博览会上偶然见到了阿代尔的"蝙蝠式飞机"才迸发出狂热的

布莱里奥起动布莱里奥XI型飞机的发动机，准备飞越英吉利海峡。在布莱里奥起飞之前的16天，最有力的竞争者兰瑟姆在接近终点时发生了坠机，功败垂成

143

Le Petit Journal

1909年8月，法国《小画报》封面用布莱里奥成功飞越英吉利海峡作为头条

航空热情。经过一系列尝试，布莱里奥与瓦赞合作成立了航空制造公司，并从滑翔机转向动力飞机。

1909年，布莱里奥完成了XI型单座单翼飞机，6月，他得知英吉利海峡飞越大奖之事后，立即决定驾驶布莱里奥XI竞争奖金。然而此时，与布莱里奥角逐奖金的人已经有3个，其中最强有力的是英国的赫伯特·兰瑟姆（Hubert Latham），他驾驶的是一架安托瓦内特IV型单翼机，而且背后有英法两国政府的支持。另外两人是法裔俄罗斯贵族飞行家、威尔伯·莱特的学生查尔斯·兰伯特（Charles de Lambert）和英国人阿瑟·西摩（Arthur Seymour）。

兰伯特在练习中就发生了坠机，飞机损坏无法继续挑战；而西摩也没能发起像样的冲击。兰瑟姆则是真正的对手。7月9日，兰瑟姆从加莱地区起飞，成功飞到了距离多佛只有不足10千米的地方，但他的飞机发动机却在那一刻宣告罢工。兰瑟姆只能在海上迫降，被船只救起送回法国，眼睁睁看着布莱里奥的准备工作有序进行。

7月25日早上4点41分，布莱里奥在数千名市民的围观下，驾驶飞机轻盈

成功飞越海峡后，布莱里奥在妻子、围观市民和新闻媒体的簇拥下，在自己的飞机前留影。请注意这架布莱里奥XI的起落架已经损毁

升空。他以大约72千米/小时的速度，保持76米高度，连磁罗盘都不用就飞过了英吉利海峡。一路上，他凭借海峡里驶向多佛的法国船只来判断航向。后来布莱里奥一度丢失了航船，所幸若隐若现的英国海岸帮了他的忙。此时风力渐强，他被大风吹得偏向东方。最后关头，他沿着海岸线飞行。在距离海岸1.6千米的地方，他看到了《每日邮报》记者查尔斯·方丹（Charles Fontaine）手里挥舞的法国国旗。在后者的指引下，布莱里奥降落在多佛堡附近的一处坡地上。在大风中，布莱里奥竭尽所能，但着陆速度还是过大。虽然他没有受伤，但飞机的两个起落架和一片螺旋桨损坏。至此，布莱里奥用36分钟30秒完成了飞越海峡的行动。着陆后，方丹驾车载着布莱里奥返回多佛港，布莱里奥的妻子以及无数欢呼的观众和众多媒体记者正在那里迎候他们。

除了奖金，布莱里奥还因为自己的海峡行动收获了崇高声望，成了闻名欧洲的英雄。这一新闻事件让他的布莱里奥XI型飞机家喻户晓，成了最抢手的热销品，除了自己的公司大量制造，还授权给不少外国公司和飞行家生产。

英吉利海峡飞越大奖等诸多早期航空奖项的设立，是一种经济激励创新理念的确立。这种理念一直向后延续，后来1000万美元的X大奖、美国国防部先进研究计划局的自主机器人车辆挑战大奖，以及美国宇航局的太空技术百年挑战大奖等，都是这一理念的后来表现。到互联网时代，这一理念还接衍生出大众众筹模式，也就是利用互联网资源将有科技创意的人和有经济资源的人直接联系起来，从而为创意的实现、社会和经济价值的获取提供更大的可能。

对于那些陌生的新兴领域，高额奖金往往是吸引社会公众关注的最好噱头。夺得英吉利海峡飞越大奖让布莱里奥在赢得奖金和声望的同时，其公司也享受了一次全欧洲乃至全世界范围的免费广告推介。这是1909年11月布莱里奥公司的飞机广告，上面显示布莱里奥XII型飞机的售价为1.2万法郎

伯廷和他的"飞行
列车"01号试验车

法兰西轨道飞侠

"飞行列车"01号
试验车验证模型

1965年，第二次世界大战已经结束了整整20年，航空技术取得了显著发展，各现代化国家都在考虑公共交通的新鲜主意。当时高速公路和民用航空正蓬勃发展，许多工程师们开始琢磨如何能够让轨道交通进一步提速。这一时期，法国的"飞行列车"就是一个典型代表，虽然它最终无疾而终，却在人类的轨道交通史上写下了重重的一笔。现在还有不少法国人对当年"飞行列车"留有深刻印象，它那飞驰的速度让人们难以忘怀。

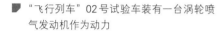

■ "飞行列车" 02号试验车装有一台涡轮喷
气发动机作为动力

■ "飞行列车" 02号试验车后部
特写

　　"飞行列车"的概念最早出现在1965年，发起人是一名叫作让·伯廷（Jean
Bertin）的工程师。他认为，列车要想跑得快，就必须设法降低行驶阻力。列车
与轨道的摩擦力与列车的重量有关，如果能设法让列车悬浮在轨道上，就很容易
实现高速行驶。当时磁悬浮列车概念已经出现，但磁悬浮要求的技术相当复杂，
实现起来颇为困难，而且磁悬浮轨道的建设成本在当时是天文数字。伯廷从气垫
船上得到了灵感，既然气垫船能够用气垫原理实现在水面和陆地上的悬浮，那么
这种方法为什么不能应用到火车上呢？正是基于这样的考虑，他提出了"飞行列
车"概念。按照他的设想，"飞行列车"将使用气垫技术悬浮在轨道上，不再采
用动力路轮作为前进动力，而是使用航空发动机直接推进。这样列车的行驶阻力
就变得非常小，能够实现极高的行驶速度。

　　伯廷的"飞行列车"概念得到法国政府的支持，后者决定资助这一项目。伯
廷设计的"飞行列车"采用钢筋混凝土建造的单轨型轨道，轨道截面为倒T形。
至于列车本身，最先完成的是"飞行列车"01和"飞行列车"02两辆试验用样车。
"飞行列车"01是1/2的缩小版试验车，最初安装一台260马力飞机发动机，驱动
一副三叶变距螺旋桨推进，后来发动机换成了法国航空动力巨头透博梅卡公司马
布尔涡轮喷气发动机。悬浮升力由两个风扇产生的压缩气体提供，每个风扇由一

台50马力雷诺发动机驱动。"飞行列车"01可以搭载4名乘客和两名驾驶员。"飞行列车"02也是缩比试验车，只能容纳两名驾驶员，不能搭载乘客，动力装置换成了一台美国普拉特－惠特尼公司出品的JT12型涡轮喷气发动机。

1966年2月，法国在艾瑟纳为"飞行列车"01和02建造了一段试验轨道，轨道建立在一段废弃的轨道路基上，全长6.7千米。随着城市扩建部分路段被拆除，其余大部分也都成为废墟。后来保存相对完好的一段被恢复，作为对"飞行列车"项目的纪念物保存至今。

接着伯廷团队又制造了"飞行列车"S44全尺寸试验车，这列列车原准备用于城郊长途客运服务，行驶速度可达每小时200千米，特别适合用于连接城市中心区到机场的快速交通。"飞行列车"S44安装一台轴流式航空发动机作为推进动力。为满足"飞行列车"S44的试验需要，法国于1969年在艾瑟纳建造了第二段试验轨道。这段轨道采用铝材和沥青建造，距离原来的试验轨道只有几米远，基本平行于原轨道。"飞行列车"项目终止后，轨道上铝制的导向轨在试验结束后被拆除，而剩下的沥青轨道则保存完好，并在2008年和2009年被改造成人行道。

"飞行列车"S44之后，法国又制造了"飞行列车"I80全尺寸试验车，这种试验车原本准备用于城际轨道运输服务。"飞行列车"I80车长25.6米，宽3.2米，高3.3米，自重11.25吨，内部设有80个乘客座席。根据原始设计，"飞行列车"I80行驶速度最高可达每小时250千米，动力装置为两台透博梅卡公司1610

■ "飞行列车"S44试验车

■ "飞行列车"I80试验车验证模型

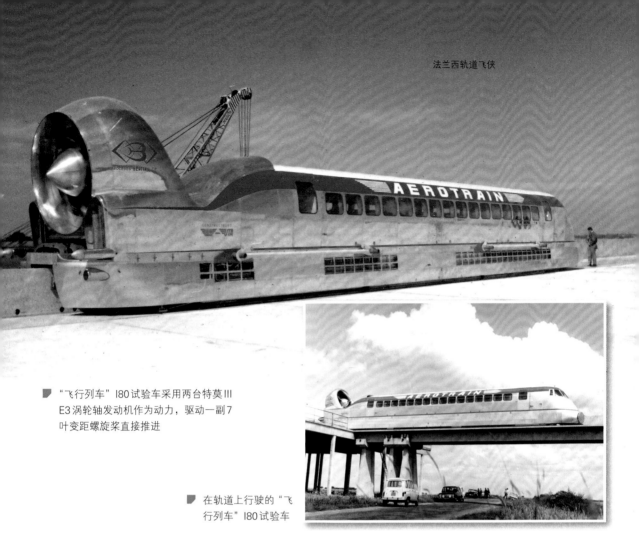

▪ "飞行列车" I80试验车采用两台特莫III E3涡轮轴发动机作为动力，驱动一副7叶变距螺旋桨直接推进

▪ 在轨道上行驶的"飞行列车" I80试验车

马力特莫III E3涡轮轴发动机——这种发动机通常被用来作为直升机动力，发动机带动一台涵道式7叶变距螺旋桨，桨叶直径2.3米。另外还有一台透博梅卡公司特马萨佐14涡轴发动机来驱动空气压缩机组来提供悬浮升力。值得一提的是，"飞行列车" I80的刹车系统也非常特别，不再是利用机械装置直接制动，而是通过改变推进螺旋桨桨距实现负推力，这与飞机发动机上的反推力装置原理一样。当然，紧急情况下，也可以使用中央轨道上的摩擦式机械刹车装置，帮助列车快速减速。由于采用了喷气发动机，"飞行列车" I80工作时的噪声偏大。经测试，在距离60米处噪声仍然能达到90～95分贝，这是个让人头疼的问题。列车要穿行在城区，这样的噪声显然是难以忍受的。即便列车行驶在农村，周边的居民也难保没有意见。

为了测试"飞行列车" I80，法国于1969年在奥尔良以北的卢瓦雷修建了第三条长18千米的试验轨道。这段轨道位于萨朗和鲁恩之间，这个选址是有着长远

"飞行列车"I80后来换上了美国普拉特-惠特尼公司JT8D型涡轮风扇发动机，变成了"飞行列车"I-80 HV，最终创下了时速417千米的世界纪录

"飞行列车"I-80 HV客舱内景

考虑的，那就是一旦"飞行列车"投入运营，就能直接在此基础上扩建成连接巴黎和奥尔良的轨道系统。这段轨道颇像今天的高架公路，高出地面5米，下方由许多立柱支撑，能够承受火车以每小时400千米的速度飞驰。轨道两端各设有一个回转平台，可以帮助列车实现掉头动作。

后来，"飞行列车"I80被重新改进，换上了美国普拉特-惠特尼公司的JT8D型涡轮风扇发动机——这也是波音707的动力装置，发动机直接安装在列车的顶部。改进后的列车最高时速可达350千米，被重新命名为"飞行列车"I-80 HV（HV是法文"高速"的首字母缩写）。1974年3月5日，"飞行列车"I-80HV创造了气垫车辆的陆上行驶速度纪录：平均时速达到417千米，最高瞬时速度达到了430.4千米！

从1965年到1977年，法国政府一直对该项目表示支持，但政治因素却成为"飞行列车"骨子里的缺陷，加之该项目的精神领袖伯廷在1975年去世，最终导致整个项目的夭折——1977年，法国决定选择以高功率电动机为动力的新型电力机车作为未来高速陆上运输手段，彻底放弃了"飞行列车"计划。规划中的巴黎—奥尔良等城际轨道最终也没有兴建。

有趣的是，在法国人花费大量精力研究悬浮式"飞行列车"的同时，英国、加拿大和美国也都对这一概念产生了兴趣。而伯廷在去世前，曾成功向美国一些公司宣传悬浮高速火车技术的优越性。美国罗尔工业公司对这一概念非常感兴趣，干脆与法国人谈判，获得授权在美国制造一台测试用样车。1974年，美国在科罗拉多普韦布洛附近的高速地面测试中心建造了一段2.4千米长的试验轨道，专门用于测试这种高速样车。但限于轨道长度，最高时速被限制在不得超过233千米。鉴于喷气式发动机难以解决的噪声和振动问题，加之重新建造单轨铁道的高昂费用，美国交通部没有对"飞行列车"进行太多测试，就得出了该车"财政上缺乏可行性"的结论，很快宣布取消罗尔公司的计划。

无论如何，法兰西的"飞行列车"没能开到成功的终点。最初的设计者们坚信该方案拥有突破性的先进技术，认为它能重新恢复公众对于单轨交通的兴趣。不幸的是，"飞行列车"有一个辉煌的开始，却也有一个悲伤的结局——最终它还是没能胜过现代电力机车，因为后者能够大量利用原有的双轨轨道资源。列车这种东西，在关注技术先进性的同时，还必须留意已经建设完毕的巨量基础设施，没人愿意为一项单独的先进技术，来埋荒废旧有基础设施的单。这也许就是"飞行列车"的教训？

■ 美国罗尔公司许可制造的"飞行列车"验证样车

■ 今天部分轨道仍然保存完好，成为"飞行列车"计划最后的纪念物

■ 1969年，法国为试验"飞行列车"建造了高架试验轨道

组团飞越大西洋

1940年6月28日，利比亚托卜鲁克机场浓烟滚滚。英军刚刚完成了一次空袭，机场周围的意大利守军惊魂未定，却突然听到空中再度传来引擎轰鸣。阳光方向，一架大型飞机正在下降高度迅速接近机场。高炮"砰砰"响起，一团团黑色烟雾在飞机四周炸开，一发炮弹猛地击中飞机，飞机晃了一下，一头栽到地上。守军立即跑上前去查看战果，顿时傻眼了。这是一架意大利空军的萨伏亚·马切蒂SM.79运输机，而机上死者中，有一个响当当的大人物——意大利空军元帅伊泰洛·巴尔博（Italo Balbo）。

▣ 伊泰洛·巴尔博

在当时的意大利，巴尔博无人不知。他曾是墨索里尼法西斯运动中最为重要的战友，在1922年10月协助墨索里尼策划了进军罗马的行动，这一行动最终让法西斯攫取了意大利政权。

1926年11月6日，没有任何航空经历的巴尔博被任命为航空部副部长。他立即开始学习飞行，开始了解

CROCIERA AEREA
TRANSATLANTICA

IDROVOLANTI "S.55 SAVOIA MARCHETTI" MOTORE "A 22 R. FIAT 550 H.P."
MAGNETI. CANDELE. BATTERIE. DELLA "MAGNETI MARELLI"
CARBURANTE SPECIALE "STANAVO" DELL' ITALO AMERICANA PEL PETROLIO

1930年，巴尔博组织从罗马出发跨越大西洋飞往里约热内卢，图为意大利当年为此出版的招贴画。图中可见航路出直布罗陀海峡，沿非洲西海岸飞行，从博拉马跨越大洋，再沿南美东海岸抵里约热内卢

意大利空军现状。1928年8月19日，他被授予空军上将军衔，次年被任命为空军部长。1933年，巴尔博晋升为空军元帅。

当上空军将领的巴尔博很快迸发出了对远程越洋飞行的热情。1928年和1929年，他两次进行跨地中海飞行。就像喜欢听乐师组团演奏的齐宣王，巴尔博特别钟情于组团飞越大海。1928年，他组织了61架水上飞机编队飞行，从意大利向西飞到西班牙，并访问了地中海西部一些港口；1929年他调用了35架水上飞机，向东一直飞到苏联敖德萨，造访了地中海东部。

1930年，巴尔博开始把目光投向地中海之外的世界。那一年，他组织了12架水上飞机，从意大利跨越大西洋，飞到了巴西里约热内卢。

在20世纪二三十年代，不少工业强国都尝试组织飞机飞越大洋，这样做的目的一方面是为了通过创造越洋纪录飞行提高国际地位；另一方面也是为了建立越洋航线，以便把遥远的殖民地与宗主国联系起来；最后一点也是不便言明的，是展示本国强大的军事航空力量。在和平时期，这些越洋飞行让人们看到了远程航空交通的魅力，但随着二战爆发，这种跨越大洋的魅力的另一个隐喻变为现实：没有哪一个国家在空中打击面前是绝对安全的。

1933年世博会在美国芝加哥举办，这一年的世博会主题是"进步的世纪"。为了借助世博会扩大意大利的国际影响力，巴尔博决定再度组团飞越大西洋，完成一次从罗马到美利坚的越洋之旅。

7月1日，巴尔博率领25架萨沃亚－马切蒂SM.55X水上飞机组成的庞大编队，

从罗马西北的奥尔贝泰洛（Orbetello）起飞，一路经停荷兰阿姆斯特丹（在此坠毁一架S.55X）、北爱尔兰伦敦德里、冰岛雷克雅未克、加拿大卡特赖特和希迪亚克，于7月15日如同一群衣着华丽的大雁降落在密歇根湖上。作为礼物，墨索里尼委托巴尔博向芝加哥赠送了一根古罗马石柱，如今这座纪念碑仍在。

跨大西洋飞行让巴尔博一下子成了世界级名人。所到之处，当地人组织盛大的集会，媒体铺天盖地报道，各地给了巴尔博极高的外交礼遇。在芝加哥，市长亲自把城市大门钥匙交到他的手中，并把第七大街命名为巴尔博大街。在芝加哥世界博览会期间，他还被苏族印第安人代表团委任为"荣誉飞鹰酋长"。在华盛顿，总统罗斯福向他颁发了优异飞行十字勋章并邀请他共进午餐。在纽约，巴尔博在麦迪逊广场花园向市民发表讲话。在意大利，他更成了民族英雄。

巴尔博极高的声望引起了墨索里尼的嫉妒。芝加哥之行三个月后，他就被委任为利比亚总督，调往这个遥远的非洲殖民地。从1933年到1940年担任利比亚总督期间，巴尔博把利比亚从一个落后的殖民地变成了意大利模范行省。在当时

1933年，巴尔博跨越大西洋飞行航线示意图。图中红黄相间线为去程，蓝黄相间线为回程

▉ 飞抵芝加哥的S.55X机群

▉ S.55X驾驶舱座席上
的巴尔博

许多人眼里，巴尔博俨然成了意大利法西斯主义的鲜亮代表和标志。但在墨索里尼看来，巴尔博与自己却渐行渐远，特别是二战爆发后，巴尔博坚持认为意大利不应加入德国一方对抗英国。

与其他意大利法西斯政权领导者不同，巴尔博曾经到访过苏联、美国、非洲和南美，他更清楚地了解这个世界，他不相信德国、意大利以及后来的日本有实力对抗整个世界。在巴尔博看来，法西斯运动并不应该成为征服世界的行动，它应该是意大利自我发展的运动。巴尔博的这些想法，完全与墨索里尼背道而驰。在墨索里尼看来，英国在德国的军事压力下很难撑过1940年，他要赶在英国投降前用"几百名意大利士兵的牺牲"来证明意大利的参与，并在战后重新分配的利益中享有一份。

正因为与墨索里尼政见相左，巴尔博的死被不少人认定是墨索里尼精心策划的谋杀行动。一个值得注意的事实是，墨索里尼在后来到托卜鲁克视察意军时，拒绝前往巴尔博的遇难地点。

随着更多历史细节浮出水面，今天巴尔博死亡的过程已经基本还原。当时巴尔博的专机队伍由两架SM.79组成，巴尔博亲自驾驶为首的一架，

■ 意大利为纪念巴尔博芝加哥之行发行的银制纪念章，今天已是价值不菲的收藏品。纪念章背面图案中有代表罗马和纽约的斗兽场及帝国大厦，上方的熊寓意经停冰岛。周围能看到8个S.55X三机编队

157

意大利为纪念巴尔博跨越大西洋飞抵美国
印制的招贴画，画面上除了那群大雁般的
S.55X，还有硕大的墨索里尼头像

巴尔博曾登上1933年6月
26日的《时代周刊》封面

机上载有9人。而托卜鲁克机场也提前接到关于巴尔博即将到访的通知，只不过这则通知只传递给了空军场站，附近港口内的海军高炮部队却没有接到通知。即便如此，巴尔博也不会被轻易误认作敌机。当时意大利规定，己方飞机到来，要先在海军预警观察哨上空300米进行360度盘旋，这也算是重要的识别方式。但巴尔博显然忽视了这一规定，他在700米高度没做任何盘旋就直接降下来。而后机飞行员发现机场上有浓烟，意识到英国人刚刚空袭，这两架飞机有可能遭到误击。他本打算通知巴尔博，但两架飞机上都没有无线电，无法及时通知。

下面的意大利海军炮手认为巴尔博的座机是正在来袭的英国皇家空军"布伦海姆"轰炸机，率先开火射击，一时间港内的巡洋舰"圣乔治"号（San Giorgio）、潜艇和岸炮全部开火。发现这一问题后，巴尔博继续加快下降速度，试图尽快着陆，他放下了起落架，但这样一来飞机速度降低，更容易被高炮击中。最终击中巴尔博座机的，可能是来自"圣乔治"号或海军岸炮的一枚炮弹，命中的部位是油箱。飞机立即起火向左侧滑，坠地爆炸。

1997年，当年那名击落巴尔博座机的意大利炮手接受访问时曾说，巴尔博的座机确实被误认为是敌机，因为那架飞机飞得很低，而且背对着阳光接近机场，这与攻击机对地攻击的典型方式几乎完全一样。尽管争议仍未结束，但迄今为止并没有确凿证据表明墨索里尼谋杀了巴尔博。有趣的是，尽管巴尔博对希特勒不感冒，但后者却对巴尔博的死表达了看法，认为巴尔博的死是一大悲剧，因为"他是意大利政权最佳的继承人，他的身上有文艺复兴的气质"。

巴尔博罗马－美利坚飞行成功后，意大利制作了诸多纪念品，这件全金属S.55X模型就是其中之一，如今收藏在意大利航空博物馆

天上飞过信天翁

德哈维兰 DH.91 "信天翁" 邮政 / 旅客机

1939年飞临瑞士苏黎世机场的"信天翁",流畅到极致的外形和贵族般典雅的气质令人难以忘怀。该机注册号为G–AFDJ,名字是"福尔肯"

> 说起最漂亮的活塞发动机旅客机,美国人会说是洛克希德"超星座",法国人会说是拉泰科埃雷631,英国人则一定会说是德哈维兰"信天翁"。

如果说起历史上那些漂亮的飞机,你绝对可以数出一大串。但是如果你的名单上没有德哈维兰DH.91"信天翁",那一定是重大遗漏。虽然"信天翁"总产量只有7架且没能大红大紫,然而它那绰约身姿仍然深深印在许多人的心里。

美丽信天翁的诞生

20世纪30年代中期,德哈维兰飞机公司向英国航空部寻求支持,希望借此开发一款新型运输机。德哈维兰的理由很有说服力：英国还没有与美国等国水平相当的运输机。1936年1月21日，航空部终于被说动，发出了代号36/35的技术规范，要求德哈维兰开发一种能够跨越大西洋的邮政飞机，并决定订购两架。帝国航空公司也马上跟进，决定订购5架客运型。德哈维兰把新型运输机定名为DH.91"信天翁"。

首架DH.91"信天翁"原型机试飞完毕准备着陆。照片上可以看到该机垂尾距离机身较近，垂直安定面形状也与后续"信天翁"明显不同

德哈维兰公司派出了阿瑟·海格（Arthur E. Hagg）担任总设计师，他不负众望，拿出了一款外形极为流畅典雅，而且几乎全部是用木材作为主要结构的4发单翼飞机。为了提高速度、降低阻力，海格对飞机进行了锱铢必较的气动优化修形，想方设法地减小飞机迎风面积，并率先在这款运输机上采用了层板/轻木三明治硬壳结构机身。

最终设计完成的"信天翁"拥有迷人的美感：修长的圆形截面机身以一种难以置信的均匀速率向后收缩直到尾部，让机体呈现出海豚般秀丽的弧线。机身主要采用三明治层板黏合结构，中间是轻木，两侧则是雪松或桦木。客舱部分结构致密，甚至有望实现增压，这是过去从未有过的设计。"信天翁"的机翼采用杉木作为主体结构，外覆两层纹理斜向交叉的杉木层板。整个机翼的黏合工艺十分出色，密封性不错，即便落水也能提供相当一部分浮力。控制面部分采用织物蒙皮。

"信天翁"采用双垂尾设计。起初，两个垂尾距离机身较近，后来由于控制问题，改为挪到平尾末端以增加控制力矩。"信天翁"的起落架是当时飞机典型的后三点设计，主起落架向内收起，可以全部藏入机翼中央部位。尾轮不能收起。

发动机是飞机的心脏，德哈维兰公司自然不会轻视。"信天翁"配备4台德哈维兰"吉普赛"12（Gipsy 12）带增压气冷倒置V12活塞发动机，每台发动机驱动一副两叶恒速螺旋桨。起飞时，每台"吉普赛"12输出525马力（391千瓦）

在英国皇家空军服役的"信天翁"G-AEVV"富兰克林"号，机号为AX904

的功率。

德哈维兰公司为这些发动机精心设计了流线型超酷的短舱整流罩，整流罩与发动机之间的间隙极小——看来设计人员的几何功力相当了得。机翼前缘设有冷却空气风压流道，流道开口被精心布置在发动机短舱两侧，在螺旋桨滑流之中。从前缘进入的冷却空气会流经发动机缸体外侧，从后向前流经散热片，为发动机提供良好的冷却。短舱下方有冷却空气排放调整片。

邮政型"信天翁"可以载运454千克邮件飞行4023千米，而客运型"信天翁"则能够载客22人（不含4人机组），飞行1609千米。邮政型机身两侧各有4个舷窗，客运型有6个。邮政型采用开裂式襟翼，而客运型是开缝式襟翼。邮政型的机舱内设有4个330加仑（1250升）油箱，而客运型在客舱地板下方装有一个270加仑（1022升）和一个170加仑（644升）油箱。邮政型每台发动机配有2个9加仑（7.5升）滑油箱，客运型只有一个。"信天翁"翼展32米，机长21.8米。邮政型最高速度357千米/小时，最大航程5311千米。

战云下的厄运

第一架建造完工的"信天翁"是一架邮政型。1937年5月20日，这架邮政型原型机完成了首次飞行。10月，尾部做了修改后，这架原型机被重新注册为G-AEVV（原注册号E-2）。1938年3月31日，这架"信天翁"由于起落架故障进行了一次机腹迫降，修复后该机于1939年8月加入帝国航空公司。实际上，全部DH.91"信天翁"都被交付帝国航空，成为F级飞机，这些飞机每架的名字都以字母F开头。G-AEVV就以英国著名物理学家，电磁感应现象的发现者法拉第的名字命名为"法拉第"（Faraday）。

1940年，帝国航空与不列颠航空合并组

尾翼改进后的"信天翁"G-AEVV，请注意垂尾移到平尾两端，垂直安定面形状也更为浑圆

成了英国海外航空公司（BOAC），"法拉第"也由此归入BOAC。9月1日，"法拉第"被投入从不列颠到冰岛之间的紧急穿梭空运任务，机身编号也改为AX903。1941年8月11日在雷克雅未克降落时，"法拉第"不幸与一架费尔雷"战斗"撞在了一起，宣告彻底报废。幸运的是，机上的5人毫发无损地逃了出来。

第二架完工的邮政型"信天翁"注册号为G-AEVW，被命名为"富兰克林"（Franklin）。这里的"富兰克林"和美国那位同名大人物可没有关系，而是英国皇家海军19世纪中期著名北极探险家约翰·富兰克林爵士（Sir John Franklin）。然而"富兰克林"的运气很糟，在1938年8月27日的重载着陆试验中机身意外断成了两截，表明机身强度存在严重缺陷。事后"富兰克林"被修复，机身结构进行了改进，这种改进也被推广到其他的"信天翁"。1940年7月8日，"富兰克林"被转交给BOAC。1940年9月1日，"富兰克林"参加了冰岛穿梭空运，结果也如同中了魔咒般在1942年4月7日雷克雅未克的一次着陆中彻底损毁：当时飞机起落架突然折断，但机上4人无人受伤。

当年帝国航空公司的宣传画就曾使用"信天翁"作为噱头，并称其为"英国最快的客机"。从图中"信天翁"客运型剖视图中，可以看到该机客舱前后分别设有厨房和盥洗室，最后的尾舱设有邮件舱

1938年10月，第一架客运型"信天翁"交付帝国航空，成为该公司的旗舰飞机，注册号为G-AFDI，命名为"弗罗比舍"（Frobisher）——此人是16世纪英国著名海盗、私掠船主兼探险家，曾在1588年英国海军击败西班牙无敌舰队的战役中建立功勋并获封骑士。12月，"弗罗比舍"开始试验运营，在从英格兰克罗伊登到埃及开罗的首次航线运行中，飞出了350千米/小时的速度。1940年12月20日，已经转隶BOAC的"弗罗比舍"在布里斯托尔机场遭德军空袭被毁。

第二架客运型"信天翁"注册号是G-AFDJ，命名为"福尔肯"（Falcon）——来自英国19世纪著名南极探险家罗伯特·福尔肯·斯科特（Robert Falcon Scott）。该机1938年11月交付帝国航空，次年1月投入运营。1940年8月27日转交BOAC。因为战争时期无法获得备件供应，"福尔肯"号最终于1943年8月被拆解废弃。

英国出版的图书《德哈维兰的杰作们》，封面上赫然是一架DH.91"信天翁"，而且是第一架客运型"弗罗比舍"号

第三架客运型"信天翁"注册号是G-AFDK，名字叫"福尔图那"（Fortuna），是古罗马神话中的命运女神。然而，即便如此彩头十足的名字也没能罩住"福尔图那"。1943年7月16日，"福尔图那"在爱尔兰香农机场着陆时坠毁。这次事故似乎更加离奇，飞机在下降过程中一侧机翼突然断裂，飞机栽在跑道外面。然而厄运中幸运的是，机上14人全部幸存。

第四架客运型"信天翁"注册号为G-AFDL，名字是"芬戈尔"（Fingal）——这一名字来自中世纪斯堪的纳维亚人在爱尔兰建立的定居点。1940年10月6日，"芬戈尔"因燃油管路故障在英格兰帕克彻奇附近紧急着陆时损毁，飞机撞上了一所农舍，损坏严重，无法修复，然而这次机上三人仍然安然无恙。

最后一架客运型"信天翁"注册号是

DE HAVILLAND ENTERPRISES

A HISTORY

GRAHAM M. SIMONS

G–AFDM，名字是"菲奥娜"（Fiona），来源于古盖儿语的女性名字，在大英帝国家喻户晓。这架飞机可能是唯一得以善终的"信天翁"——在BOAC服役一段时间后，该机就因"福尔图那"的坠毁而退出运营服务。1943年8月，"菲奥娜"被拆毁，和它一道被拆的，还有"福尔肯"。

　　德哈维兰"信天翁"恐怕算得上是有史以来最漂亮的4发螺旋桨客机，它在运营中的性能表现也都不错。之所以出了不少问题，可能要归结于二战前的仓促制造环境。即便德哈维兰有改进愿望，但战争环境下公司早已火力全开为皇家空军生产军用装备，不可能有多余的生产能力改进"信天翁"，甚至连提供备件都力所不及。值得注意的是，虽然4架飞机先后在着陆阶段出现坠机事故，但是机上人员却无一人丧生。"信天翁"也许算不上成功的飞机，但是该机使用的木质结构技术直接应用在DH.89"蚊"身上且获得巨大成功。此后海格还主持设计了纳皮尔-赫斯顿竞速飞机，从它的身上，你仍然能感受到"信天翁"那种美丽流线型的影子。无论如何，喜欢飞机的人应该记得，德哈维兰有一款漂亮的"信天翁"曾无比优雅地在天空飞过。

1942年中国中央银行5元券系委托英国伦敦德纳罗印钞公司印制。钞票正面印有孙中山先生像，背面则是一架德哈维兰DH.91"信天翁"，足见当时英国对该机之好感。在各国纸质货币中，使用飞机图案的并不算多，这枚带有"信天翁"图案的中央银行5元券，今天已经颇为罕见

有一艘飞艇唤作幽灵

一艘飞艇飘呀飘，落地发现空无人

准备起飞的L-8软式飞艇

1942年8月16日11时前后目击者发现的L-8。气囊的弯曲表明氦气出现了泄露

1942年8月16日，星期日清晨。一艘美国海军飞艇正在做着起飞准备。按照计划，它的任务是从旧金山湾的珍宝岛出发到附近海域搜索可能抵近的日本潜艇。作为反潜巡逻平台，L-8飞艇外部挂架上携带了两枚150千克Mk 17型深水炸弹，此外还装有一挺7.62毫米机枪，备弹300发。高悬空中的飞艇只要发现任何日军潜艇的痕迹，都会迅即发动攻击。9个月前，美国加入了第二次世界大战，这期间日本潜艇在美国西海岸附近至少击沉了6艘盟军运输船。1942年2月，日本伊-17号潜艇甚至大摇大摆地浮出水面，用甲板炮轰击了加利福尼亚一座石油钻探设施——这是自1812年英军炮击新奥尔良之后美国本土首次遭到敌方攻击。

本次巡逻任务中担任飞行员的恩内斯特·德维特·科迪中尉来自第32飞艇巡逻中队，当时27岁，是1938年安纳波利斯海校毕业生。他性格内向、沉默寡

言，是那种很能耐受压力的人。他的指挥官曾评价他是"最棒的飞行员和最棒的军官"。科迪的乘客兼搭档查尔斯·艾利斯·亚当斯少尉比他大11岁，他使用飞艇的经验比科迪更为丰富。科迪驾驶飞

艇的经验只有756小时，而亚当斯则有2281小时。科迪有一项工作经历值得骄傲：他曾在1942年4月驾驶L-8飞艇为"大黄蜂"号航母运送过B-25轰炸机备件，此后"大黄蜂"即发动了著名的杜立特空袭行动。也正是因为凭借娴熟的驾驶技术向摇曳的甲板运去了这些无比重要的物资，科迪很快被晋升为中尉。

在海面上执行巡逻任务的L-8

38岁的亚当斯少尉已经玩了20年飞艇，他曾在ZR-3"洛杉矶"、ZRS-4"阿克伦"和ZRS-5"梅肯"等巨无霸级飞艇上服役。1937年，德国巨型飞艇"兴登堡"在空中化为一团火球时，亚当斯因为积极参与救援艇上乘客获得过德国政府的奖章。毫无疑问，亚当斯的飞艇经验远胜过科迪，但他在一天前才接到任务通知，这是他第一次作为军官执行飞艇巡逻任务。

L-8的任务路线是先飞往旧金山以西48千米外的法拉隆群岛，然后向北飞往雷斯岬，再折向南到蒙塔拉滩，最后返回珍宝岛。整个巡逻路线大约需要飞行4小时。一切正常的话，两人会在上午10点到10点30分间返回基地。这样的例行飞行每天都有，大家早已习以为常。

第32飞艇巡逻中队是日本袭击珍珠港后美国西海岸建立的第一个飞艇中队。L-8最初也不是军用装备，而是固特异公司的广告飞艇，后来被美国海军买下，经过改装，1942年3月5日加入海军服役。L-8气囊长45米，最大直径16.5米，内充氦气，动力装置是两台106千瓦活塞发动机，巡航速度43节。

早晨6时03分，L-8轻盈启航，当时风很小，风速4节左右，飞艇保持240到300米高度飞行。天虽然还没亮，但能见度却相当好，科迪甚至能看到远处金门大桥的高塔。

不久，L-8越过了金门，航向东南，向法拉隆群岛飞去。7点38分，也就是起飞7小时30分钟后，他向基地通报了自己的位置：法拉隆群岛以东6.4千米处。4分钟后他发出了第二条信息，称"正在调查可疑的油迹，准备采取行动"。海面上发现油迹表明可能有敌人潜艇在水下活动，有鉴于此L-8投下了两枚Mk IV型漂浮发烟照明弹，此时是早晨7时42分。

L-8投下的发烟弹被由此经过的运输船"阿尔伯特·加勒廷"看到，船员们立即拉响警报，跑向自卫武器。附近的一条拖网渔船"戴西格雷"也看到了L-8的举动，由于担心飞艇投放深水炸弹，船员们赶紧把渔网收起来。

但并没有炸弹从L-8上投下。L-8一直在天上兜圈子观察，用去了一个多小时。其间飞艇一度接近"戴西格雷"，大副甚至能看到驾驶舱里有两个人，其中一个人是黑发。

从"阿尔伯特·加勒廷"和"戴西格雷"船员的望远镜里看去，L-8在80~120米高度环形飞行，甚至曾一度下降到不足10米，似乎艇上的人试图近距离观察水面上的什么东西。9点刚过，L-8排出了压载水，升高然后向旧金山返航。这是科迪和亚当最后一次出现在人们的视野中。

7点42分L-8向基地发送报告后，航空管制人员曾试图与飞艇建立无线电通话，但没有成功。8点20分，中队指挥部获知L-8飞艇失去联络。8时50分，海军派出两架沃特OS2U"翠鸟"水上飞机前去搜寻，同时通知周围空域其他飞机协助搜寻。

10点49分，关于L-8的另一条线索浮出水面——一名泛美航空"飞剪"水上飞机飞行员报告说在金门大桥上空发现一艘飞艇。他没有发现飞艇异常，看来正有人操控它向基地返航。11点，一架"翠鸟"报告，在萨拉达滩以西4.8千米处发现L-8，它正向上爬升，最后到达600米高度。几分钟后飞艇又开始下降，消失在云层下方。没有迹象表明飞艇失去了控制，但600米确实接近了飞艇气囊的压力高度极限——此时排气阀会自动打开向外排放氢气，以防气囊爆裂。通常情况下，飞行员会避免超过压力高度极限。

下一个目击到L-8的人是一名美国陆军航空队P-38战斗机飞行员，他在麦尔罗克附近看到了它。他看不出飞艇哪里出了毛病，以为它正向珍宝岛归航。几分钟后，一名休假的水手在圣马特奥和旧金山之间的海岸公路上驾车时看到了这艘飞艇，他注意到飞艇中部出现了弯曲变形。他停车拍下了一张照片，这张照片后来被美国海军没收了。

11点15分，L-8起飞5小时后，这艘飞艇接近了旧金山的奥申滩海岸，这里北距芬斯顿1.6千米。一名独自游泳的人看到飞艇在海岸附近15米高度悬浮,听不见发动机的噪声。L-8的气囊显然被什么东西挂住了,随风不断摆动。

在风力作用下,L-8曾在海岸短暂触地,随即继续飘向内陆,直到飞艇吊篮撞上了一处山坡。撞击使右侧发动机裹满泥土和树叶,螺旋桨也弯曲变形。撞击还震脱了一枚深水炸弹,炸弹沿着山坡滚了下去。由于一下子重量减轻了150千克,L-8又重新升高,越过堤岸,消失在人们的视野中。

周日早晨,旧金山几个打高尔夫球的人看到了低空缓缓飞过的L-8。飞艇上挂载的一枚深水炸弹吓坏了人们,他们一哄而散——他们不知道的是,这种深水炸弹即使掉落也不会爆炸,只有一定深度的水压才能启动它。

在成百上千人都成为L-8的目击者之后,这艘飞艇最后向旧金山南面的达里镇缓缓降落,蹭过几座民宅的屋顶之后,最终飞艇驾驶舱撞上了一根电线杆,撞击的摆动让飞艇尾部又扫上了电线,火星四溅,所幸没有引爆油箱里的油料。L-8最终落在一位居民的轿车上。轿车的主人莫里斯恰巧是一位消防志愿者,他看到飞艇驾临,立即冲到驾驶舱附近试图搭救艇员,却惊奇地发现舱门敞开,舱内空无一人。后续到达的营救人员发现,除了驾驶舱无人,舱门被固定在敞开状态,而对舱外喊话用的麦克风则悬在舱门外摇来荡去。晚些时候,搜索人员开始寻找掉落的深水炸弹,不久后找到了。遗憾的是,科迪和亚当斯不知所踪。

为了搜寻两位海军军官的行踪,调查人员对L-8进行了详细勘察。他们在控制台上找到了属于艇员的一顶帽子,此外还发现艇上通信系统完好无损。查看艇上备品,人们发现L-8上配备的全部3具降落伞都在,一具救生艇也在。艇上5枚发烟弹只剩下3枚——可能艇员用它们来标定海面上的可疑油迹了。飞行员座椅后,一个装有保密资料的手提箱仍在。艇外的发动机也一切正常,电话开关处于打开位置,操控系统也无异常。油箱里还有4个小时的油料。简言之,除了两名艇员不知所踪,其他一切正常。如果非要说艇上少了什么,那就是少了两件救生背心,但这实在算不上离奇,因为按照安全规定,科迪和亚当在执行水上巡逻任务时必须穿着救生背心。现在两人神秘失踪,救生衣自然也随之不见。

调查人员也发现了一些异常现象。飞艇的电池耗尽了电力,有一部分燃油被有意放掉了。通常飞艇不会放掉燃油,除非需要紧急增加浮力。看不出来L-8有什么必要紧急放油,也不清楚为什么发动机被设置成了怠速。

搜救人员在调查坠落的L-8飞艇

美国海军展开了大规模海上和陆上搜索，然而即使动用了大量人力物力，科迪和亚当斯两人如同蒸发了一般，一点踪影也找不到。两人的失踪成了一桩迷案。

美国海军把所有看到过L-8的人都召集起来进行调查，根据这些人的陈述，认定L-8"没有起火，没有沉没，没有操纵失误，也没有被武器击中"。"戴西格雷"和"加勒廷"上的目击者坚持认为，自己看到L-8时曾注意到舱内有人，发动机仍在运转，没有人从飞艇上掉下来。

找不到真相，谣言就有了弥散的机会。一时间各种说法纷纷流传，有人说两人被日本潜艇俘虏；有人说他们原本就是日本间谍，这次只是与日本潜艇会合出逃；有人说两名艇员其中一个杀死了另一人，然后自己跳海自杀；有人认为艇上有潜伏特务，杀死了两人后潜逃；还有一种说法，认为两人被突如其来的滔天巨浪裹挟坠海，抑或是飞艇意外触水，导致两人落水；最离奇的一种猜测则是两人干脆是被外星人劫持。

　　近来一些研究者还给出了新的猜测，那就是当时 L-8 正在秘密测试某种新型雷达，由于缺乏适当的防护措施，高功率电磁波让两名艇员痛苦难耐，狂躁中跳出艇外落海身亡。然而这一结论听来合理，却没有足够的证据支撑。无论如何，当年海军调查委员会的结论仍然具有合理性：分析表明艇员没有理由自愿放弃飞艇……委员会认为他们并非出于自愿放弃飞艇。

　　根据舱门向前翻转锁定的状态，有人认为可能是门锁在关闭状态下，因为某人的倚靠意外打开，导致倚靠者落水，另一人在试图营救落水者时也不慎坠落。这种猜测的支持者颇多，只是缺乏有力证据支撑。

　　L-8 很快被修复，转做训练飞艇。第二次世界大战结束后，L-8 被归还给固特异公司，重新命名为"美利坚号"，在全国进行体育比赛拍摄服务，从 1969 年一直服役到 1982 年。2003 年退役后，"美利坚号"被捐赠给佛罗里达州彭萨科拉的海军航空博物馆，恢复到 1942 年 8 月的状态向公众展出。美国海军不少人给 L-8 送了一个充满悬疑的绰号"幽灵飞艇"。

　　由于某些线索阴差阳错地吊诡灭失，这个世界上有些事情的原委也许永远无法查清，L-8 上两名海军军官的神秘失踪，就是个现实的例子。这一事件的神秘标签，也许还要留存几十年、一百年甚至永远。

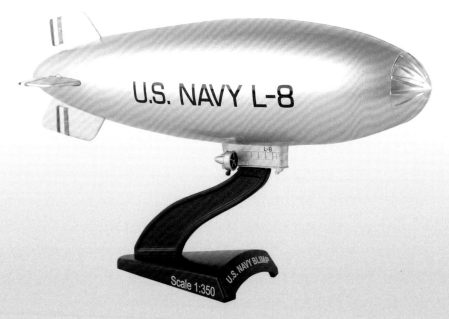

模型厂商推出的
L-8"幽灵飞艇"
静态模型

降落芷江机场的日本洽降代表团乘坐的百式运输机。注意飞机翼尖细细的红飘带

芷江天际的红飘带

　　初秋的天空里，从百式运输机的舷窗向外望去，机翼尖端那两根长长的红飘带分外鲜明。在舱内的乘客——日本驻华派遣军总参谋长今井武夫少将看来，这血红的飘带却那么让人不舒服，这红飘带标志着这架飞机上所有乘客的身份：他们不再是为昔日帝国征战的武士，而是战败方派出的降使。其实，即便没有这红飘带，百式运输机两侧和后上方伴随的6架美制P-51"野马"战斗机也时刻提醒着今井武夫，他所服务的帝国已被彻底击败，"皇军"剽掠千里的风光日子，一去不复返。这一天，是1945年8月21日。

　　1945年9月9日，侵华日军司令官冈村宁次大将在南京受降签字仪式上向中国陆军总司令何应钦上将正式投降。但实际上，南京受降的仪式性色彩更浓，中国战区盟军对日受降的具体内容和详细规定，都是在8月下旬于湖南芷江完成的。某种程度上，芷江洽降比南京受降更值得中国人记忆。

在中国，这个海绵一样吸干了日本大量兵力和战略资源的重要战场，之所以将洽降地选在小小的芷江而不是首都南京，国民政府是经过深思熟虑的。南京是全国抗战军民的伤心之地，当年南京保卫战是一次彻底的失败。洽降之际的南京是日伪势力的中心，日本驻军实力仍然较强。而芷江则不然，这里是盟军在中国战区最大的航空基地之一，从这里起飞的盟军战机，屡屡重创日军。1945年春夏的湘西会战中，日军8万余人大举进逼芷江，就是要拔除这颗钉子。国民政府也集中优势兵力全力保卫湘西，在芷江航空基地的有力配合下，日军损失近三万人，所谓的"芷江攻略战"宣告破产。芷江是日军丧师折众进攻未逞之重镇，是湘西会战中国走向胜利的起点，是八年艰苦抗战的亮丽尾音。一句话，芷江是让日本人伤心的地方。其二，芷江在国民政府看来，是新生武装力量的核心之一，"广大机场银翼相接，极为壮观，新装备之战士荷枪站立，一派朝气，日人见此，必凛于中国实力，而有所戒惧"。

对于芷江洽降期间担任警戒和安全的驻军，国民政府也是考虑良久。日军虽然接受《波茨坦公告》无条件投降，但心里仍不肯认输，态度傲慢，而新6军在缅甸屡屡击溃号称精锐的日军第18、第49、第53、第56等诸多师团，在日军中影响甚大，因此国民政府专门安排廖耀湘的新6军驻防芷江，担负洽降期间的安全警戒。

11时左右，今井武夫的座机飞临芷江机场。飞机着陆的瞬间，今井从舷窗里清楚地看到，宽阔的芷江机场周围，分散隐蔽着上百架飞机。在机场上空还有多架战机在云底盘旋警戒。这强大的力量已远非日本所能抗衡，纵使没有美国的原子弹，"帝国"的崩溃也只是稍晚一点罢了。

■ 乘坐美军吉普车前往会谈现场的今井武夫
（带盔式帽者）一行

■ 停放在芷江机场的今井武夫座机

永远的惆怅

加拿大阿弗罗 XC-102

试飞中的XC-102 "喷气客机"（Jetliner），这个名字可谓朗朗上口

大多数人都能清楚地知道世界上第一种喷气式客机的名字是"彗星"，但如果问世界上第二种喷气式客机是什么，恐怕就要难倒不少人。这排名第二的喷气式客机，就诞生在60年前加拿大阿弗罗公司。该机既是阿弗罗公司辉煌阶段的代表，同时也是加拿大人心里的痛。

1945年，加拿大环加拿大航空公司（TCA）开始寻求开发一种新型客机，用于航线运营。这种飞机要能载客36人，巡航速度680千米/小时，航程不少于1900千米，余油要保证45分钟留空时间，足以飞往120英里（约193千米）外的备降机场。经过接洽，TCA公司与位于多伦多的加拿大阿弗罗公司达成初步意向，以加拿大阿

弗罗公司为主，TCA公司工程技术人员参与的方式，合作开发一种类似维克斯"子爵"的双发涡桨飞机。1945年，TCA负责新机项目的主管贝恩前往英国参观了多家飞机制造公司。在罗罗公司，他看到了正在研制过程中的，后来被称作AJ65"埃文"的喷气发动机。贝恩顿时被这种新锐的动力迷住了，回加拿大后便会同加拿大阿弗罗公司修改了设计，取消涡桨方案，改为使用涡喷发动机。新机被称作XC-102，绰号"喷气客机"（Jetliner），总设计师为詹姆斯·弗洛伊德（James Floyd）。

按照TCA与加拿大阿弗罗签订的协议，整个研制项目的成本为固定数额，飞机的单价也被定格在35万加元一架。此外，研制完成3年内加拿大阿弗罗不得将

该机出售给任何其他航空公司。在那之后，如果哪家公司以低于35万加元的价格购买飞机，加拿大阿弗罗公司须负责偿付差价。在首架原型机开始试飞后整整一年的测试时间内，所有的费用都由加拿大阿弗罗承担。TCA对此的解释是，加拿大阿弗罗承担试验费用可以让TCA"在不承担经济风险的条件下学会如何成功运营一架喷气式飞机"。

经过研究，加拿大阿弗罗为XC-102选择的设计方案是：采用全金属结构，平直下单翼，客舱带增压系统，配备前三点起落架。该机设计载客40人，机组3人。发动机为两台罗罗"埃文"喷气发动机。方案出来了，研制过程中问题却不少。1947年，加拿大阿弗罗就发现固定价格难以维持，情况通报给TCA后，后者的答复竟然是退出该项目——可能是因为TCA新近接收了加拿大航空制造公司"北极星"活塞动力运输机。所幸加拿大政府此时为项目提供了15万美元资金，研制才得以维持。祸不单行，罗罗公司也发来消息，称"埃文"发动机的民用许可证不可能赶在"喷气客机"完成前取得，这意味着研发费用会继续增加。加拿

大阿弗罗决定临时调整设计方案，把原定的两台"埃文"发动机换成4台罗罗"德文"发动机，发动机两两一组，分别安装在两侧机翼内段。

这些波折让总设计师弗洛伊德沮丧不已，但后来他发现4发布局也有一些优点。其中最大的优点就是，在一台发动机发生故障的情况下，飞机总推力只损失四分之一，而不是双发布局的二分之一，这让飞行员更容易控制飞机。一台发动机故障时，两侧推力的不均要求飞行员大量用舵修正航向横偏，而在4发布局条件下，横偏趋势较弱，飞行员手动调节方向舵调整片就能修正。

虽然在外观上和后来发展的实验型阿弗罗"阿什顿"的"都铎"8/9有些相像，但弗洛伊德的设计从一开始就面向商用喷气客机。1947年10月，弗洛伊德提交了初始设计，1948年2月做了相应修改，设计巡航速度达到800千米/小时，并增加了燃油携带量。

加拿大阿弗罗的工程技术人员正在为"喷气客机"吊装罗罗"德文"离心式涡喷发动机

按计划，XC-102应在1952年5月交付，10月投入使用。如果能够实现，XC-102将比波音707早整整6年——后者直到1958年10月才开始服役，比它的短途航线竞争对手波音727要早11年！在短途航线性能上，XC-102比法国"快帆"更加优良。加拿大阿弗罗还打算开发30、40、50座型，还有52座和62座空降兵专用型、高空医疗实验室型、照相侦察型、货运型和机组教练型等各种衍生型号。

1949年8月10日，首架XC-102原型机（注册号CF-EJD-X）完成了首飞，距离开始设计仅25个月！首飞机组由英国阿弗罗首席试飞员吉米·奥莱尔（Jimmy Orrel）、加拿大阿弗罗首席试飞员顿·罗杰斯（Don Rogers）和飞行机械师比尔·贝克尔（Bill Baker）组成。首飞十分顺利，没有发生任何异常情况。1949年8月16日，XC-102在第二次飞行测试中，发生了意外，主起落架出现故障无法正常放下，飞行员只能用机腹实施迫降。由于操作技术高超，飞机的损伤极小，经过修复，3周后即重新开始飞行。到1950年12月，XC-102飞行高度已经达到了3.98万英尺（约12千米），平飞速度超过了800千米/小时。

这两张照片清楚地从下方显示了"喷气客机"的总体设计布局

"喷气客机"是北美洲首飞的第一种喷气运输机，其首飞时间仅比英国德哈维兰DH 106"彗星"首飞（1949年7月27日）晚了13天——之所以没有拿到第一架喷气式客机的名分，是因为试飞用的麦尔顿机场跑道需要修整，加之发动机短舱蒙皮固定扣需要维修。虽然"喷气客机"航程略短，但该机设计却蕴含着不错的发展潜力。如果不是加拿大阿弗罗CF-100生产步履蹒跚，如果不是朝鲜战争爆发，今天也许XC-102真的能成为一种重要的喷气交通工具。然而，XC-102的故事最终和阿弗罗另一个项目CF-105一样，成为一个支离破碎的梦。

1951年12月，鉴于冷战格局下加紧军备建设的需求，对CF-100战斗机项目进度迟缓失去耐心的加拿大政府下令，终止XC-102"喷气客机"项目，以便让加拿大阿弗罗专注于CF-100项目。此时第二架原型机已经开始总装，被迫停

当年加拿大阿弗罗为XC-102"喷气客机"制作的宣传海报。请注意海报下方A.V. ROE的落款,这是阿弗罗公司创建者阿利奥特·弗登·罗(Alliott Verdon Roe)的缩写,进一步简写就成为AVRO,也就是我们所说的阿弗罗公司

工并拆解。然而,XC-102到底与CF-100有缘,后来还给CF-100做过空中观察伴飞平台。"喷气客机"从未投入过商业运营,但完成了一项壮举:1950年4月,"喷气客机"完成了世界上首次由喷气式飞机执飞的航空邮件任务——用58分钟时间从多伦多飞抵纽约,比先前该航线的时间纪录缩短了将近一半。有趣的是,在飞抵纽约时,纽约一位机场管理人员坚持要求"喷气客机"不得停放在登机口附近,还让人把平底托盘放到那"喷火"的发动机下方,以防止它吐出什么"危险的燃料"。

并非没人看到XC-102的潜力。航空大佬霍华德·休斯(Howard Hughes)就对该机产生了浓厚的兴趣。在加拿大阿弗罗终止该项目后,霍华德·休斯就租借了"喷气客机"原型机用于一系列测试。他相信该机具有商业潜力,能够把乘客从纽约以更快的速度运往加利福尼亚的度假胜地,环球航空公司可以装备该机。休斯决心购买30架"喷气客机",但从加拿大阿弗罗传来的消息却令人沮丧:加拿大阿弗罗生产能力有限,加上当时正全力进行CF-100,根本不可能量产"喷气客机"。休斯只得向美国企业寻求帮助,康维尔公司表现出兴趣,开始研究为"喷气客机"组建一条生产线的可能。但此时加拿大政府再次介入,坚决要求加拿大阿弗罗集中精力进行CF-100喷气项目。另一方面,康维尔公司也由于朝鲜战争的爆发承担着很大的军事生产压力。至此,"喷气客机"完善设计和投产的大门被彻底封死了。

1951年，加拿大空军购买了两架"彗星"，成为世界上最早使用喷气式运输机的空军。而TCA则在1955年从英国订购了51架维克斯"子爵"涡桨客机，这也是北美第一种运营定期航班的涡桨动力飞机。遗憾的是，这两种飞机都和加拿大再无关系。

1956年12月10日，加拿大政府下令报废XC-102原型机。在接洽渥太华的国家研究委员会时，后者也对保存这架唯一的原型机不感兴趣，理由竟然是——没有地方存放。1956年12月13日，XC-102原型机被切开，只留下前机身部分——如今这部分保存在渥太华加拿大航空航天博物馆，其余部分则作为废旧金属处理掉了。本应在北美乃至世界喷气航运市场占据重要地位的XC-102，竟然落得个死无全尸的境地，每每让今天的加拿大人愁肠百结。不少人问，为什么当年加拿大政府不全力支持这种飞机？为什么这么有潜力的项目最终功败垂成？遗憾的是，历史既铸成，惋惜已徒然。

艺术家笔下的XC-102。该机本来在喷气商用航空领域算是抢先手，可惜加拿大没有决心坚持到底

■ 装配线上的巴德152，该机曾是东德航空业的创意之举

巴德 152：
不曾闪亮即黯然

　　二战结束后，作为战败国，德国航空工业彻底崩溃。20世纪50年代，德国分成两个国家，分别是德意志联邦共和国（西德）和德意志社会主义民主共和国（东德）。原来效力于纳粹德国航空工业的许多德国专家，战后都被"邀请"到苏联各个航空研究机构供职，其中就有曾供职于容克公司、曾为容克Ju 287设计过起落架的布吕诺夫·巴德博士（Brunolf Baade）。容克Ju 287是当年纳粹德国的狂热航空梦想之一，这是一种中单翼轰炸机，安装2台或4台宝马BMW 003喷气发动机。该机最为醒目的设计特点在于采用了前掠翼设计，据说拥有惊人的巡航速度。

　　战争结束时，苏联人获得了接近完成的Ju 287–V3原型机，并将其命名为OKB–1 EF–131，用于研究。该机安装两台喷气发动机，座舱设计类似容克Ju 88。但经过一番测试，苏联人并未将EF–131投入生产，而是将设计方案转给了阿列克谢耶夫设计局。该设计局在EF–131基础上开发了3种飞机，分别是I–21和I–212高速截击机，以及I–150轻型轰炸机。而当时这些研制项目的实际技术负责人，正是鲁诺夫·巴德博士。但在当年苏联的许多技术文献上，你不会找到巴德的名字。原因很简单，作为东德人的巴德如果公开出现在项目组，可能难以获得苏联政府的拨款支持。

　　1955年6月17日，苏联图–104成了世界上最早的喷气式民航客机之一。该机的巨大成功刺激了民主德国（即东德）政府，决定制造用于国内航线的喷气式支线客机。此时巴德已经被遣返回东德，成为该项目的负责人。巴德先是决定从纳粹德国的航空项目中寻找可用技术，当发现可供利用的成果并不多时，他开始从当年在阿列克谢耶夫设计局参与的项目中寻找资源——他立即发现I–150算是不错的参考。东德政府并不满足于仅仅开发一种喷气式客机，他们决定同时开发一种喷气发

1958年，德国莱比锡博览会上亮相的巴德152首架原型机（DM-ZYA），照片中可以清楚地看到机首的透明领航舱和翼尖的辅助起落架

动机——皮尔纳014（Pirna 014）。这种发动机也由从苏联遣返的德国工程技术人员研制，与德国战争期间研制的涡轮喷气发动机非常相似。

1958年4月30日，首架原型机（DM-ZYA）由德累斯顿国营飞机制造厂（VEB Flugzeugwerk Dresden）制造完成，有人将该机称为巴德152、VEB 152或者干脆是德累斯顿152。这架原型机直接从I-150基础上发展而来，采用上单翼布局，使用串列式自行车式起落架，两侧翼尖带有可收放辅助起落架，机首装有透明领航舱，倒是与当时美国B-47轰炸机有几分神似。1958年12月4日，巴德152完成了首次试飞，由于当时皮尔纳014尚未就绪，这架原型机使用的是苏联图曼斯基RD-9涡喷发动机。首次试飞持续了35分钟，一切顺利。但好景不长，就在1959年3月4日第二次飞行时，巴德152原型机在试飞55分钟后突然快速下降并坠毁，机上4名机组人员全部丧生。事故原因始终未能公布，据估计可能是由于燃油系统内有空气造成阻塞。

1960年7月30日，第二架152原型机152/II V4（DM-ZYB）开始地面测试。这架原型机起落架做了修改，改为前三点式，主起落架安装在发动机吊舱上，取消了翼尖辅助起落架和机首透明领航舱。同年8月26日，该机进行了22分钟试飞，这次152总算装上了东德自己的皮尔纳014发动机。9月4日，第二架原型机进行了第二次试飞，持续20分钟。9月7日，第三架原型机152/II V5（DM-ZYC）出厂，但就在该机出厂后不久，地面测

1960年出厂的巴德152第二架原型机，机首的透明领航舱和翼尖的辅助起落架都被取消，起落架改为前三点式，主起落架位于发动机吊舱内

试发现燃油系统存在严重故障隐患：在飞机大角度下降时无法正常供油。这一问题促使东德政府立即下令停止152项目的全部飞行试验。

此时巴德152项目面临的形势急转直下：美国波音707已经横空出世。而东方阵营内，当时苏联正在大力向社会主义盟国推销图-124喷气式客机。这种氛围下，苏联政府显然不希望有任何来自同一阵营的竞争对手，更不会支持该机的任何后续发展。反观巴德152自身，它的机身和动力设计都存在问题，飞机载荷偏小，航程过短。首架原型机上，行李舱空间被巨大的主起落架舱占据了许多，而上单翼巨大的翼盒又从上方挤压了天花板高度。无论是图曼斯基RD-9还是东德的皮尔纳014，推重比都显得不足，而油耗又相对较高。

迄今为止，苏联当局在巴德152项目问题上的角色尚未完全清晰化。但一个不争的事实是，1961年东德政治局下令取消巴德152研发项目。东德政府的指令，几乎是摧毁了整个东德航空制造业——所有正在制造准备用于交付德国汉莎航空的近20架量产型飞机全被拆毁，作为废旧金属投入熔炉。至于东德政府花费不少精力开发的皮尔纳014发动机，后来被改成扫雷艇用燃气轮机，从此与飞机再无瓜葛。至此，这个耗资20亿东德马克的社会主义明星工程，就这样彻底终结。目前巴德152的全部遗存，就是保存在德累斯顿的一段巴德152机身部段。

20世纪50年代东德生产的以巴德152为原型的铁皮玩具飞机。如果不熟悉民主德国航空史，一般人还真看不出这架飞机的本尊

水星，空客的史前魅影？

达索"水星"首架原型机（注册号 F-WTCC）

在许多了解西方航空工业发展史的人眼中，现代欧洲民航客机产业的崛起，在20世纪六七十年代已有明显的征兆。这个征兆，便是当年法国达索公司开发的喷气客机"水星"。这种人们并不算太熟悉的喷气客机，却与今天成功的空客公司颇有渊源。

不够长远的远见

早在1968年，达索飞机公司计划与设计部一些富有远见的认识就意识到，他们应该开发一种新型民用喷气式客机，来填补民航运输市场上载客130～150人的短途客机的空白——当时波音737-100和737-200可分别载客100人和115人。达索希望能利用自己在军机开发中积累的经验和技术，在"飓风""神秘""幻影"之后在民机市场再次演绎成功的范本。从民族自豪感和荣誉感出发，法国政府也在资金方面大力支持达索的新型民航客机项目。马塞尔·达索对这种新型客机充满了期待，他希望用罗马神话中神祇的名字来命名它，经过查找，他亲自选定了"水星"（Mercure）这一名称。Mercure又称墨丘利，是罗马神话中的商业之神，他行动迅速、脚步轻盈，还是众神的信使。达索说之所以选择这个名称，是因为"发现他的鞋子上和帽子上各有一对翅膀"。

在1969年6月巴黎航展上，达索公司首次公开展出了"水星"客机模型，引起了不小的轰动。不到两年之后的1971年4月4日，首架"水星"原型机便在达索公司波尔多附近的梅里尼亚克工厂完成制造，该机注册号为F-WTCC，其中TCC是法文短程客机的缩写。该机使用两台美国普惠公司JT8D-11发动机作为动力，5月28日首次试飞。在第四次试飞中，"水星"原型机飞行高度达到2.5万英尺（7620米），飞行速度达到0.8马赫。试飞中也出了一些小问题，但都不算严重。达索公司经过分析，做了必要的调整，包括修改前缘机动襟翼，很快解决了全部技术问题。1972年9月7日，第二架原型机完成首飞，这架原型机改用JT8D-15发动机，后来的生产型"水星"100也是如此。

罗马神话中商业之神"墨丘利"的形象，他头戴带翼的帽子，脚穿生翅的鞋子

和波音737相比，"水星"100的机身略宽，配备的普惠JT8D-15最大直径24英寸（60厘米），为此发动机短舱吊架从机翼前缘伸出较长，以保证合适的离地高度。为了方便地勤人员检修维护，"水星"的发动机短舱上还设置了向上开启的检修舱盖。

"水星"的机翼采用25°后掠角，再加上JT8D-15，使得量产型"水星"100的巡航速度达到了320节，而采用JT8D-11的"水星"原型机巡航速度为300节。为了降低噪声水平，第二架"水星"原型机在发动机短舱上采用了声波吸收材料，并改进了发动机进气口的设计，使得噪声水平下降了5～6分贝。

"水星"计划采用两人制机组，但当时实力强大的飞行员工会正大力倡导三人制机组，所以达索聪明地提供了飞行工程师座位的选择方案，如果客户要求，随时可以增加。

许多人以为"水星"可以贴上纯粹的法兰西标签，可实际情况并非如此。"水星"飞机大约有30%的部件是法国以外的公司生产的。例如，西班牙CASA公

编队飞行的两架"水星"原型机，远处为第一架原型机（F-WTCC），机身上写着"马塞尔·达索飞机公司"（Avions Marcel Dassault），近处为第二架原型机（F-WTMD），因为将要交付Air Inter公司，所以机身上印有该公司的名称

司负责制造前机身，意大利都灵的菲亚特公司负责生产后机身，而加拿大航空工业公司（Canadair）和比利时SABCA公司则生产其他一些小部件。瑞士联邦航空制造公司也承担了6.2%的工作量。有趣的是，"水星"的大部件也是用波音377改装的"超级彩虹鱼"（Super Guppy）特种运输机从制造厂运到法国南部的伊斯特雷斯总装厂的——多年之后空客飞机的大部件也是这样运输的。尽管"水星"是在法国设计和制造的，它却开创了欧洲大陆上多个国家协作制造航空器的先河。

乐观的预期与神伤的现实

起初，达索公司满怀信心地希望能在开始生产之前拿到50架确认订单，但很快就发现自己陷入先有蛋还是先有鸡的怪圈：航空公司大多报以观望态度，打算等到"水星"投产和服役后再视情况决定是否采购。

尽管如此，达索公司对"水星"的市场前景相当乐观，营销部门估计在法国国内至少能售出80架，其中光法国Air Inter公司就将采购30架——Air Inter对"水星"很有兴趣，拟将该机作为未来机队的主力机型，以替换"快帆"和英制维克斯"子爵"。达索公司高层普遍认为，"水星"将进入Air Inter的国内干线和支线运营，至少也能作为夜间空运邮包运输机。要满足后一种用途，飞机的噪声水平需要显著降低，这也是达索公司在研制中采用降噪技术的重要原因。

海外市场在达索公司眼里也蕴藏着可观的销售数字——200架，达索预计这些订单中相当部分将来自美国。这样算来，国内外市场销售总量将达到300架左右。经测算，"水星"100的销售盈亏平衡点是125～150架，这一数字相对300架的销售预期，为达索公司勾勒出了美好的利润前景。凭借法国政府的资金支持，达索公司很快在梅里尼亚克、普瓦捷、塞克兰和伊斯特雷斯建立了4座工厂，准备全力以赴迎接纷至沓来的订单。

1971年5月，法国航空公司宣布，正式考虑将"水星"作为原有国营南方航空制造公司"快帆"喷气式客机的替换机型。一旦"水星"被选定，那么来自法国航空的庞大订单就足以启动"水星"的量产工作。1972年1月30日，Air Inter签订了10架"水星"的订单，Air Inter还选择了150座的最大客座布局，过道两侧每侧3列座椅，座椅前后间距为86.4厘米（34英寸）。

基于以上情况，达索决定在确认订单并不充盈的情况下开工制造"水星"。1973年7月19日，首架生产型"水星"100首飞成功。法国贸易部门原以为，波音737和麦道DC-9在1975—1980年间会处于研发的最后阶段，这样就会给"水星"抢占市场留下一个难得的真空期。当然，后来我们知道，事实并非如同达索想象的那样顺利，波音737和麦道DC-9后来跻身世界民航运输史上最成功飞机序列，而"水星"只能黯然神伤。在两架原型机之后，"水星"只在1973年和1975年交付过两批各5架，以后再未拿到任何订单，生产线被迫于1975年12月15日关闭。"水星"也成为达索公司进军民航市场唯一也是最后一次冒险行动。

在以后20年间，Air Inter是世界上唯一使用"水星"的航空运输企业。1995年4月29日，该公司最后两架"水星"进行了最后一次商业飞行。同一天，不堪

▶
Air Inter使用的"水星"100，根据机身上的注册号F-BTTC，可知该机为第三架生产型

飞行中的 Air Inter 公司"水星"100，机身注册号 F-BTTG，为第七架生产型

白热化市场竞争重压的 Air Inter 宣告破产，随着"水星"一起黯然谢幕。在服役期间，全部 11 架"水星"留下了不错的记录：总飞行时间 36 万小时，飞行 44 万架次，运送乘客 4400 万人，没有发生任何飞行事故。

超级水星

"水星"100 销售受挫之后，达索并未完全失去信心，他要求技术人员在该机基础上继续开发"水星"200C，该机可载客 140 人飞行 2200 千米。美国一些航空公司已经表示出兴趣，但达索公司却逐渐发现，改进成本的雪球正越滚越大："水星"100 的燃油携带量不足以完成如此远的航程，技术

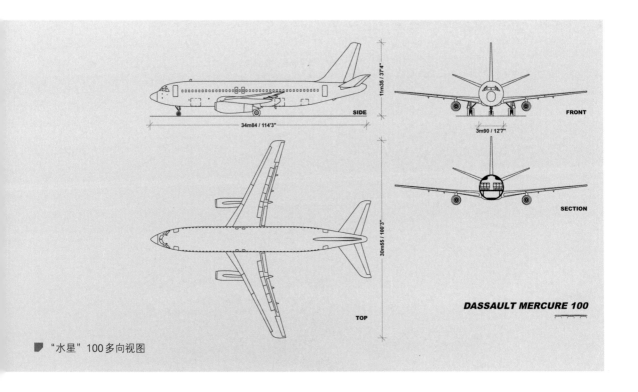

"水星"100 多向视图

保存在德国施派尔德意志技术博物馆的"水星"100，该机是第二架生产型，注册号F－BTTB

人员只能设法增加额外的油箱，但当初的设计强度却无法承受新增的油箱。如果继续实施改进方案，必须大幅改动原始设计，成本也就随之高涨。

法国政府在1973年决定对"水星"200C项目给予融资支持，达索公司准备向法国政府申请2亿法郎贷款，以解决上述问题。这笔贷款使得"水星"200C的盈亏平衡点上升到200架。但麻烦还远未结束，法国航空提出为新机换装更安静且外形尺寸更大的JT8D–117发动机，这样一来达索发现现有资金根本不够，至少还需要追加8000万法郎才行。可此时法国政府的答复是，达索公司必须独立承担"水星"200C一半的研发费用，这是刚经历"水星"100失败后的达索公司无力承担的。最终的结果只有一个，"水星"200C直接下马。

在"水星"200C之后，达索公司还曾尝试为"水星"换装CFM–56涡轮风扇发动机成为"水星"200——正是这种发动机帮助波音737完成了从第一代向第二代的华丽变身。按照设计方案，"水星"200–1载客186人，航程1600英里（2680千米）；而"水星"200–2载客150人，航程达到了2000英里（3200千米）。"水星"200使用与"隼"50三发公务机类似的放大版超临界翼型，但最终这些设计都没能离开绘图板。

1975年，美国道格拉斯公司和洛克希德两家公司甚至签订了意向性协议，准备在美国制造和销售"水星"200，而SNIAS将在法国制造该机。当时达索担心尚未获得订单的CFM-56可能会影响"水星"200的进度。但事隔不久，道格拉斯公司完成了加长型DC-9客机，这显然是"水星"200的直接竞争者，于是与道格拉斯的合作"合乎逻辑"地走到了尽头。达索随后又与通用动力接洽，但后者的F-16"战隼"是达索军机"幻影"F1在国际市场上的有力竞争对手，这种合作洽谈自然也无果而终。最终"水星"200项目在1977年被取消。

就在"水星"100全面进入Air Inter的时候，空客已经完成了首架A300客机的处女航。也是在同一时期，英法联合研制的"协和"超声速客机飞上了蓝天，欧洲航空企业之间的合作开始了新纪元。

保存在巴黎布尔歇航空博物馆的"水星"100，该机曾在Air Inter服役，为第四架生产型，注册号F-BTTD

　　"水星"失败的原因很多：20世纪70年代的美元贬值和石油危机，以及"水星"100不够充盈的设计航程，似乎都能解释该机的失败。无论如何，"水星"最终跻身有史以来销售业绩最差的民用喷气客机之列，销售数量甚至小于超声速客机"协和"（总产量20架，销售14架）。

　　"水星"是远见的产物，但这些远见现在看来还不够远，这使得该机原本具有的潜力没有机会真正展现。但"水星"在其他方面证明了自己的价值，通过该项目，达索和欧洲其他航空企业达成了互信和合作意愿。今天我们知道EADS旗下的空客公司是怎样庞大和具有实力的企业，但从某种程度上，谁又能说空客产品不是"水星"的继承者呢？

半程弹射历险记

1991年7月9日，印度洋上游弋的美国海军"亚伯拉罕·林肯"号航母甲板上，一架KA-6D"入侵者"正在做起飞前的最后准备。机上的飞行员是马克·巴登中尉（Mark Baden），而轰炸领航员则是加拉格尔中尉（LT Keith Gallagher）。巧合的是，当天正是加拉格尔的生日，而这次任务也将是他个人第100次航母起降。

 准备接舰的KA-6D，可见加拉格尔上半身整个暴露在座舱之外

起飞之前，飞机轮档拿掉后，巴登觉得有点儿紧张，为了让自己放松一点儿，他仔细翻阅了紧急情况处置手册中"弹射起飞动力不足/发动机故障"等部分内容，并认真对照处置程序在座

KA-6D接舰瞬间，可见该机刚刚经过第一根拦阻索

舱里熟悉了紧急情况下要用到的各种按钮和手柄。KA-6D是A-6"入侵者"的空中加油型，格鲁曼公司总共为美国海军生产了90架，这些飞机拆除了雷达和轰炸设备，代之以软管空中加油设备，软管加油锥套从后机身下方伸出。

起飞后，巴登和加拉格尔开始执行空中加油保障任务。这种任务让他们感到难熬，他们必须时刻检查燃油状况，而现在油箱偏偏出了问题，一具可抛弃油箱突然停止了供油，而那里实际上还有大约1000磅燃油。巴登试图增加油箱压力，但无济于事。巴登和加拉格尔交换了意见，认为可能是油箱内的浮阀卡住了——如果做一点儿正负过载机动也许能帮助浮阀恢复工作。当时的飞行高度是8000英尺，距离航母7英里。巴登推油门加速到230节，然后向后拉杆，让机头抬升5度，接着又向前推杆，飞机以大约0.5G的负过载俯冲。巴登感到自己稍微从座位上飘了起来，就在这时，他突然听到"砰"的一声刺耳巨响，座舱立即失压，接着大风呼啸着灌了进来。巴登本能地缩头，向座舱右上方看去，他以为只是出了舱盖破裂这样的问题，但眼前的一幕让他几乎停止了呼吸：他看到的竟然只有加拉格尔的双腿！巴登顺着加拉格尔的双腿向上看去，只见他整个上半身都暴露在座舱外部，被强烈的气流吹袭着。他的头部不停地被气流上下甩动，头盔和氧气面罩都不见了踪影。巴登立即意识到，加拉格尔座椅的弹射机构出了故障。"到底发生了什么？我倒希望他能彻底弹射出去。我该怎么办？得先减速。"巴登事后回忆。

巴登猛收油门，同时放下减速板。他紧盯着空速表，飞机的速度逐渐降至200节以下。在做这些动作的时候，巴登不停地侧头看加拉格尔。只见他的躯体在强风中剧烈摇摆，由于头盔被吹飞，他的脸颊看起来就像电影中的惊悚镜头那样恐怖：他的眼睛被强气流吹得无法闭合，颧骨和嘴唇被挤压成难以想象的形状。他竭力在抵抗气流的吹袭，脖子上的青筋似乎要从皮肤下爆裂开来。

时速降至200节时，巴登注意到加拉格尔的手臂抬起来，向头部后方伸去。他认为加拉格尔是要拉动弹射手柄，让自己彻底弹离飞机。他在心里为加拉格尔鼓劲，但加拉格尔的手臂很快被气流吹得垂下来。巴登一面咒骂着他们的坏运气，一面向航母航空管制官报告，通报本机轰炸领航员发生弹射事故，要求立即紧急降落。

得到降落许可后，巴登竭力使飞机减速同时不至失速，飞机保持160节速度继续下降。加拉格尔的双腿开始踢动，这倒让巴登感觉好些——起码说明他还活着。

巴登转弯下降，航空管制官询问轰炸领航员是否仍在飞机里？巴登回答说，"只有

KA-6D接舰瞬间座舱特写

这张侧面照片显示
KA-6D挂上拦阻索
的瞬间，请注意加
拉格尔的降落伞已
经缠在平尾上

他的腿还在座舱里。"巴登事后说他担心对方听到这话，脑海中会浮现出一具没有躯干只剩双腿的尸体那血淋淋的场景，好在对方听懂了他的意思。巴登继续转向，航向与航母一致，准备着舰。就在此时，巴登突然发现加拉格尔的双腿不动了，一股寒意凉遍全身，他回头审视，看到加拉格尔的头向左侧垂在左肩上，脸色惨白。巴登以为他可能是扭断了脖子死了，"带回一具几分钟前还是你的朋友的尸体，绝不是一件让人舒服的事儿。我强迫自己不要看他，努力驾机降落"。

渐渐地航母出现在巴登视野里，它正缓缓左转。巴登对准航母甲板中线，无线电里传来着舰信号官的操作提示。巴登的紧张感消除了许多，毕竟硕大的母舰就在前方。接近到距航母更近时，巴登操纵飞机轻柔下降，他要确保一次着舰成功，不想开足马力复飞，那样会加重加拉格尔的伤势。巴登看到菲涅耳透镜发出的红光，他稍稍拉高，保持本机位于正确下滑航路中央，迅速接近第一根拦阻索。

KA-6D接舰的位置正好位于第一根拦阻索前方，巴登立即把油门推到慢车。破碎的座舱盖前缘正好位于加拉格尔胸前，活像屠宰场陈列的各色刀具，巴登真担心拦阻形成的减速效应会把加拉格尔向前抛到那些锋利的边缘上。

接舰后的一刻巴登并未感受到拦阻钩钩上了拦阻索，着舰信号官用手势示意巴登拉高机头，巴登拉杆让飞机前轮抬离甲板，就在这时他感到着陆钩挂上了拦阻索。他长出了一口气——如果再钩不上，他就只能加速复飞了。

飞机着舰停稳后，巴登立即解开自己的安全带，随后试图解救被困的加拉格尔。突然，加拉格尔说了句："我在飞行甲板上吗？"巴登惊喜不已，加拉格尔还活着！医疗和救援人员赶来了，加拉格尔获救了。6个月后，加拉格尔从弹射冲击和强风吹袭的伤情中完全康复，重新开始飞行。

事后调查表明，导致这起事故的直接原因，是加拉格尔那具马丁·贝克Mark 7型弹射座椅的弹射活塞限位管壁因疲劳发生了断裂，导致弹射座椅实际上与弹射活塞筒之间发生相对运动。在巴登进行负过载飞行时，松脱的弹射座椅向上滑动，触发了时序机构，启动了稳定伞和主伞，高速抛射的稳定伞打碎了座舱盖，加拉格尔的上半身也随之探出座舱。与此同时，在时序机构控制下，加拉格尔与座椅的连接束带也自动解锁，如果座椅再向上移动45厘米，座椅下方的火箭发动机就会启动，那样的结果可能更加危险。事故发生后，加拉格尔与座椅之间已经失去固定关系，幸运的是，他的降落伞在风阻的作用下向后飘摆，紧紧地缠在了飞机的水平尾翼上，伞带的牵引将加拉格尔牢牢地压在座椅上，没有脱离飞机，着舰时也没前冲撞上锋利的舱盖碎片。至于弹射活塞限位管壁断裂的原因，一是服役时间过长且疏于检查，调查发现断裂部件是1963年制造的，已经使用了整整28年。二是舰载机机动飞行造成的过载特别是负过载，让限位管壁产生应力疲劳。事后美军对所有同型座椅的相应部件进行了全面探伤检查，建立了定期检查制度，排除了事故隐患。

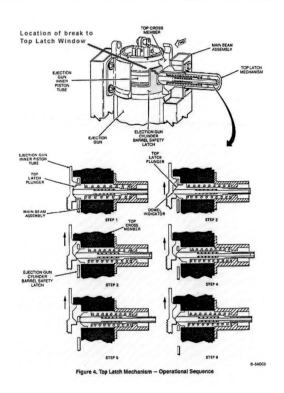

KA-6D弹射座椅弹射筒的限位筒工作原理及断裂部位示意图

南北战争中美国人差点造出直升机

1865 年，美国南北战争以北军的胜利落下帷幕。这是美国历史上唯一的一次内战，战争从最初维护国家统一的战争，演变为解放全体黑奴的革命，这场战争彻底改变了美国历史。这么大一件事儿，美国自然要隆重纪念。美国史密森尼基金会的下属机构，如美国国家历史博物馆和国家画廊，都展出了大量文物和艺术品来表现南北战争。相比之下，国家航空航天博物馆的收藏中却鲜有南北战争时代的文物。少归少，但并非不可以有，而且有些文物还相当给力。其中最让人惊愕的，当属博物馆档案部保存的那套奇妙的新机械发明图纸——南军的直升机设计蓝图！

美国南北战争极大地刺激了军事技术的发展。气球、铁路、装甲舰，甚至潜水艇都在这场厮杀中粉墨登场。人们不断地琢磨新点子并试着把它们用到战场上。有些主意相当有创意，威廉姆·鲍沃斯的直升机狂想就算一个。

1862 年，南部邦联各州大部分港口都被联邦军队海军所封锁，补给和商业贸易活动断绝。鲍沃斯原本是住在亚拉巴马州莫比尔的一名建筑工程师，他看到了北军的封锁，也知道南军没有足够的海军力量突破北军封锁，即便有这个力量，突破封锁也要付出巨大代价。在他看来，从海上突破并非良策。他萌生了一个大胆设想，那就是飞起来，从空中对北军舰队实施攻击，粉碎北军封锁！

南北战争时，气球早已登上战争舞台，成为有效的军事侦察工具，但它们实在难以控制，只能以系留方式工作，而且不能提升大量载荷，无法变身成轰炸机。鲍沃斯借鉴了前辈工程技术大腕儿们的工作，采纳了 300 多年前达·芬奇的直升机设计理念，又结合了阿基米德螺旋概念，用于同时提供升力和推力。达·芬奇

时代人类只有风力和水力可资利用，而现在鲍沃斯手里有蒸汽机，它可以为驱动
阿基米德螺旋提供充沛动力。

　　鲍沃斯设计的飞行器方案俨然后世的直升机，他希望它能垂直升空，并在空
气中自行推进。携带炸药等武器后，它能攻击并重创北军舰队。飞行器装有两组
垂直的阿基米德螺旋，用于提升；两侧各水平配置一组，用于推进。尾部还装有
方向舵，可以提供转向操纵力。

　　初始设计完成后，鲍沃斯说干就干，着手制造出一个缩比模型，接着又开始
制造全尺寸模型。他的缩比模型某种程度还算成功，但被重重封锁下的南军实在
无法提供充足的资源，也无暇支持鲍沃斯的新奇构想，结果这一天才创意设计只
能固执地待在绘图板上。最终，鲍沃斯的图纸辗转进入美国航空航天博物馆。据
说这些图纸在战争时期被南军精心藏匿起来，以防落入北军之手。鲍沃斯的全尺
寸样机始终没能完工，因为南军担心会被步步进逼的北军会缴获，然后大量制造，
作为攻击武器打击南军。

　　以今天的眼光看，尽管鲍沃斯设计的"直升机"并不完全符合空气动力学，
但它反映了南北战争对技术进步的促动。它比达·芬奇的设计更进一步，全面地
考虑了提升和推进功能，以及转向操纵问题。它因战争刺激而生，又因战争原因
被雪藏。审视这些图纸和模型，你会发现威尔·史密斯主演的影片《飙风战警》
中出现的怪异的飞机，真的不是空穴来风。

准备从水面起飞的
梅欧复合体

从巨人肩上起飞

英国肖特梅欧复合体飞机

现代飞机远程越洋航行已经不是难题，但在20世纪30年代，这还是件伤脑筋的事儿。特别是对于商用航空企业，飞机要越洋远行，同时还要运载乘客和货物，这就要求携带大量的燃油。这样一来，飞机的重量势必很大，顺利起飞就成了问题。采用更大功率的发动机或增加发动机数量固然可以解决问题，但这样会进一步加大飞机的重量，机翼结构也需要加强，于是重量继续叠加，发动机功率和数目的增加要求更多的燃油携带量，进而重量还得加码。早在1932年，英国帝国航空公司技术总经理罗伯特·梅欧（Robert H. Mayo）就试图解决这个问题。他发现，最大商载的运输机加满燃油后，一般无法自行起飞，那么能不能换个方法解决这一问题呢？如果能有什么方法在起飞阶段为飞机提供额外的动力和机翼面积，显然能够解决起飞问题。而在起飞后如果取消这些额外设备，又能减少飞机的负担，岂不两全其美？正是基于这种考虑，梅欧提出了组合式飞机概念，即由一架动力强劲的大型载机背负着运输机实现起飞，在高空放飞运输机，随后载机返场降落，运输机则飞往目标。

随着梅欧后来进入肖特兄弟飞机公司担任设计师，他开始积极尝试完成这一设计构想。技术人员发现，如果让一架大型水上飞机背负一架稍小的远程水上飞机，就能利用两架飞机的联合动力升空，等到组合体飞机达到一定速度和高度，两架飞机可以实现分离，运载机返回基地，而被载机则飞向遥远的目的地。经过研究，肖特公司在原有的"帝国"大型水上飞机设计的基础上，改进研制出了肖特S.21"昴宿星"（Maia，注册号G-ADHK），在其背部加装了连接支架，上面可以背负一架肖特S.20"水星"（注册号G-ADHJ）水上飞机。

尽管与"帝国"十分相像，但"昴宿星"在很多细节上还是有所不同：该机操纵面全部加大，机翼面积从140平方米增加到了163平方米，发动机安装位置也做了改动，距离翼根更远，以避开上方"水星"的浮筒。后机身略微上倾，以抬高尾翼。与"帝国"一样，"昴宿星"可以装载18名乘客。1937年7月27日，"昴宿星"进行了首次飞行。"水星"是一架双浮筒4发水上飞机，机组两人，一名飞行员和一名领航员，采用封闭式串列驾驶舱。

梅欧复合体起飞时，全部8台发动机一起工作，但"水星"的操纵机构被锁定，飞行由下方"昴宿星"飞行员负责。为了实现顺利分离，设计人员在两架飞机的机翼和连接机构方面动足了脑筋。"昴宿星"的机翼被设计成较低速度和较大

英国20世纪30年代发行的以梅欧复合体飞机为图案的彩印明信片

分离过程中的梅欧复合体，"水星"开始上升，"昴宿星"则开始下降

爬升角条件下升力特性最佳，这正是起飞的姿态；而"水星"的机翼的最佳升力特性则表现在较高的速度和平飞状态。这样一来，在起飞阶段，组合体的大部分重量都由"昴宿星"的机翼来承担，"水星"更像是一个搭便车的乘客。而随着起飞阶段结束，组合体在较高的速度和高度上改平之后，"水星"的机翼升力便迅速提升，飞机趋于上升。同时由于姿态的改变，"昴宿星"的机翼升力显著下降，飞机趋于下降，此时组合体大部分重量逐渐转由"水星"承担，这样一来两机实际上已经产生了明显的分离趋势。

连接—分离机构也设计得十分巧妙。分离机构有三套解锁装置，一套是弹簧驱动的卡锁装置，只有在两机分离拉力达到一定程度时才会解锁。这一设计是为了保证组合体达到满足分离的速度和姿态（试验表明合理分离速度为240千米/小时）。此外"昴宿星"和"水星"的飞行员还各自拥有一套解锁手柄，在自动解锁机构启动解锁后，两机飞行员必须各自扳动解锁手柄，才能完成分离，这种双操纵设计避免了任一飞行员误操作的恶果。分离前，两机飞行员可以通过电话保持联络，分离后，"水星"飞行员不必拉升，飞机就会自动上升，而"昴宿星"则自动下降开始返场。如果复合体由于故障决定不进行分离，那么"昴宿星"飞行员负责操纵复合体返航着陆。

1938年2月6日，复合体飞机尝试首次空中分离试验，取得了成功。又经过几次飞行试验，肖特公司开始尝试让复合体首次飞越大西洋。1938年7月21日，这架外形怪异的复合体飞机从爱尔兰西海岸的福因斯出发，直飞加拿大蒙特利尔布谢维尔，总航程4714千米。"水星"和"昴宿星"上各搭载了10名乘客及其行李。上午8时"水星"与"昴宿星"分离，继续这次航空史上飞机首次不着陆从东到西横渡大西洋的商业飞行。这次航行耗时20小时21分钟，平均飞行速度为232

千米/小时。

　　帝国航空继续运营这架复合体式远程飞机，其中"水星"在1938年12月飞抵埃及亚历山大。在对"水星"进行增程化改进后，1938年10月6日到8日，"水星"从苏格兰敦提起飞直飞南非亚历山大湾，创下了9726.4千米的水上飞机航程纪录。

　　随着载重更大、航程更远的运输机的出现，复合体这种复杂有余、裨益不足的解决方案渐渐遇冷，肖特公司只制造了一架复合体，孤独地在帝国航空公司服役。1941年5月11日，"昴宿星"在英格兰普尔港被德国轰炸机炸毁。不久"水星"也被征用成为皇家空军侦察部队装备。在该中队换装美制洛克希德"哈德逊"之后，"水星"于1941年8月9日被还给了肖特公司。没有了载机的"水星"自然无所作为，最后被肖特公司拆解，将全部铝材回收用于制造更有用的军用飞机。

荷兰航空博物馆保存的梅欧复合体飞机模型

造好浮岛，再跳跳跳

阿姆斯特朗的浮岛机场创意

1895年，凡尔纳在《机器岛》中描写的巨大人造岛屿，算是早期人工动力浮岛的生动描述。作品中描述的人造岛屿是一个巨大的城市，是游弋大洋之上的富人专属天堂。当时这样的设定幻想成分极大，但今天技术已足以实现

在20世纪30年代以前，飞越大洋是一项极为冒险的行动。大型飞机必须在海上长时间飞行，以散落洋面的岛屿作为补给和维修基地。以当时的技术，在寸土之地上无法修建机场，因此只有大型水上飞机可以执飞越洋任务。陆基飞机由于无法在水面起降，也就无法使用岛屿基地，因而与越洋航班无缘。

总是有人试图找到解决问题的新方案。早在1918年，有人就提出了一个大胆创意，要在大海上修建能够漂浮的机场。这个人叫爱德华·阿姆斯特朗（Edward R. Armstrong），曾是美国海军工程师。阿姆斯特朗的漂浮机场脑洞开得很大：他打算在大西洋上建造5座一字排开、间隔800千米的浮岛机场，从美国东海岸一直排到欧洲西海岸。这样一来，即便是航程不济的陆基飞机也能轻松地从一个浮岛飞到另一个浮岛，在浮岛机场上加油维修后继续飞往下一个浮岛。如此一来，越过大西洋就成为小菜一碟。

阿姆斯特朗的浮岛机场创意提出后，起初并没有太多人关注。1927年阿姆斯特朗完成第一个浮岛机场方案模型，引起了杜邦和通用汽车两家公司的关注。杜邦和通用汽车一商量，觉得这个创意有价值，于是决定客串一把风投：在1929年联合出资75万美元（这在当时是一笔巨款），供其技术验证。通用和杜邦之所以愿意充当天使投资人角色，是因为阿姆斯特朗准备在浮岛机场技术验证成功后组建海洋机场公司（Seadrome Ocean Dock Corp.），万一这一方案成功，那后

面的商业利益不可估量。如果自己没投资而这个方案最后火了，那就是商业上的重大失败。

浮岛机场的验证问题引起了社会各界的重视，而阿姆斯特朗也很快遇到了一位贵人，此人就是美国政府商务部航空办公室主任尤金·维达尔（Eugene L. Vidal）。在他的极力斡旋下，最终美国政府于1934年同意拨款150万美元，验证和研究在大西洋上建立5座浮岛机场可行性的问题。维达尔自己就是一名航空公司运营者，他和阿姆斯特朗一样坚信浮岛机场的巨大潜力。而美国政府考虑得显然更多，如果浮岛机场方案真的可行，那么这一浩大工程将会带来一举两得的效果。一方面浮岛机场链将会让美国迅速在越洋航班市场上占尽先机，增强美国航空运输业的竞争优势；另一方面，这项浩大工程一旦启动，美国政府头疼不已的失业率也会随之降低，大量失业者会因为该项工程找到工作机会。对于国内制造业，浮岛机场也是个利好消息，初步估计建造这些浮岛机场仅钢铁就要消耗12.5万吨。

按照美国政府的构想，阿姆斯特朗要先主持建造一个1/4的缩比浮岛机场模型用于验证。如果试验取得成功，美国政府会投资兴建第一座浮岛机场。据估计5座浮岛机场总投资将达到3000万美元。

阿姆斯特朗最初设想的浮岛机场带有浓厚的理想主义色彩。他在1927年提出的设计方案要求在面积2.4万平方米的浮岛机场跑道侧面修建机库和酒店。等到1934年美国政府开始参与项目后，方案进行了大幅调整。出于保证飞机安全起降的考虑，取消了顶层飞行甲板附近所有建筑物，酒店和机库全部搬到下层甲板，机库和其他设施通过升降机与飞行甲板联通，这一特征与航空母舰倒是非常相似。

每座浮岛机场规划长度为360米，宽75米。上层甲板是飞机起降甲板，甲板上有升降机负责将飞机从上层甲板运送到下层机库。浮岛机场最为核心的技术是支撑和稳定系统。根据阿姆斯特朗的设计，浮岛机场下部由一组28根金属立柱支撑，金属立柱的中部是浮力水舱，底部是压载配重舱。压载配重舱可以通过伸缩立柱调整其入水深度，最长可以深入水下100米。阿姆斯特朗了解海浪的特性，

现代近海半潜式作业平台已经具备了一定的机动能力和不错的稳定控制能力。以这样的平台作为单元，快速组合出一个漂浮海面的中型机场已经具备可行性。但浮岛机场的用途已然改变，不再是跨越大洋的中继，而是土地稀缺城市的机场解决方案，以及应急地域航空运输应对策略

水面会形成波浪，而深层的海水则相对平静。在他看来，浮岛机场可以在近海施工组装，然后牵引到作业海域即可。这套复杂的支撑系统，可以保证上层飞行甲板始终处于距离水面30米的高度，这样甲板上的飞行活动就不会受到海浪溅水的影响。阿姆斯特朗还专门为浮岛设计了一套钢缆固定系统，它的原理和船舶使用的铁锚很像：一大块1500吨的金属配重物将沉入水底，通过钢缆将浮岛固定在海面。更绝的

是，阿姆斯特朗的浮岛机场还配有动力推进系统，可以通过两具螺旋桨在海上实施必要的机动。

▶ 这张1931年的照片上，加拿大工程师爱德华·阿姆斯特朗正在泳池里摆弄自己设计的浮岛机场缩比模型

▶ 阿姆斯特朗的浮岛机场构想：

A 推进器
B 大型浮筒
C 带伸缩套筒的
   配重连杆
D 飞机升降机
E 无线电信标台
F 救生艇
G 360米长的跑道
H 28根支撑柱

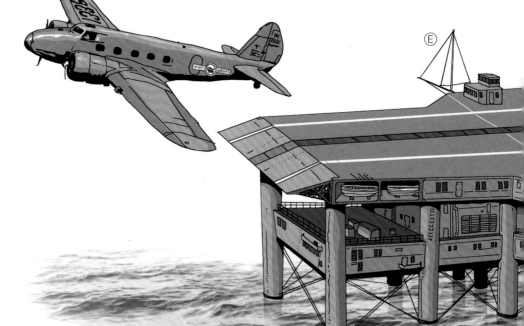

浮岛机场上会配备气象监测站、无线电台和无线电导航台，在海上为越洋航班提供引导。浮岛机场甚至还配有破冰船以备不时之需。按照阿姆斯特朗的估计，如果浮岛机场能24小时提供服务，飞机从纽约出发，以256千米/小时的速度飞完8个航段，可以在30小时后到达伦敦。

一切看上去都那么诱人。通过缩比模型，阿姆斯特朗发现浮岛机场抗风浪的特性很好，20米高的海浪应该也问题不大，比一般的大型船只要好很多。然而20世纪30年代也是航空技术发展迅速的时代，随着远程客机载油量和航程大大增加，特别是美国经济的逐步复苏，浮岛机场作为一种高投资高风险的技术概念，对于越洋航班的必要性迅速降低，最终阿姆斯特朗的想法没能实现。但今天审视阿姆斯特朗的浮岛机场创意，我们还是能感受到一位严谨的工程师在迎接工程技术挑战时表现出的创新精神和科学思维。

上层飞行甲板　　　　酒店休息区　　　　下层甲板机库

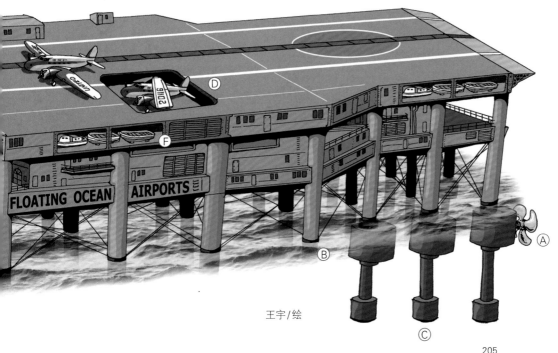

王宇/绘

205

盛开的罗兰

航空导航技术的一座不朽里程碑

在第二次世界大战爆发之前，远程飞行的导航技术还比较简陋，好一点儿的飞机可以安装个无线电测向仪。其实就和今天的调谐式收音机差不多，需要依靠环形线圈不停地转动来测向，必须利用两个以上的台站，才能基本确定自己所在的位置。但是要搞清楚，这只是从技术理论上如此。考虑到测向天线的实际精度，飞行员或领航员还必须能够熟练地使用磁罗盘和六分仪，配合精密的天文星图，才能搞清楚自己究竟在哪里。无线电测向这项兼具开创性和科学性，但又不够靠谱的导航技术，让不少飞行者吃够了苦头，付出过沉重的代价。

如果没有急迫需求，没有谁会下狠心掏出大把银子开发最为先进精密的导航技术。罗兰技术就是被战争逼急了的美国人玩儿命研发的产物。

自动测向线圈是无线电罗盘的重要组成部分，这东西测向尚可，准确定位难度不小，精度也不佳

战争期间，美国参战之后，美军的飞机、舰船和潜艇纷纷奔赴各大洲大洋，导航一下子成了严峻的现实问题。为此美国专门开发了一套无线电导航系统，这套系统与英国Gee系统类似，但是发射信号的频率更低，2400千米外的飞机舰船上的接收设备都能清楚接收到，导航精度数更加理想。最初这套系统先是装上了横跨大西洋的盟军运输船队，接着是远程巡逻机，系统成熟后进一步在太平洋战区广泛使用。这套系统，就是后来名满天下的罗兰系统，也是航空和

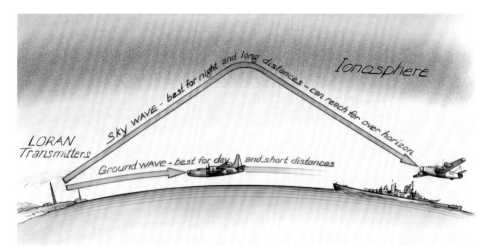

罗兰系统是利用天波实现远程导航的重要手段，"二战"时期的远程飞机多亏这种技术才能长途奔袭

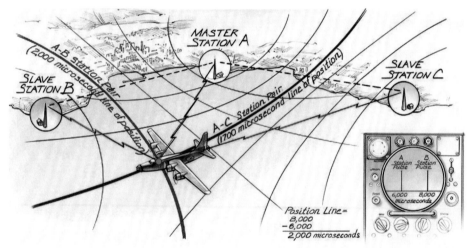

罗兰系统是典型的双曲线导航技术。一组双曲线在地图上没有用，但是如果有两组、三组，甚至更多呢？那就大大不同了。虽然地图看着乱点儿，但是每一个双曲线的交点，都是一个明明白白的所在

航海导航技术的一座不朽里程碑。虽然听起来好像是一种美丽植物的名字，但事实上罗兰与植物一毛钱关系都没有。它的英文大名是LORAN，其实是英文Long Range Navigation的缩写，翻译成中文，意思简单且直接，就是"远距离导航"。

　　罗兰系统采用的是一种很有趣的双站导航机制。首先建造许多成对布置的罗兰发射台，每对两座发射台相互间隔一定距离。两座发射台以一定的频率向外发送脉冲信号。只要在飞机或舰船上安装专用的罗兰系统接收机，就能接收到这些成对发送的脉冲信号。如果不是极为凑巧，这两组脉冲信号几乎不可能同时到达接收机。通过接收机内精密的电子测时装置（实际上就是一套石英震荡精密测时机构），

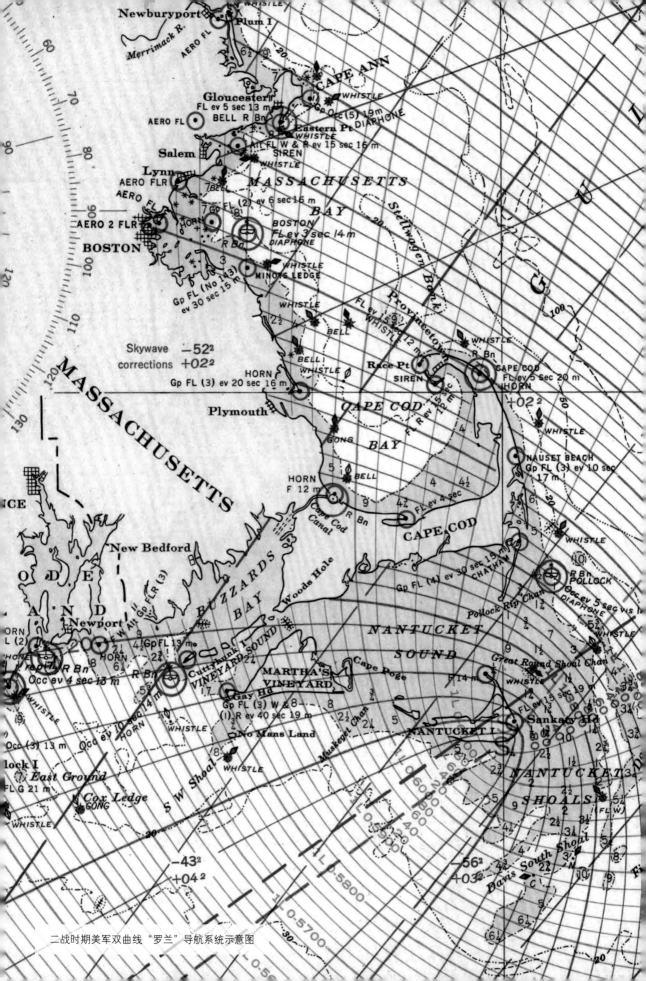

二战时期美军双曲线"罗兰"导航系统示意图

第一种投入使用的罗兰接收显示设备AN/APN-4，这是美军飞机远程精确导航的利器

就能精确地测算出两个脉冲信号到达的时间差。考虑到电磁波信号是以光速传播，这个时间差再乘以光速，就是飞机或舰船距离这两个发射台的距离差。接下来，学习过高中数学的同学们要注意了，那时候老师教导我们说，与固定的两个点距离之差绝对值为恒定值的点，将会构成以这两个点为焦点的双曲线。那么，如果给定一组各不相同的时间差，你就能以这两座发射站为焦点，在地图上画出一组细细密密的双曲线。如果把许多成对布置的发射站的时间差双曲线都标注在地图上，就有了一张细密如蛛网的全部被双曲线纵横捭阖满满占据的导航地图！

有了这样一张罗兰系统导航图，一切就都变得那么简单。只要接收机给出相应的脉冲时间差，就能迅速根据这对发射站和时间差在地图上找到一条双曲线，你的飞机或舰船肯定在这条线上。当然只知道这个毫无意义，因为双曲线是无限延伸且开放的，这条线就和宇宙一样浩瀚。但别忙，你已经成功一半了，接下来可以再试试接收另一组罗兰发射站的脉冲信号，根据时间差在地图上找到另一个以这两座新发射台为焦点的双曲线。这两条双曲线，会在地图上交会，它们之间的交点，就是你所在的精确位置。罗兰系统的导航精度可达数百米，算是非常靠谱的导航技术。有了罗兰系统和双曲线地图，甚至可以选择诸多双曲线焦点，串联成一个你需要的航路图，然后借助罗兰接收机，就能像现在的手机百度地图导航一样，在茫茫大洋或朗朗青天上，远涉万里而不担心迷航。

仔细看这张罗兰导航图，注意上面的红色和绿色双曲线，它们表示不同的成对发射站的时间差序列。二战时期以及此后几十年，这样的地图都是飞行员们的标配

欲穷千里目

找个更高的地方

某种程度上，拿破仑时代或更早的杰出军事统帅有着更为充分的受人敬仰的理由——那时除了依靠极少数的骑兵或步兵侦察，他们几乎没有任何获知对手军事部署的渠道。当时的地图测绘水平极其有限，如果想要细致地看看战场形势，最高明的办法，也无非是找到一处高岗或山丘去远眺一下对手的军阵。这种情况下，他们的军事部署、阵型的选择、兵种的运用、进攻的梯次、临时的调整，都更像艺术家的创作，除了极为有限的敌情获取，更多的都得依靠自己的感官认识和敏锐判断，当然还要有那么一点儿运气。如果在几百年前，统帅们能有一个高

拿破仑那个时代的军事统帅在决策指挥上除了要依赖睿智果敢的头脑，还多少要凭借那么一点儿运气，因为他们没有机会从空中去了解对手。图为滑铁卢战役中发起最后冲击的法军老近卫军部队，如果拿破仑能有机会从空中了解一下英军和普军的部署，他就会把精锐兵力用在最需要的地方

悬空中的瞭望哨，那么历史上许多重大战役的结局都可能要改写。

著名法国摄影师纳达尔是照相史上的重要人物。早在1858年他就开始利用气球摄影，但更多是出于新奇的缘故。当时的纳达尔对利用气球进行军事侦察并不重视，1859年甚至还拒绝为拿破仑三世工作，但后来他的观点发生了变化。在1870—1871年的普法战争巴黎被围期间，他曾担任气球部队的指挥官并积极工作，可惜当时法国一败涂地，单靠航空侦察已于事无补。

如果说纳达尔的航空摄影属于尝试，那么波士顿人布莱克与当时著名的飞行家萨姆·金合作拍摄的照片则属于经典。1860年，两人利用气球从1211英尺（约369米）高度拍摄了波士顿的航空照片，此后许多年里人们一直都把这张照片视为有史以来最成功的航空照片之一。

有人认为，最早尝试将航空照相术用于军事是在1859年的意奥战争期间。现有文献认为，当时用气球拍摄的敌军控制地域照片已经发挥了很大的作用。通过照片，人们能够辨认行军队伍留下的足迹，甚至能够分辨出骑兵和步兵，辨认出敌军的行军队形和兵力规模。也是在这一时期，航空照片判读技术也逐渐形成，一些较为专业的判读人员开始出现。但限于当时照相洗印技术和通信技术，这一时期的航空摄影对指挥官的指导价值还较为有限。

美国南北战争是近代战争史的重要里程碑，许多科技成果开始崭露头角。南北战争开始时，就有一些飞行人员来到华盛顿加

19世纪60年代，美国南北战争期间北军罗威的气球队正在给侦察气球充气。当时气球已经成为军事侦察的工具，但是否曾进行过有目的的照相侦察尚无确凿证据

PHOTOGRAPH OF
SAN FRANCISCO IN RUINS
FROM LAWRENCE CAPTIVE AIRSHIP
2000 FEET ABOVE SAN FRANCISCO BAY
OVERLOOKING WATER FRONT.
SUNSET OVER GOLDEN GATE.

COPYRIGHT
GEO. R. LAWRENCE CO.
CHICAGO   MAY 28.1906.

入北军，计划用气球进行军事侦察，北军也的确进行过几次试验。北军中的气球
飞行员中最为著名的是罗威（T. C. Lowe），他成了波托马克军的"首席飞行员"。
他曾利用气球升空到华盛顿考克兰堡的上空，通过架设在气球和地面间的电话成
功指挥北军火炮对驻弗吉尼亚的南军部队进行轰击，也曾多次从空中为北军观察
过南军在弗吉尼亚的布防。南军也没闲着，他们同样也使用气球观察北军的动向。
虽然早在1861年5月人们就考虑从空中进行航拍，而且也有研究者认为，北军将
领乔治·麦克拉伦在1862年5月在里士满附近拍摄过航空侦察照片，他还制作了
巨幅地图，在上面标注网格分划，然后在气球观察员和师指挥部之间架起电话线，
用于炮兵校射。其他部分都有佐证，但关于航拍说法却没有确凿的证据。严格的
说法是，气球军事侦察在南北战争中的应用已经确认无疑，但双方是否把相机搬
上气球并拍下侦察照片，尚无定论。

早期气球航拍获得的照片视场都不太大。到20世纪初一名叫乔治·劳伦斯的美国人开始使用气球和风筝进行航空拍摄。劳伦斯自制了几台大型航空摄影相机，重量达1000磅之多，能够拍摄4英尺×8英尺（约1.2米×2.4米）的大幅照片。他把这些相机装上气球，并采用了专门设计的控制设备。他设计的相机中有一台实际上就是全景相机，而就是这台相机成功记录了1906年的旧金山大地震。4月18日大地震发生时，劳伦斯正在距离城区不远的地方。地震发生后，他把相机装上气球升到2000英尺高度，拍摄了8英尺×4.5英尺（约2.4米×1.37米）的震后旧金山全貌，这也成为世界上最为著名的摄影作品之一。很少有人真正注意到这张照片是从气球上拍摄的，认为相机是由飞机搭载的，事实上当时刚刚出现不久的飞机根本没法搭载如此沉重的相机。

更有趣的是，很早就有人想到用火箭作为航空摄影平台。1906年，在斯图

1906年4月18日晨，旧金山发生7.9级地震（一些学者认为实际达到8.25级），震源深度仅3千米。地震引发了大火，整个城市一片狼藉，死亡人数达3000人。劳伦斯用气球从2000英尺（约610米）高度拍下了灾后的旧金山全景，成为历史上最著名的航空摄影作品之一

1914年第一次世界大战爆发，日本在对德作战中已经开始积极运用飞机从事航空侦察活动。这幅1919年日本东京印制的宣传画就形象地记录了这一事件

加特举行的一次会议上，阿尔弗雷德·茂尔就提出过用火箭搭载照相设备进行军事航空侦察。他起先用可拍摄40毫米见方相片的小型相机进行试验——照片尺寸和小型露莱相机拍摄的照片差不多。但试验并不顺利，不是相机快门不工作就是回收用降落伞打不开。1912年他开始用更大的带稳定陀螺仪的火箭进行试验，发射重量达92.5磅，可把一部相机发射到2600英尺的高度，拍摄照片尺寸为8英寸×10英寸。但此时飞机已经非常成熟，以飞机为平台的航空摄影日臻完善，火箭航空摄影也就不再受人关注。

1914—1918 年

军事航空摄影的真正爆发，是在1914—1918年的第一次世界大战期间。这一时期经历了航空摄影平台从风筝、气球、软式飞艇逐渐向飞机过渡的重要阶段，飞机最终从航空摄影平台的"少数派"发展为绝对的中坚。

和飞机相比，风筝和系留气球有着很大的局限性，它们没办法从一个地区飞

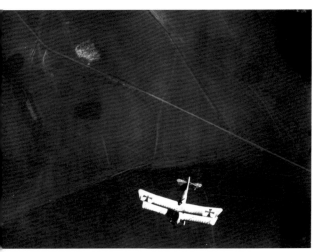

▨ 在一战西线战场上空执行照相侦察的德军
兰普勒 C.I 双翼双座侦察机

▨ 一战中使用手持式航空侦察相机的
后座观察员

行到另一个地区，也就没法拍摄连续的广袤地域的照片。风筝携带的相机必须从地面上通过一套控制机构进行控制，完成相机指向调整、快门操作和更换胶片等动作；而系留气球受风的影响很大，方向和速度都不易控制。软式飞艇算是十分理想的航空摄影平台，甚至有着比飞机更为有利的地方：软式飞艇的吊篮中有更大的空间用于携带相机及摄影用品，而且它的震动比早期飞机小得多。飞艇的飞行安全性也比飞机高，但不可忽视的是，飞艇这种慢吞吞的平台极易成为对方高射武器或飞机的攻击目标，因此一般情况下飞艇不会去敌人阵地后方冒险。

从飞机上拍摄航空照片，最早是在 1909 年进行的。这一年 4 月 24 日，威尔伯·莱特在一位摄影师的陪同下，从罗马附近的琴托切莱起飞，拍摄下了人类历史上第一组飞机航空照片。同年 12 月，法国人也从飞机上拍摄了航空照片。5 年后，第一次世界大战爆发，现代航空照相侦察也就此登上历史舞台。在 1914 年以前，像英国、法国和美国这样的国家的情报搜集能力都非常有限，战争中各国发现，能深入敌人阵地后方的飞机是"窥视对手的眼睛"，由此航空侦察得到广泛应用。到 1918 年，各国的侦察部队

▨
一战时期美军野战航空照片处理车。前面的卡车车身上标有"军用航空部摄影发电车"，后面的拖车则是一间机动式野战暗房。这样的装备专门用于冲印航空侦察照片，及时向各级部队传递照片情报

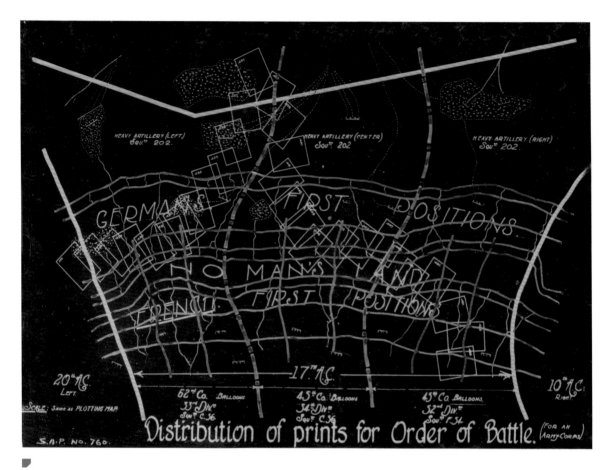

一战中协约国利用航空侦察情报绘制的战场态势图,这种态势图主要供军级单位使用。图上清晰地标出了德法两军前沿堑壕布局、德军重炮阵地位置和中间无人区,在法军前沿后侧还标注了3个气球侦察连的阵地位置

已经发展成为规模不小的常备部队,负责执行各种复杂的侦察任务。

大战中航空侦察发挥了重大作用。在英国远征军(BEF)为摆脱攻入法国的德军而选择战略撤退的问题上,航空侦察就功不可没。当时英军有大约二十多架侦察机从空中不停地监控德军动向。1914年8月22日,英国侦察机飞行员查尔顿上尉报告说,德国将军亚历山大·冯·克鲁格的军队正积极迂回,准备包围英国远征军,而当时其他途径获取的情报都没有发现这一重大行动。权衡再三,英国最高统帅部决定采信航空侦察情报,指挥全军向蒙斯撤退,此举成功挽救了10万英军免遭围歼。

一周后,法国侦察机发现德军正向巴黎以东运动,法军情报军官起初并不相信,但航空侦察的坚定支持者、巴黎军事指挥官加利尼将军却认为情报属实。他立即调动法军部队向德军暴露的侧翼进发,这一行动直接导致第一次马恩河战役的爆发，经过血战法军最终迫使德军撤离巴黎。与此同时，在东线的波兰，德奥军队通过航空侦察密切掌握着俄军动向，进而在坦能堡战役中（Battle of Tannenburg）粉碎了俄军攻势。坦能堡和马恩河两场战役的直接结果就是，东西两线各方军队全面进入防御态势，大家都躲进了堑壕中，战略胶着局势一直持续到战争结束。从这一角度上说，航空侦察是造成一战堑壕战局面的一个重要诱因。

士兵们躲进了堑壕，航空侦察却未停止。与地面上困守充斥着污泥浊水的堑壕的士兵不同，天上的行动依然十分热闹。双方的飞行员驾驶着各式侦察机，频频飞临敌阵上空，带回敌军防御工事的布置详图。现在问题来了，地面指挥官并不愿意全信航空观察员的话——他们或多或少会夸大其词或描述错误。浑身沾满烂泥的士兵们从天上看起来很难和地面分开，快速飞过的侦察机上的观察员几乎没办法准确估算敌军兵力。曾有一名德国观察员报告说，有一支英军部队正在惊恐地乱窜，而实际上那群英国士兵只不过是在踢足球。

当时的侦察机和地面的联络方式也十分原始。最为理想的情况是，侦察机完成任务后返回，观察员直接向指挥官报告侦察结果。但实际上战场上可供起降的场地并不多，为此人们发明了情报空投装置，观察员可以将书写好的情报从飞机上直接投送到相应部队指挥所附近。但这种方式也不保险，许多情报不是被风吹走"失踪"，就是挂在树上或是陷入沼泽。有些部队又制定了一套飞机"动作信号"，可在天上"搔首弄姿"的飞机发送的信号常常被误读。1915年，人们开始为飞机加装无线电，这样观察员就能将情报以摩尔斯电码方式直接发回地面，解决了空地通讯问题。

当时的侦察机通常搭载两个人：一名飞行员和一名观察员。观察员负责记录和绘制看到的地面情况。最初观察员并没有携带相机，他们的任务是目视观察，要一边观察地面上敌人的堑壕布局，找出地面上的机枪和火炮阵地位置、数清铁路线上的军列数量、估算敌人的人数、目测敌人的火炮口径，还要一边迅速地把这些信息记录在纸上和标注在地图上。遗憾的是，没人有鹰那样敏锐的眼力，在快速飞行的飞机中，要想很好地完成这些工作，除了极个别的"精英观察员"，其他人都难以做到。

在敌人头顶上进行侦察飞行，观察员和飞行员都必须时时提心吊胆，虽然当时还缺乏专用的防空武器，但各种武器却都能用来招呼原始的侦察飞机。此外观察员还得始终注意躲在太阳的辉光里，避免被对方发现，这样他们就难以全身心地观察地面。

不久，终于有一名英国观察员厌倦了拿着笔纸在抖动且寒风凛冽的座舱里绘图，大着胆子端着相机飞上了天，直接从空中拍下敌人的防线。结果发现这样获得的信息更为准确，侦察工作也变得简单。这个好主意很快被参战各方"拷贝"并施行。1915年新夏佩勒战役中，交战双方所使用的地图无一例外都是依据航空侦察照片绘制的。到一战末期，英军每月拍摄的航拍照片达数万幅，分发到各级指挥人员的航拍照片更是高达上百万张。1918年时德军每隔两周就会用航拍摄影的方法对整个西线战场进行一次侦察。当时德军装备有大约2000部航拍照相机和100部自动摄影机，每天拍摄的航拍照片多达4000幅。战争结束后，英国估计自己在4年中至少拍摄了50万张航空照片，而德国拍摄的航空照片如果一张挨着一张排列起来，可以铺满相当于德国领土6倍的面积！航空侦察相机的性能也得到快速提升，战争末期，从1.5万英尺（约4572米）高度拍摄的照片上，已经能够清晰地显示出烂泥中的足迹。

航拍照片的判读和应用也变得更加专业化，人们已经开始用多幅照片拼接大幅航拍地图，并根据每天的补充侦察进行修正。到战争结束时，指挥官们已经离不开航空照相侦察，他们需要航拍照片来标定己方火炮射击和飞机轰炸的目标，还要依靠它来判断炮击和轰炸的效果。没有航拍照片，他们就无法准确获知敌军第一、第二和第三道堑壕以及交通壕的布局，更无法了解对手机枪和火炮的配置情况，所有这些全都要仰仗飞机上搭载的照相机。

飞机彻底改变了战争的面貌。然而这种改变最初却不是体现在许多人津津乐道的空中格斗，而是航空侦察。飞机出现后，两军交战地域基本上再无秘密可言，原本那些根本无法看到的重要情报，如物资的储备地点、进攻兵力集结地、侧翼迂回行动，甚至是战略转移行动，都一下子暴露在空中的飞机之下。对于嗡嗡作响的飞机而言，敌人的秘密就如同"一本打开的书"，飞机成了军队的眼睛。

侦察飞机飞到头顶之后，双方都变得十分难受，大规模的部队调动只能在夜间进行，以规避飞行在天上的镜头，而即便如此，对手也可能在空中投下照明弹然后趁着白昼一般的光亮按下快门。围绕着航空侦察与反侦察的需求，配备专用航空机枪的战斗机出现了，战场终于从陆地发展到天空。

从历史到今天

一战结束后，美国随即开始裁军。但当时军队中已经有人认识到未来航空侦察对国家安全的重大意义，此人名叫乔治·戈达德，只是一名中尉，他坚持认为美国应该继续开发航空侦察技术。后来戈达德调到俄亥俄代顿，专门负责航空照相技术的研究。戈达德全身心投入，不久即成立了莱特航空电器实验室。在这所实验室中，戈达德积极支持对红外侦察相机和长焦镜头侦察相机的研究，这两项技术在二战中都发挥了至关重要的作用。很少有人注意到，当时美军作为远程航空侦察平台开发的代号为A、B、C、D的4种飞机，几经修改后最后成了B-17、B-24、B-19和B-29。除了B-19外。其他3种都成了著名的轰炸机，而它们最初的开发动因，却全都是为了窥视敌人。如果不是因为航空侦察的需要，这几项设计也不会早早出现在绘图板上，自然也就不可能在二战中担负起历史使命。

二战爆发前，德军总司令弗立契（Werner Von Fritsch）上将就说过这样意味深长的话："拥有最好的航空照相侦察能力的军队将赢得下一场战争。"第二次世界大战中，交战各方都竭尽所能将航空侦察手段应用到极致。航空侦察部队有时会以无线电通信、书面报告或航拍照片的形式直接向师、军级指挥机构报送情报，以供指挥官规划和实施作战任务。此外，轰炸前的任务策划以及轰炸后的毁伤效果评估，都需要航空侦察作为手段。通过航空侦察，指挥官能够发现战场上敌人的补给线路和援兵介入方向，据此可以予以切断和阻截，营造出有利的局部战场态势。

1939年，英国空军军官柯顿和朗博特就提出，航空侦察所用的飞机应该飞得更高更快，这样才能有效规避敌人的探测和拦截。尽管这种观点今天已为人所公认，但在当时却十分难得。他们建议把"喷火"战斗机的武器和无线电拆掉，装上附加燃料箱和侦察相机，改造成为"喷火"PR型侦察机。实践给了"喷火"PR最佳的证明，它是一款相当优秀的航空侦察平台，让英军有了更敏锐的"眼睛"。此后英国陆续将许多其他型号的飞机改造成侦察机，其中包括著名的德哈维兰"蚊"。

没有航空侦察，英国人几乎不可能成功围歼德国战列舰"俾斯麦"。1941年5月18日，"俾斯麦"在"欧根亲王"重巡洋舰伴随下从波罗的海沿岸的格丁尼亚起航。英国人早在关注这两艘军舰的动向，并发现近期德国空军针对北大西洋的

1942年11月27日，为了不让法国海军残存的舰队落入纳粹德军之手，法国舰队在土伦自毁并自沉。28日英国皇家空军对土伦实施了航空照相侦察，照片中许多舰只仍冒着浓烟。经过情报人员判读，照片中几艘主力舰均被验明正身：最左侧是战列舰"斯特拉斯堡"号（曾爆炸并已坐底），紧邻"斯特拉斯堡"的是重巡洋舰"科尔贝尔"号，再向右依次为"阿尔及尔"号重巡洋舰和"马赛"号轻巡洋舰。这张照片表明，法国本土的主力舰已损失殆尽，不会再对盟军构成威胁

二战中德军侦察机拍摄的那不勒斯港内盟军运输船只锚泊情况的侦察照片。判读人员在照片上为每艘船编了序号，甚至测算出了一些运输船的吨位。对于在以前的轰炸中损毁的盟军运输船也做了标注

航空侦察频率明显加大，据此推断两艘德舰正寻机突破封锁进入大西洋。两天后，英国驻斯德哥尔摩海军武官接到报告，称"俾斯麦"正穿越卡特加特海峡驶向北海。次日挪威抵抗组织成员发现，两艘德舰出现在挪威南部海岸附近。英国迅速从苏格兰威克派出两架侦察型"喷火"，对挪威海岸进行搜索侦察。5月21日下午1时15分，飞行员萨克林发现了锚泊的"俾斯麦"和"欧根亲王"，并从2.5万英尺（约7619米）高度拍摄了航空照片。凭借这些照片情报，皇家海军正式拉开了为"胡德"号复仇的围歼大幕。

1942年，英国情报机构获悉德国正在佩内明德开发一种秘密武器。经过精心准备，英国在1943年6月23日对该基地进行了一次航空照相侦察，侦察机拍摄的照片让英国人第一次清楚地看到了V-2弹道导弹，照片准确地记录了试验基地的各种设施以及防空火力的部署情况。1943年8月17—18日，英国派出轰炸机对佩内明德基地进行轰炸，由于已经获得了精确的航空侦察影像资料，英军不再是狂轰滥炸，而是精心选择了关键设施作为打击目标。轰炸之后，英军又派出侦察机进行航空照相，用以评估毁伤程度，结果发现取得了十分理想的轰炸效果。

1944年6月诺曼底登陆行动的成功同样离不开航空照相侦察。早在最终选定

抢滩登陆点之前的两年时间，盟军就拍摄了大量法国北部海岸的侦察照片。照片判读人员在分析室内花费了大量时间研究这些照片，他们找到了几乎每一处德军炮兵阵地、碉堡、铁丝网障碍物和堑壕。在信息资源方面，情报人员已经洞穿了纳粹精心构筑的"大西洋壁垒"。

二战极大地刺激了航空侦察技术的进步。早在1940年法国战役中，皇家空军观测机飞行员就已经发现，使用旧式的轻型观测机已经很难在德军高速战斗机把持的天空下执行侦察任务。美军筹备战争的过程中，曾考虑过使用英国"莱桑德"轻型观测机，但皇家空军方面的回应是，战术侦察机应该具有更快的速度和更强大的武器。据此美国人了解到，在己方没有空中优势的地区，侦察机的技术要求变得更为苛刻。

1944年6月7日，盟军在诺曼底行动中拍摄的侦察照片。图为前期实施突入敌后控制战略要地的空降部队着陆场，可见画面右侧有许多着陆的英国"霍萨"运输滑翔机

二战中美国最为重要的侦察机之一是F-4，这可不是"鬼怪"，而是洛克希德P-38E改装的侦察型。它的机载武器被拆掉，换成了4台高性能K-17航空侦察相机。到1942年3月，美国赶工改装出大约120架F-4和F-4A，并于4月交付驻澳大利亚的第8航空照相中队。所以说，最早参战的P-38其实是侦察型的F-4。装备着三镜头侦察相机的P-38在航空地图测绘方面发挥了重大作用。战争后期，它们还到处搜寻德国导弹发射设施，航空兵则凭借这些信息发动打击。联想到海湾战争中美军凭借航空侦察手段屡屡寻获伊拉克"飞毛腿"导弹发射车并予以摧毁，可见航空侦察的重要地位一直延续至今天。

F-4的航程很大而且速度较快，可以在高空飞行，这对于航空侦察非常有利。1942年下半年，洛克希德还利用P-38G改装制成了96架F-5A侦察型。在前线，指挥官们对战场情报的期盼远大于干掉几架敌机，于是乎不少P-38在战地被拆掉武器换上了相机，担负起侦察任务。战争后期，美国又利用P-51"野马"改装成F-6侦察型，成为当时航空侦察的中坚力量。二战后，美军又先后将马丁B-57、B-47等喷气式轰炸机改装为航空侦察平台。侦察平台从此进入喷气时代并向高空高速方向快速发展，其巅峰产物便是SR-71和U-2。

1962年，古巴导弹危机是航空照相侦察重要性的形象说明。1962年10月14日，两架美国空军U-2侦察机飞临古巴上空侦察。通过研究拍下的照片，美国发现古巴部署了苏制弹道核导弹，距离美国海岸仅90英里！总统肯尼迪立即下令全军进入警戒，并继续派出U-2和RF-101对古巴进行连续侦察。为获得苏联导弹部署的详细证据，RF-101有时甚至冒险低空进行航拍摄影。10月22日，肯尼迪总统在获得了确凿的照片证据后，公布这一事件，并下令对古巴实施海上封锁。与此同时，美国空军飞机对古巴及其周围水域一刻不停地进行航空侦察和监视，为美国海军提供了前往古巴的大量船只的数据和信息。10月27日，美国空军少校飞行员安德森驾驶U-2在古巴上空执行侦察任务时被地空导弹击落丧生，美苏关系骤然紧张，战争一触即发。次日，苏联领导人赫鲁晓夫在美军强大军事压力下，被迫同意将弹道导弹迁出古巴，连同一起迁出的还有在古巴组装的中程轰炸机。在苏联撤出导弹武器的同时，美国U-2和RF-101一直监视着他们的行动，直到确认美国国家安全的威胁已经彻底清除。

此后近50年时间里，航空侦察一刻也不曾远离战争。在2008年的俄格冲突中，俄罗斯空军损失了一架图-22"逆火"，当时这架飞机正在

▶ 20世纪50年代，美军战术情报人员正在展示RB-57侦察机用K-37航空侦察相机拍摄的胶片。他们旁边的建筑物为"第117战术侦察中队照相实验室"

▶ 1962年10月17日，美军拍摄的驻古巴苏联导弹基地航空侦察照片。上面详细标注了各部分设施的用途和名称，还标注了导弹的概略尺寸

执行航空侦察任务。即使在平时，航空侦察也发挥着重要的情报获取和搜集作用。一点儿也不夸张，就在我们头顶，随时可能有注视大地的眼睛。

倾角的问题

军事航拍照片主要可以分为两大类型，即垂直航拍照片和斜向航拍照片。这两种照片的类型取决于拍照时照相机相对于目标地域的位置。

古巴导弹危机中对航空侦察照片进行判读和分析的美军情报判读中心。图中左侧为低空航拍照片判读区，右侧为高空航拍照片判读区。判读人员通过卷片器直接对底片进行判读，有价值的底片会安排洗印，供高层决策参考

垂直航拍照片是相机与目标地域完全垂直或接近垂直拍摄的照片，通常我们把相机镜头中心轴线铅垂线夹角不超过3度的航拍照片称作垂直航拍照片。此时相机镜头轴线与地面基本垂直，拍摄地表面积相对较小，被拍摄地域在照片上呈现正方形或矩形。由于以纯俯瞰方式拍摄，地面的景物会以平时并不常见的面貌出现，判读难度相应增加。如果地势较为平坦，垂直航拍照片上的距离和方向精度可以接近地图精度，能直接用来指挥行军和作战。倾斜航拍照片是指照相机轴线和铅垂轴线呈30度角时拍摄的照片。倾斜航拍照片常常用来在发起空袭前研究目标地域，代替侦察和地图，也可以作为地图的补充。和垂直航拍照片不同，倾斜航拍照片取景的面积相对较小，照片上呈现的拍摄地域会由于景深原因出现近大远小的形变。相比垂直航拍照片，倾斜航拍照片就像是站在小山或楼顶上眺望远方，拍摄的地面景物外观更容易识别。在倾斜航拍照片上，整幅照片没有统一的尺寸比例可供参考，拍摄地域上的距离也无法测算，地面上原本平行的两条线也会不再平行，方位也无法准确判定。

大倾角航拍照片是指相机镜头轴线与铅垂线呈60度甚至更大角度时拍摄的航拍照片。这类照片的军事价值相对有限，但在战争时期，大倾角航拍照片可能是唯一能够获得的情报照片。通常这类照片能够覆盖相当广阔的地域，拍摄的地域

凭借空中侦察优势，美军在1991年海湾战争中牢牢掌握了战场信息主动权。伊拉克军队的撤退行动同样没能逃过美军侦察机的监视，随之而来的空袭把伊拉克幼发拉底河谷的这条公路变成了"死亡公路"。请注意这张记录摧毁结果的照片也是从一架直升机上拍摄的

是梯形。照片的判读难度因拍摄高度而异。

胶片的类型

航空侦察的常用胶片通常有3种类型，即全色胶片、红外成像胶片和彩色胶片。全色胶片和普通相机的胶片相同，它以从白到黑的灰度色阶方式记录物体反射光线的强度，历史上大部分航拍侦察照片都是使用全色胶片拍摄的。红外胶片是一种红外感光胶片，用它拍摄的照片可以分辨出某些人造伪装物，在夜间也能拍摄有红外辐射的物体。彩色胶片在历史上并不常用于航空侦察摄影，因为使用它需要晴朗良好的天气，冲洗也需要更长时间。

二战时期还出现了彩色红外成像胶片，这种胶片采用三种能感受近红外辐射的感光乳胶制成，能对地面植被的叶绿素成像，照片上自然植被往往呈现偏红的颜色，而人造物体以及人工伪装物则会呈现偏蓝或偏紫的颜色。因为采用了黄

色滤光器，这种胶片可以透过薄雾拍摄到不错的侦察照片。由于能有效识别出伪装物，因此彩色红外成像胶片在军队中又被称作"伪装侦察胶片"。发展到今天的彩色红外成像胶片可以对各种叶绿素含量不同的植物形成不同的色调，研究人员可以据此区分地面的植被，比如阔叶林和针叶林。这种胶片可以帮助人们监测树木病虫害以及干旱状况。

关于细节

侦察机还会拍摄航路侦察照片。拍摄航路侦察照片时，侦察机会按照指定的航路飞行，侦察相机会根据飞机的速度进行设定，每隔一定时间拍摄一张，原则是各照片重叠部分应该占到拍摄面积的60%左右。如果单张航路照片的幅宽不足以覆盖目标航路的宽度，侦察机还会再飞一次并行航路，两次航路保持平行，其间隔以照片横向重叠20%为宜。如果是广角宽幅航拍，横向重叠应为30%左右。这类航路侦察照片可以提供目标航线上的所有地面信息，侦察人员通过立体目镜，可以获得重要的军事信息。如果是对预定轰炸航路进行航路拍摄，那么就可以对沿途敌军的防空火力配置、战斗机部署以及通信设施做到"心中有数"，据此可以测算出所需护航兵力的规模。

如果把多张垂直航拍侦察照片拼接起来，那么就能获得一张巨幅马赛克侦察照片，专业人员有本事完成这项复杂的工作。马赛克照片能够提供广大地域的高分辨率侦察照片，具有重要的军事战略用途。拼接马赛克航空侦察照片有两种方式。最为简单的就是无控拼接法，其具体做法就是直接把多张垂直航拍照片凭借地貌信息特征叠加拼接起来，一般只要保证地貌相接即可。这类照片可以满足一般的敌情侦察需要，但其中会包含误差信息。产生误差的原因是由于实际拍摄时获得的照片在比例尺和方向定位上存在差异，各张照片在边缘部分也会存在景物变形。要想获得足够精准的马赛克侦察照片，就必须对垂直航拍照片进行修正，修正的依据，是对拍摄地域的实际勘测。如果条件允许，可以对每张照

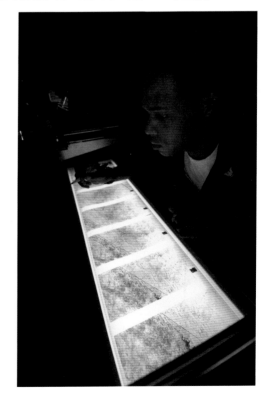

美国海军情报技术人员正在判读航空侦察照片，这类人员需要很强的专业素质，还要足够耐心和细心

第二次伊拉克战争中,美军士兵在进攻前研究费卢杰的航拍照片。今天这类战术用航空照片完全可以通过无人机获得,而且不再需要等到无人机返航,一切影像信息都可以实时传递

片的拍摄地域设置多处勘测点,把实际勘测数据与航拍照片上显示的勘测点位置相对照,就能确定每张照片的实际比例尺,并对其统一进行方向定位。经过这样的校准,拼接出来的马赛克照片就有了足够的精确性。当然,此时有些地标可能反而不能良好衔接了,原因还是照片的边缘变形。

喜欢研究历史照片的朋友会发现,几乎所有的军用航拍照片底片上都会带有完整的标注信息,这是军事侦察部门的天职。从专业领域,一张没有标注或标注不当的航拍照片几乎没有太大的价值。二战时美军航拍侦察照片一般在上面标注索引标识信息,如137PS–3M109–11–V–121,这组数字能反映不少信息。137PS表示照片的拍摄者——美军第137航空侦察中队,3M109中的3代表拍摄时间为1943年(当时只用年份末尾),M109表示第109号航空侦察任务。11–V–121中的11表示胶卷号,V表示相机处于垂直位置(当时的三镜头航空侦察相机拍摄的照片上,V代表垂直位置,L代表左侧相机,R代表右侧相机。如果是五镜头侦察系统,则用A–E五个字母表示相机位置),121代表负片序列号。

除了这些标注,还有些专用于情报判读的标注信息。如果你看到一张二战航拍侦察照片上标有12:28:1330–12:20000–V–842S14826E–Buna New Guinea–

Confidential，那么也能从中获得不少信息。这里面的12:28:1330表示拍摄时间，即12月28日13时30分；12:20000中的12表示相机焦距长度为12英寸（约25厘米），20000代表拍摄高度2万英尺（约6095米）；V照例表示垂直相机（如果是45度倾角航拍，则会写成0–45°）；842S14826E代表的是照片中心的地理坐标——南纬8°42'，东经148°26'。Buna New Guinea–Confidential的意思再明显不过了，前者表示拍摄地域为新几内亚布纳，后者表示"机密"。

判读的铁律

航拍照片的判读是一门专业技术，需要遵循一定的科学原则，有时候还要仰仗判读者的灵感。从高空拍摄的照片上面的景物，和我们平日看到的并不一样，要把它们识别出来，并不是一件容易的事。在航拍照片上，物体看起来都十分渺小，而且形状也会产生变化。大多数航拍照片都是黑白的，景物的各种颜色信息全部会以灰度形式表现。总的来说，自然景物的颜色越暗，它在照片中也就越暗。

航拍照片的判读需要遵循5条原则。首先要注意物体的尺寸，照片上未知物体的外形尺寸可以通过照相取景地域的尺寸或通过与照片上已知物体尺寸的对比来判断，物体的外形尺寸是判断其属性的重要线索。例如在城市建筑密集区域中，较小的建筑通常是民宅，而较大的则是商业或公共建筑。航拍照片中物体的形状是判读的第二条重要依据，物体的形状包含有重要的判读信息。在航拍照片上，通常人造物体呈现出直线状或圆润的曲线，而自然物体则没那么规则。照片中诸如高速公路、铁路、桥梁、运河以及建筑物等常常是最为显著的人造物体。

第三条原则是千万别忽略了地面物体的影子。无论地面景物经过了怎样的伪装，影子仍然可能让它们露出马脚，因为阳光投下的样子会显示出其侧面形状的诸多特征，而侧面形状很容易帮我们做出正确的判断。一个比较鲜明的例子是高高的水塔或烟囱，从垂直拍摄的照片上，这些物体不过是一个小小的圆圈或一个小黑点，但细心的判读者却能从它们投下的较长的影子发现它们的真实身份。地面物体的影子越长，说明它们的真实高度越大。

色调或纹理也是判读航拍照片的依据之一。现在使用的航空摄影胶片中，除了那些特殊用途外，大多数都是全色胶片。全色胶片对所有光谱颜色都十分敏感，

2010年3月在阿富汗执行战术情报侦察任务的英国"狂风"GR.4战斗机。加挂专用的航空侦察吊舱后，获取高品质的航空情报特别是影像情报的任务就可以由更多的飞机来执行

能以不同的灰度色调加以呈现，从白色到黑色。物体的色调取决于其表面特征，一条平坦的公路表面较为光滑，在照片上呈现的色调比较一致，而新犁过的耕地或沼泽表面相当粗糙，其色调也就较杂乱或呈现颗粒状。记住，不同的航拍照片上相同的景物可能会呈现不同的色调，这取决于拍摄时环境光的强度。例如，一条河流或一个湖泊如果将阳光直接反射向相机镜头方向，则照片中它们会非常明亮，否则就变得较暗，其表面特征也可能会由于环境因素而变得光滑或粗糙。

单个地面物体的用途经常很难单独识别出来，却可以通过它与周围物体的相对位置加以判断。位于铁路沿线或附近的大型建筑物很可能是工厂或仓库之类的建筑，而拥有垒球场或足球场等设施的建筑则可能是学校。但即便如此，有些物体的识别还是相当困难，比如你很难分清铁路旁的水塔和农庄里的筒仓，这时就要看周围的铁路和耕地来加以判断了。

在研究垂直航拍照片之前必须先确定其拍摄方位。具体的做法并不复杂，首先要旋转照片，让照片中物体投下的日影指向判读者本人，也就是说判读者面对着自然光源——太阳的方向。如果不这样做，那么照片中物体的高度和深度关系可能就会颠倒。例如，一个露天矿坑或采石场可能会被误认成一座小山。

立体目镜

垂直航拍照片优点不少，但最为重要的缺点是缺少对于地势和物体高低关系的信息。这时候可以借助立体目镜来帮助判读，这种小镜子可以帮助判读者将平面照片转化为立体感很强的三维视图，使其容易判断物体的高度、长度和宽度。在许多战争片中，都能看到情报人员兜里的这个小东西。

飞机保持同样高度时，垂直连续拍摄的两张互有重叠部分的航拍照片就可以用立体目镜进行研究。这样的两张照片一般称为立体双片。用立体目镜观察这样的双片时，上面的树、建筑、山丘以及其他地貌特征会抬升成有点儿夸张的立体效果，这样判读者就能透过这薄薄的相片识破敌人的伪装，对交战地域进行深入研究，辨别该区域的飞机、战舰以及其他重要军事设施，当然还有对轰炸的破坏效果进行评估。

使用立体目镜时，先把两张照片平放在工作台上，横向部分叠压，让一张照片中的某些景物和另一张照片上的重合。然后将立体目镜放在照片上，把左侧的镜头置于左边的照片，右侧镜头置于右侧照片上。之后把两张照片向左右缓慢分离，在移动相应的距离后，就能透过立体目镜看到三维立体影像了，此时会看到照片中的山丘会突出画面，而山谷则凹陷下去。在三维立体影像中，照片中的景物特征更容易识别，判读精准程度大大提高。

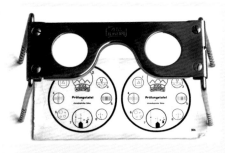

▶ 德国蔡司公司20世纪30年代出品的Aerotopo折叠式袖珍立体目镜，二战中曾被德军用于判读航空照片

▶ 使用立体目镜判读航空照片的研究人员

藏匿在镜头下

防空伪装

在航空照相侦察面前，军事行动几乎没有太多的秘密可言。为了对付高高在上的航空照相机，指挥官们必须考虑有效地利用自然和人工的手段进行伪装。对于兵力集结地域和机场这样的重要设施，精心的伪装变得特别重要。虽然第一次世界大战时期人们就开始尝试防空伪装，但直到二战爆发前，防空伪装技术仍然远远落后于航空侦察技术。1940年美军在一次大规模演习中，士兵们还趾高气扬地佩戴闪亮的钢盔，携带各种泛着金属光泽的装备行动，全然不顾逡巡空中的敌人的眼睛。此举引起了美军高层的高度重视，经过研究，决定将技术伪装的

二战爆发前，美国就已经在积极为国内重要工业和军事设施制定防空伪装方案。图为美国纽约大学的研究人员正在沙盘模型上优化伪装方案。当时的具体做法是，先通过航拍将要伪装的设施所在地区拍成照片，再据此制成细致的沙盘模型，再研究人员在沙盘模型上制作和"实施"伪装，最后将沙盘模型用俯瞰的方式再拍成照片，用来模拟航拍侦察的效果，看是否能够实现完美伪装

最初人们针对瞭望侦察的应对方式简单而原始,最直接的办法是用障碍物阻挡敌人的视线。图为一战时期英军在一条小路上设置的遮蔽屏障,它的用途是不让敌人的炮兵观察哨"看得太远"。但这种办法只能针对位于树上或高岗上的观察哨,对于飞艇和飞机完全无用

职能明确赋予工程兵部队。

1940年6月29日,美国战争部宣布,将开发用于伪装的技术、材料以及训练方法,并要求配属野战集团军的各工程营负责指导并检查整个集团军的防空伪装工作。也是在这一时期,工程部队开始全面推进防空伪装工作,要求所有的前沿炮位都要设置平顶伪装网。这种伪装网主体用渔网或编织网构成,通过阵地四周的立柱和绳索展开。网上还会设置大量的树木枝叶或麻布条,从空中看去,制作精细的伪装网会在质地、色彩乃至阴影上与周围的环境融为一体。对于车辆的伪装,最好的办法还是把它们开到建筑物里面。在没有建筑物的野战情况下,军用车辆也要力争分散,并为每辆车设置伪装网。这样即使无法将车辆全部伪装,这些零散的坦克、卡车以及其他军用车辆,也会让空中敌人难以准确判断其行军意图。美国战争部还专门主持开发了特制的溶剂,用来浸泡麻布条以及伪装网材料,能有效防止这类材料燃烧、发霉以及被虫鼠啃咬。单兵防空伪装也在这一时期列入美军研究日程,虽然研究部门开发了斑点图案的迷彩服,并要求士兵们用树木枝叶伪装自己的钢盔,但美军内部还有一些高级将领反对脱下笔挺的制服,换上带斑点和杂色的迷彩服,还说"任何一个有尊严的军人都不会愿意穿成那个

这是一门准备对空射击的一战德军76毫米野战炮，德军士兵用树木枝叶对它进行了伪装，乍一看上去很难分辨

样子上战场"。

二战初期美军还针对油漆和颜料的视觉伪装效果进行了研究，最终认为美国需要储备7到9种颜色的油漆。这些颜色中，橄榄绿色在各种环境中应用最广泛。1941年，美军用橄榄绿涂在木材、金属和织物等材料上进行试验，发现即使在颜色上与周围环境融合良好，但标准的油漆还是会发出明显的反光。而且这些油漆易于燃烧，使用时还需要松节油或亚麻油来稀释。在测试了诸多市场上现成的商品油漆后，美国工程部队认为，可以用水稀释的无光酪素漆最适于用来伪装。这种漆价格不贵，且伪装效果不错，不易燃，但在使用后最初数日怕雨淋，在室外储存时，冬季会冻结，夏季会发酸。由于酪素需要依赖进口，美国政府要求国内企业寻找替代品，最终找到了廉价的以松脂为原料的冷水油漆，这种油漆速干且易于存放。

红外照相技术出现后，一些普通的伪装方式宣告失效。通过红外滤镜和胶片，侦察者很容易识别出在红外特征上存在差异的物体——尽管它们在外形和质地上与真实目标十分相似。美军对此进行了针对性研究，发现利用自然界的树木枝叶制成的伪装材料是应对航空红外照相侦察的好办法，美中不足的是枝叶会逐渐枯萎，需要经常更换。为此美国农业部介入，开发了能延长枝叶保鲜期的药物，但枝叶伪装物的耐久性仍然不长。美军还专门开发了红外油漆，可以有效应对红外照相侦察。

二战中，美军对伪装物的使用深有感触。其中最为重要的一点是，大型装备的伪装物在设计时必须考虑使用的便捷性。作为步兵重要火力支撑的野战炮兵需要快捷的伪装方式，伪装物要容易设置和拆除，因为野战炮兵会频繁地更换阵地。美军最初的炮位伪装网搭建和拆除费时费力，炮兵们有时宁可冒着被敌机发现的危险也不愿意花力气设置伪装网。此外，高炮的伪装很难设置，因为高炮通常都

一战时一列经过伪装的德军列车，车上载运着当时的先进武器——坦克。虽然这些钢铁巨兽都披上了对空伪装网，但我们还是能够看出第一辆就是闻名一时的德军A7V重型坦克，而后面几辆则是德军俘获英军并加以利用的Mk I菱形坦克

要布置在有利于扩大射界的开阔地域，在敌机飞临时要迅速撤掉伪装转入战斗状态。几经改进，在借鉴英国经验的基础上，美国开发成功使用简便的火炮伪装网。这种伪装网根据不同季节可适用不同色彩的混合方案，配用预制的麻布条。

反映二战的纪录片和电影可以成为很好的旁证。我们会发现，几乎没人轻视防空伪装，各种装备都有自己的伪装网，士兵们也都穿着橄榄绿色的制服或迷彩服，请记住这些制服不仅仅是用来迷惑前方的敌人，还能迷惑天上的敌人。

二战前美军在弗吉尼亚贝尔福尔堡举行的演习中，一个勃朗宁M1917机枪组正在伪装网下准备射击，在实际战场环境中，这样的防空伪装网是非常奢侈的

二战中美军士兵正在用树木枝叶伪装作战飞机。从外形上看，这应该是一架P-40

完美到艺术化程度的美国西雅图波音工厂厂区伪装，整个工厂被装扮成了一个味道十足的街区

从5000英尺（约1600米）高度拍摄的西雅图波音工厂厂区，你能分辨出来吗？

完美伪装

用伪装方式欺骗敌人的航空侦察并不是什么新鲜玩意儿。早在一战时期，人们就已经开始将一些军用装备和小型设施加以伪装，以躲避航空侦察。到了二战时，伪装技术的进步已经可以让一座大型工厂在敌人航空侦察的镜头下遁迹。

太平洋战争爆发后，位于美国西海岸的洛克希德和波音飞机制造厂很快就披上了伪装网。按照当时最坏的估计，美国人认为日军飞机很可能对这些战争工业目标实施空袭。其中最为成功的伪装堪称波音西雅图工厂，波音公司聘请了好莱坞舞台布景设计师戴特莱帮忙策划伪装方案，整个厂区采用了精心设计的防空伪装网，屋顶上甚至还设置了诸多用伪装网、胶合板和其他材料制成的假房子和假树，伪装网上利用不同的颜色制作出纵横交错的假街道，与厂区外围的真正街道构成衔接，覆盖面积近26英亩。从上方看去，硕大的厂房看上去颇似一个再平常不过的居民社区。这种伪装的效果在战争中没能得到检验，因为没有日本飞机来过。

二战中苏联也曾经成功实施过大型目标的防空伪装，其代表作就是对克里姆林宫的伪装。莫斯科战役中，苏联人做好了最坏的打算，连列宁遗体都被从墓中迁出转移，以防落入德军手中或被战争毁坏。但作为苏联领导人办公地和俄罗斯重要文化财富的克里姆林宫却无法挪动。1941年7月22日，127架德军轰炸机空袭了莫斯科，也给克里姆林宫造成了轻度损坏。为了避免克里姆林宫再遭轰炸，苏联为克里姆林宫制订了一套精巧而复杂的防空伪装措施。他们在克里姆林宫内的空地上搭建起假房屋，给宫殿独特的屋顶涂上颜料，使它们和周围的城市街区混为一体。

面对盟军的轰炸，德国人想尽一切办法对自己的工厂和重要设施进行伪装，惯常的方法是采用伪装网和施放烟雾。为了掩护炼油厂，德国人甚至还在炼油厂附近建造了假炼油厂来迷惑盟军，用废油燃起熊熊火焰，这种做法一度非常有效。

实际上，要想伪装工厂这样的设施，浩大的工程并不是唯一的麻烦。要想收到良好的效果，有一个十分必要的前提，那便是敌人在进行航空侦察照相前，手里没有该设施的航拍照片或其他可供参考的照片，一旦有了这些参照材料，即便

采用了防空伪装的美制AN–TPS–43战术三坐标对空搜索雷达

二战中采用大规模防空伪装措施的莫斯科红场及克里姆林宫。请注意广场上人工绘制的"屋顶",从天上看很容易让德军侦察人员误认为这里是一片布满建筑的街区

是进行伪装,也难以保证蒙混过关。

如此巨大设施的伪装相当困难——桥梁、河流、街道等其他参照物仍然存在,敌方仍然可以通过这些参照物判断出目标的真正位置。要达到良好的伪装效果,就必须把目标周围1.5千米范围内的全部重要参照物进行伪装,才可能有效干扰敌方的目标判断。只要能让敌方投弹手投弹时有10秒的误差,就意味着炸弹可能错过整个目标。要达到这个效果,必须设法用伪装来"变换"目标的外形尺寸或位置,可以在真实目标500米外的公路路口旁边建造一座和真实目标非常相似的工厂,引诱敌人把炸弹投向毫无意义的假目标。

二战初期,即便伪装做得非常到位,也难以保证不被炸弹招呼。原因很简单,当时投弹技术造成的炸弹实际落点和瞄准点间存在巨大的偏差。战争初期美国轰炸机投下的炸弹中,只有40%会落在以瞄准点为圆心、半径330米的圆周内,其他60%的炸弹都只能落在圈外。这些炸弹会炸中目标区周围的东西,这样一来伪装也就失去了应有的价值。到1943年末,随着轰炸瞄准技术的进步,投弹的60%已经能够落在目标周围半径330米的圆周,此时伪装的效果才真正凸显出来。

随着投弹精度的逐渐提高,防空伪装的价值也逐渐显现。伪装措施每造成敌人投弹时机一秒钟的偏差,就意味着弹着点至少要偏离70米以上。在8000米高度上透过投弹瞄准具观看地面的投弹手是没办法在观看航路前方情况的同时注意左右两侧的地貌的。通常投弹手在获得准备投弹指令后，只有120秒时间完成进入轰炸航路和瞄准。如果轰炸机群领队机上的投弹手选择投弹时机出现10秒偏差——而其余轰炸机都会以领队机投下的发烟弹作为瞄准基点——这就意味着整个机群的投弹时机会完全错误，目标就能得以保存。

假目标的故事

除了被动地用伪装物躲起来，制造假目标对敌人进行迷惑，以此掩护和保存真正的目标，也是针对航空侦察的一种不错的办法。

从天上向地面看去，由于观察角度和距离的原因，更由于在敌方空域飞行时的紧张感以及并不轻松的操纵负荷，飞行人员对地面目标的识别并不轻松，即使是能够拍成照片送回后方进行判读，对于一些小型目标的识别依然存在困难。这种情况下，一些利用廉价材料制成的假目标，就可能被误认为是真正的"有价值目标"，从而能够起到转移敌人注意力，掩护真正目标的作用。如果应用的好，假目标甚至还能作为诱饵来猎杀那些粗心大意的敌机。

二战前，美国只是被动地准备战争，军方对用于迷惑敌人、减少空袭损失的假目标进行了研究，并通过演习对其效果进行验证。试验证明，假目标对敌人空中侦察以及轰炸具

1945年，遭盟军轰炸后的德国慕尼黑。可见被毁坏的国王广场上就有人工绘制的"屋顶"。在成百上千架轰炸机以摧毁一城工业潜力为目的的轰炸中，这类的重点防护伪装几乎不起作用

有良好的迷惑效果。当时美军最为简易的假飞机的制作方法是，把一块裁剪成飞机俯视投影形状的麻布铺在地上，这会让高空侦察的敌人误以为是停放在地面的飞机。这种假目标可以将敌人的注意力从真正的飞机上转移，浪费和消耗敌人的侦察资源，甚至能作为诱饵陷阱。当然，敌人也不是傻子，一般的判读人员都知道利用阴影来判断景物的真实性，如果只是铺上一块飞机形状的布，那很容易被识破。为了模拟飞机投下的阴影，美军的破布假飞机下通常还会再铺一块同样形状的黑布，并与上面的"飞机"略微错开，从空中看起来与阴影无二。这种破布飞机对700米高度以上的敌方侦察机比较有效，但要想成功迷惑航空侦察相机，地面人员必须根据太阳位置的变化经常调整破布"影子"。后来美军进行了改进，干脆直接把飞机形状的平板假目标架设在有一定高度的架子上，这样一来，影子就不必再频繁调整了。

　　假目标更多的时候是就地取材。"飞虎队"投入中国抗日战场后，中国军民

第二次世界大战期间，中缅印战区几个工人正忙着用竹木"伪造"一架美制柯蒂斯P-40战斗机，这是当时"飞虎队"的标配。"飞虎队"用这样的假目标转移日军注意力，以此保护真正的战斗机

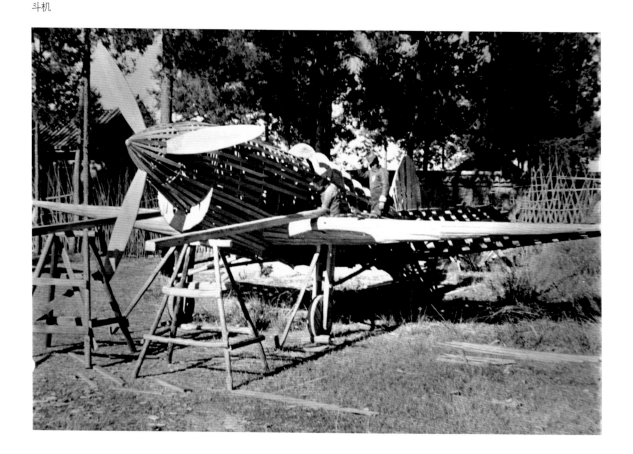

曾应其要求参照柯蒂斯P-40C"战斧"制作了不少假飞机。南方多竹木，军民们就用竹木制成"飞机"骨架，然后外覆帆布，再绘上和真飞机相同的涂装，几可乱真。日军侦察机航拍侦察之后，发现进驻战区的美制P-40战机竟然有近千架之多，一时让日军担忧不已。而实际上当时"飞虎队"的总兵力不过数十架飞机。日军偷袭珍珠港之后，为了遏制日军可能对美国西海岸发动的空袭，美军在加利福尼亚一些机场上搭建了大量假飞机，希望飞临的日本侦察机能看到这支"庞大的重型轰炸机部队"，它们将给驶近美国海岸的任何敌方舰队造成毁灭性的打击。实际上这种"吓阻假目标"并没有发挥什么作用，因为日本无意进犯美国本土。

假目标只是一种辅助手段，不是总那么管用。地面上飞机的伪装效果，很大程度上依赖于机场本身是否得到了良好伪装。为了隐蔽机场这类大面积目标，工程技术人员想出了种种办法，他们按照分散和伪装的准则，将大面积的机场和跑道打乱分割成许多小块，并与周围的其他地表特征混合起来。机场附近的维修车间也被伪装成农庄建筑的样式，机场边缘则搭起了平顶伪装棚和沙袋机库，用来分散存放军用飞机。条件允许时，工程兵甚至会在距离真正机场一定距离的位

二战中日军在关岛战役中设置的高炮假目标，不过由于美军占据绝对空中优势，基本没发挥太大作用

置，搭建一座逼真的假机场，用来吸引敌人的注意和炸弹。

早期军用假目标的制作还没有实现"产业化"，军方没有专门的人员和足够的时间来制作假目标，许多时候只能利用手里的临时资源。制作假飞机最为廉价的方法是在地面上挖出一个和飞机上投影完全相同的浅坑。这样的浅坑从空中看去很容易让人误认为是停放在地面的飞机。

二战中英国曾饱受德军空袭之苦，因此对假目标非常重视。英国人的假目标制作较为专业，他们充分利用了电影企业的专业道具、布景人员和技术，制作出一系列假飞机，有"喷火"、"飓风"、"威灵顿"、"惠特利"和A-20"浩劫"等。利用这些飞机和机库、油料库和弹药库等其他假目标，英国人组合出逼真的"机场"，并把这样的假机场布置在真机场附近，像对待真机场一样对其进行伪装，屡屡成功迷惑德国轰炸机，使其徒费许多弹药，有效保护了真正的机场。

假目标的设计制作没有太多技术含量，德国人也曾在战争中使用。战争初期，德军就在巴黎郊外建造了一座假机场，上面布满了假飞机，周围却布置有真正的高射炮。英国人很快发现了这个机场，并趁夜进行空袭。英国轰炸机在假目标上空投下了炸弹，德国高炮猛烈开火，击落了一些英国飞机。英国飞机一走，德国人立即修复了假机场。得到"机场已被修复"的消息，英国人决定再次空袭，结果这次空袭中，英军又受到了损失。后来英国人通过情报工作，弄清这个德国机场的真面目。明知是假机场，恼火的英国人却决定进行第三次空袭，这次英国人派出的是携带炸弹的战斗机。空袭依然趁夜开始，英国飞机高速从低空掠过并投下炸弹，在四周瞄着高空守株待兔的德国高炮一无所获。德国人十分奇怪，英国人投下的炸弹为何没有爆炸？次日，德军走出掩体检查"机场"，却发现英国人投下的炸弹竟然是木头制成的！

日军也十分善于利用假目标达成战术目的。在二战的太平洋岛屿争夺战中，日军还在岛上设置过许多假高炮阵地，这些"高炮"就是用几根圆木搭建而成，从外观上说也不可谓不像，但可惜此时拥有绝对空中优势的美军已经不管真假，密集的炸弹把真的和假的一同炸掉。日军曾制作过不少精致的假飞机，这些飞机利用草木编制而成，即使低空飞行的飞机也难以识别真伪。

现代假目标的技术含量已经今非昔比，有些假目标除了外观和真正的装备颇为相似外，其红外信号特性也和真家伙相差无几。必要时，假目标还可以装上专用的雷达反射器，给敌人的探测雷达造成足以乱真的反射回波信号。此外，还可以安装红外热源，迷惑敌人的被动红外探测设备。现代假目标有充气类和框架类两种，充气类假目标实际上就是具有特殊形状的气囊，在充气后能够模拟坦克、车辆、飞机、火炮等装备的外形；与之相比，框架类假目标更为简单，就是利用高分子薄膜材料和金属骨架构成，但其仿真效果通常略逊于充气假目标。现代假目标必须具有两个基本特点，首先，其造价要低廉，适于大量生产；其次重量要轻，设置快捷，可以根据需要迅速在指定地域进行设置。现代航空侦察技术已经今非昔比，但假目标在现代战争中仍然有着不可忽视的作用，它们常常能用自己颇为"传神"的外形迷惑敌人，干扰敌人的正确判断。

瑞典一家专门制造假目标的"梭鱼"公司曾在广告中说，"我们制造的'喷气式飞机'每被击中一次，就会为您节省数百万美元"。实际上，这种说法并不全面，利用假目标，可以有效地保护真正的高价值目标，或者诱使敌人做出错误的判断，获得战术上乃至战略上的积极效果，这才是假目标的真正价值。

现代战争中，人们仍然利用各种假目标误导敌方的航空侦察行动

鸽子领航员
与蝙蝠纵火犯

斯金纳教授和他的
鸽子在一起

20世纪40年代初，美国哈佛大学教授、著名心理和动物行为学家斯金纳（B.F. Skinner）与美国陆军合作，启动了一项极富创意的武器工程——开发以鸽子作为制导装置的"灵巧武器"。斯金纳认为，通过训练调整反射行为，鸽子完全能够操控一枚炸弹或者导弹飞向预先设定好的目标。斯金纳不愧是大师，经过一番努力，通过使用受过训练的鸽子和控制机构，斯金纳和他的团队终于开发成功了一种精确制导武器，这反映了可控条件反射的巨大力量。

斯金纳早就发现，包括鸽子在内的动物原本的行为方式都是自然的，但如果通过施以奖励或惩罚，这些行为方式就会得到强化或抑制。以这一理论为基础，斯金纳率先对一些鸽子展开基础训练，训练的内容是，让鸽子啄取面前屏幕上的一个大黑点，只要鸽子啄到了黑点，便会有食物作为奖励。如果鸽子通过了这一阶段训练，便可展开高阶训练。这次屏幕上的黑点变成了能运动的目标，鸽子只有不断啄击左右移动的黑点，才能保持黑点始终处于自己正前方，当然也一样能吃到食物。这一阶段的训练结束后，鸽子就真的可以作为武器导引头使用了。

斯金纳还亲自为导弹专门设计了头锥，锥体内部有3个小窗，鸽子能通过小窗看到外面的景物。在鸽子喙部靠近鼻孔部位佩戴一个小型金属部件，专门用来监测鸽子的啄取动作，通过鸽子啄取的窗口以及窗口的部位，飞行控制系统把它变成修正信号，让导弹不断修正弹道，径直飞向目标。

通过训练的鸽子，当然得是捆好的老实家伙，会通过不停啄食动作保证目标——不管是最初的一个大黑点也好，还是后来的一艘军舰或其他什么东西也罢，始终保持在3个窗口的中央位置。虽然对这一方案存在一大堆问号，国防研究委员会还是划拨了2.5万美元（相当于今天的32万美元），用于研究。即便得到了官方资金支持，斯金纳的想法还是被认为疯狂，美军高层几乎没有谁把它当真。

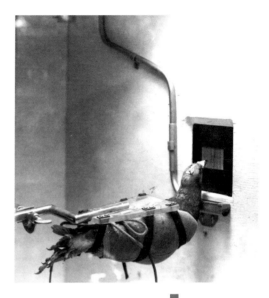

鸽子在接受啄击-取食反射训练，这一反射动作将变为控制信号传送给导弹控制面，操控导弹精确飞向目标

在模拟实验中，鸽子凭借它那图像信息处理能力超过人类3倍的大脑，显示出作为武器导引头的巨大潜力——一旦训练完成，它们能指引导弹径直飞向目标，在模拟实验中极少错过目标！（这道理很容易理解，人家天生就是飞的，你啥时候见过鸽子找不到家？）尽管如此，鸽子导弹计划还是在1944年10月宣告取消。因为陆军决策者认为，继续投入资金和时间会影响到其他研发项目的进展，而其他项目显然能更快地投入使用，距离成功更近。当然，从心理上，高级军官们的确还不大放心将一枚导弹的控制权交给一只鸟。正如斯金纳所说，问题的关键不是这一系统在模拟测试中是否起作用，而是在于"没有人把我们的系统当作严肃认真的事儿"。

鸽子导弹的事儿还没完。1948年，海军又把这一方案翻了出来。这次方案被重新起了个代号Project Orcon，意即"有机控制"，然而1953年再度取消，因为此时电子制导系统已经开始出现。无论如何，鸽子计划最终被取消，对鸽子而言

斯金纳教授为鸽子导弹研制的导引头，可以清楚地看到三个小型视窗

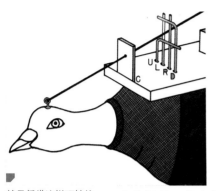

就是凭借这样巧妙的电路设计，斯金纳成功将鸽子啄击动作转变为制导修正信号。这是修正信号电路原理示意图

美国人为蝙蝠炸弹研制的带自动开启机构的炸弹箱

绝对是件大好事儿。

蝙蝠炸弹则是二战时期美国另一项大胆的试验项目。这一项目的最初发起人是牙科医师莱特尔·亚当博士（Lytle Adams）。他设计的蝙蝠炸弹包括一个炸弹形的外壳，里面装有多个子弹箱，每个子弹箱装有一只墨西哥松尾蝠。每只蝙蝠身上都固定有一个小型燃烧装置。外壳带有制冷装置，目的是降低蝙蝠的体温，使其进入冬眠状态，直到黎明前它们被从飞机上投下。投下后，炸弹会打开减速伞，减缓下降速度，然后弹壳打开，释放出里面的蝙蝠。

蝙蝠在阳光下一定会寻找阴影中的栖息地，比如阁楼什么的，这样当它们被释放后，就会立即设法找个阴凉的庇护所。美国人的想法是，如果蝙蝠身上的定时燃烧弹同时起爆，那么就会给一个城市酿成巨大的火灾。由于蝙蝠栖息地的特殊性，这些起火点在最初甚至不会被发现，一旦发现又难以迅速到达和扑救。这样的炸弹对付日本会特别有效，因为日本的房子大量使用木竹材料。投下数千颗蝙蝠炸弹，既能造成重大破坏，造成的平民伤亡又会比常规炸弹少。

虽然这一计划看似牵强，但美国仍然同意发展，主要基于如下考虑：首先，蝙蝠数量足够大，新墨西哥洞穴里随便就可以抓到数百万只；其次，蝙蝠可以携带比自身重量重得多的物体飞行；再次，蝙蝠可以冬眠，而在此期间不需要食物和水；最后，蝙蝠可以在黑暗中飞翔，它们会在旭日升起时找个僻静的地方躲起来。

试验表明这一设计很成功，可惜表现的方式糟糕了一些。在测试过程中，一些携带燃烧弹的蝙蝠意外逃脱，结果导致用作测试场的卡尔斯巴德陆军航空基地大半被烧毁。美军估计，一架B-24携带标准燃烧弹一次空袭可以在一座日本主要城市造成167～400起大火，而用蝙蝠炸弹则可能造成3625～4748起火灾！10架B-24"解放者"就能携带104万只蝙蝠，每只蝙蝠身上都携带一枚17～28克的燃烧弹。

后来的事儿我们都知道，蝙蝠炸弹计划也被取消了。和鸽子炸弹一样，并非因为它们不管用，而是由于其他原因。蝙蝠炸弹的相关器材研制进展不够快，加之美国人认为该项目投资过大，需要200万美元，过于昂贵。相比之下，曼哈顿工程则是更靠谱且更具威慑力的武器项目。现在还有许多历史学家坚持认为，美国应该大力推进蝙蝠炸弹这样的项目，那样就不必动用原子弹了。这个想法很好，除了蝙蝠们会反对。

蝙蝠炸弹试验期间，意外逃走的带有燃烧弹的蝙蝠导致测试基地基本烧废，倒是证明了这种武器的有效性

漂洋过海的 气球炸弹

第二次世界大战末期，随着美军在太平洋战场上不断西进，战线日益逼近日本本土，日本维持战争已渐渐显得力不从心。对于远在大洋东岸的美国本土，日本一直希望能实施直接打击，但由于舰队航空母舰实力已大不如前，远程轰炸机又迟迟不能完成，日本只能远眺大洋，徒生怨恨。

为袭击美国本土，日本决定启动一项大胆的计划，即制造装有爆炸装置的气球，漂洋过海攻击美国。远程气球炸弹的想法其实并不新鲜，早在1942年，日本研究人员就发现，冬季太平洋上9150米左右的高空，存在一股向东的强劲气流，可以让携带爆炸物的氢气球在3天内飘飞9000千米，抵达美国大陆。当时日军实力尚强，未能重视这种武器。现在穷途末路的日军决定实施这项计划。

美军飞机拍摄的飞行在美国林区的日本气球炸弹

想法看起来很诱人，但技术问题也很棘手。氢气球在白天太阳照射下会受热膨胀上升，而在黑暗的夜晚又会冷却收缩下降，这样就难以保证在相对固定的高度利用特定的气流飞行。最终，技术人员开发出一套控制机构来解

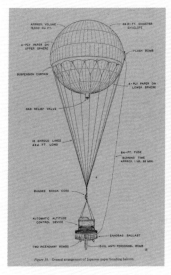

▣ 日本气球炸弹结构
示意图

▣ 美军修复后重新放飞，用
于研究的日本气球炸弹

▣ 坠落在美国境内的气球炸弹，可见用糯
米纸制成的球囊仍十分完好

决这一问题，这套机构主体由一个气压高度表、控制机构加上一些作为压载物的沙袋构成。如果气球高度低于9000米，该机构会自动启动爆炸螺栓，抛掉铸铝轮形架周围吊挂的压载沙袋，气球便会上升。为了保证轮形架的平衡，每次会同时投放对称位置的两枚沙袋。如果气球高度超过1.16万米，高度表会启动氢气释放阀门，这样气球就会下降。

最早日本人采用橡胶涂敷丝织品制造气球，后来改用效果更好的多层糯米纸。气球直径约10米，充满时可容纳540立方米氢气，可以将90千克的载荷送到1.1万米高空。气球吊舱通过19根吊索与球体相连，吊舱里装有气压高度计、释放机构、引信装置、32个压载沙袋、2枚燃烧弹和一枚15千克反人员杀伤弹。球体上还装有自毁炸弹。经过近70小时后，如无意外，气球将抵达北美，计时机构会启动燃烧弹并依次放，接着人员杀伤弹也会投下。投下炸弹的同时，计时机构还会点燃一根19.5米长的缓燃导火索。82分钟后，导火索起爆一枚小炸弹，毁掉整个气球。这套机构由一个小型电池供电，通过慢速引信启动爆炸机

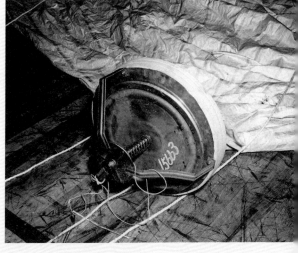

▣ 美军在蒙大拿州发现的日军气球炸弹，图为球囊放气阀门特写

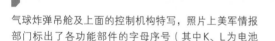

气球炸弹吊舱及上面的控制机构特写，照片上美军情报部门标出了各功能部件的字母序号（其中K、L为电池和气压计控制机构），用以研究分析

美军情报部门人员正在研究气球炸弹吊舱上的轮形架，其内部密布的导线通向周围72个爆炸螺栓，其中64个用于投放32个压载沙袋，其余8个用来投放炸弹和起爆自毁装置

构。每个气球仅球囊就需要600张糯米纸拼接制作，加上全套控制机构，造价大约为900美元，算是比较昂贵的装备。为了制造这种前所未有的秘密武器，日本动用了大量人力物力，许多电影院被拆去座位，成为临时的气球制造车间，一些大型相扑馆也被用来制造气球或储存原料。大量妇女和学生被动员起来，加入制作气球炸弹的队伍中。

1944年11月3日，日本从本州东海岸释放了首批气球炸弹，其中一些气球漂洋过海陆续抵达北美洲，美国西北各州以及加拿大和墨西哥都曾发现它们的踪迹。从1944年11月到1945年4月，日本总计释放了超过9000枚气球，大部分由于各种原因坠入大洋。据估计有10%左右抵达北美，大多坠落在人迹罕至的地区。美国发现了约300枚，可能仍有一些未被发现。

选择冬季放飞气球炸弹虽然高空西风最强，但也限制了燃烧弹的破坏效果，因为冬季的北美森林通常为积雪所覆盖，十分潮湿难以燃烧。这也是气球炸弹没有在北美引发灾难性森林大火的重要原因。不管怎么样，日本人的气球还是接连不断地来到了美国本土——俄勒冈、堪萨斯、爱荷华、南达科他、爱达荷、内华达等州相继发现了这些神秘气球。战斗机也曾升空拦截，但效果不好，这些气球

Mysterious Jap Balloon Found in Montana Rockies

KALISPELL, Mont., Dec. 18 (AP)—The federal bureau of investigation announced Monday night that a paper balloon 33½ feet in diameter, bearing Japanese characters, had been found in a mountain region near here.

An official statement said the balloon had attached to its side an incendiary device, apparently intended for destruction of the balloon.

An FBI spokesman gave this explanation of the find:

"On December 11, 1944, a woodchopper named Owen Hill and his father, O. B. Hill, who had been working in a mountainous forest region 17 miles southwest of Kalispell, Mont., reported to the sheriff's office the discovery of an object which was thought to be a parachute.

Butte Office Notified

"It was brought into town the next day and the FBI office at Butte was advised. Upon examination the object was discovered to be 33½ feet in diameter, with a gas capacity of over 18,000 cubic feet and a carrying capacity of at least 800 pounds net.

"The bag itself is of high grade processed paper. There appeared on the balloon Japanese characters indicating completion of construction at the factory on October 31, 1944. Attached to the side of the balloon was an incendiary device with a fuse apparently intended for its destruction. A typical balloon rope structure attached to the flange around the bag ended in an elastic type cable at the bottom which had been severed. And no determination has been made of the use for which it was intended.

Strong Winds Prevail

"Prevailing winds on the west coast have blown strongly directly from the west or northwest in recent weeks and persons experienced in the use of free balloons report they are known to travel at speeds well in excess of 200 miles an hour. The balloon has been turned over to the military authorities, who together with the navy checked into the matter with the FBI."

The balloon was found by Rancher Hill and his son while cutting wood in a grove of trees. The balloon apparently had settled into the soft snow at night.

JAP BALLOON ATTACKS REVEALED — Announcement by U. S. war and navy departments that Japan has been sporadically attacking western United States with bomb-laden paper balloons lent fresh interest to this photo released some months ago. It shows officials examining balloon bearing Japanese inscriptions which was found in western U. S. Left to right: Major J. F. Bolgiano, army air corps balloon expert; Captain W. S. Standard, army intelligence officer; W. G. Banister, FBI agent; and Ensign P. M. Jackson, navy intelligence.

1945年《新闻周刊》发表题为《神秘日本气球惊现蒙大拿》的报道，让日本一度对气球炸弹寄予厚望，此后美国开始对气球炸弹的报道采取严格的新闻管制

WEYERHAEUSER COMPANY
EASTERN OREGON REGION

IN MEMORY OF

ELSIE MITCHELL AGE 26
DICK PATZKE AGE 14
JAY GIFFORD AGE 13
EDWARD ENGEN AGE 13
JOAN PATZKE AGE 13
SHERMAN SHOEMAKER AGE 11

WHO DIED HERE
MAY 5, 1945
BY
JAPANESE BOMB EXPLOSION

ONLY PLACE ON THE AMERICAN CONTINENT WHERE DEATH RESULTED FROM ENEMY ACTION DURING WW II

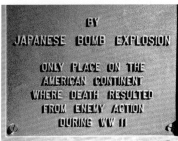

BY JAPANESE BOMB EXPLOSION

ONLY PLACE ON THE AMERICAN CONTINENT WHERE DEATH RESULTED FROM ENEMY ACTION DURING WW II

1945年5月5日，一枚气球炸弹在俄勒冈州炸死了一名妇女和5名儿童，这也是二战期间美国大陆因敌方攻击导致死亡的唯一事例。图为事后美国在爆炸地点竖立的纪念碑

風船爆弾経路図

気球の高度変化と太平洋上の冬季偏西風想像図

10.000m					機材
8,000					気球爆破
6,000					
	日没	日没	日没		
	砂袋投下	砂袋投下	砂袋投下	有効弾投下	
日本		太平洋		アメリカ大陸	

×印……到達実績の一部

ソ連

アメリカ大陸

太平洋　ハワイ

資料·Robert C.Mikesh, Japan's World War Ⅱ Balloon Bomb Attacks on North America (Smithsonian aunals of flight,no.9)　「女たちの風船爆弾」林えいだい/著　亜紀書房/発行

气球炸弹飘行飞越
太平洋路线示意图

飞行高度太高且速度不慢，美军战机击落的气球总计也不到20个。

据说在1945年3月10日，一枚气球炸弹落到"曼哈顿工程"一所工厂附近，气球导致电线短路，核反应堆冷却泵停止工作。所幸备用电源立即恢复了电力供应，避免了更大的麻烦。尽管气球炸弹造成的破坏不大，但足以让美国政府担忧。美国知道日本正在开发生化武器，如果这种气球炸弹携带的是生化武器，那么后果不堪设想。

起初没人相信气球是从日本本土飞过来的，美国人以为气球是日本利用潜艇从美国西海岸释放的。还有一些人以为是在美籍日裔拘留地的日本人在搞鬼，但随后的详细调查彻底排除了这些可能性。剩下的可能只有一个，那便是日本人在从本土放飞这些气球炸弹。

检查结果也证明了这一点：一些坠落的气球被送到美国地质调查局进行分析，

研究人员仔细检查了气球上的压载沙袋中沙子的矿物构成，结论是这些沙子不是来自美国海岸，也不是中太平洋，而是日本九州、四国和本州的5处海滨。在此后的航空侦察照片上，发现在这些地方的确存在白色圆形物体。美军随即对这些可疑地点实施了大规模轰炸，摧毁了许多施放气球炸弹的基地。

美国对气球炸弹的破坏效果采取了严格的保密措施，目的就是给日本制造一种气球炸弹并无实际效果的假象。由于"效果不佳"，加上当时生产氢气的三座工厂中的两座已经被美军B-29炸毁，日本最终在1945年4月停止继续投放气球炸弹。

战争已经结束多年，但气球炸弹的阴影却未完全消散。20世纪60年代美国还发现过两个气球残骸，1978年俄勒冈还发现过一些气球残件。虽然这些气球炸弹堪称世界上最早的洲际武器，具有很高的收藏价值，但美国政府警告公民，注意那些战时落到美国的气球炸弹，因为上面的爆炸物仍然具有危险性，可能造成人员伤亡。

保存在博物馆的日本气球炸弹部件

我可以破，但不可以漏

航空自密封油箱演进史

以现代作战飞机生存能力标准衡量，一战时期的飞机几乎算是"飞行棺材"。之所以有这样的称谓，来自这样一个事实，那就是飞机相关技术在大战爆发之前从未进行过战场测试，而且飞机性能与战场实际需要距离尚远。那时候的飞机主要结构材料是金属、木材和帆布，而且后两者不仅用量颇大，还是很好的易燃物。更为关键的是，当时飞机采用的活塞发动机以汽油为燃料，油箱一旦在作战中被击中，汽油就会泄漏。见到过汽油燃烧的人应该知道这种现象的可怕，现在汽油、木材和帆布加在一块，又加上呼啸的气流——简直比蓄意纵火还恐怖，那后果想想都让人不寒而栗。

到第二次世界大战爆发时，飞机各方面的技术已经有了长足进步。新型飞机飞得更高更快，能更好地规避敌方火力，即便遭到火力打击受损也具有更好的生存力。在二战各种形式的记录中，我们不止一次看到或听到，有些飞行员驾驶着被敌军火力打得千疮百孔的飞机返航回来并安全着陆。这些飞机破损如此严重，飞行员跳出座舱后，飞机已无法修复，只能报废。飞机的生存能力之所以有如此巨大的进步，其中自密封油箱功不可没。自密封油箱，说得通俗点儿就是子弹打穿也不会漏油的油箱。这项技术可谓意义深远。如果在空战中战斗机油箱被子弹打穿，那么燃油就会迅速泄漏，四处飞散的航空汽油很容易被另一发子弹点燃——如果对手的弹链中编有曳光弹，那绝对是场灾难，飞机会立即变成燃烧的火球。即使足够幸运，泄漏的油流没有被点燃，那也并不意味着完美结局——迅速告罄的油箱会使飞机无法返回遥远的基地。在浩瀚的海上，这基本和死亡画等号。

一战时期战斗机的油箱没有任何防护力，一旦被击中极易起火燃烧。图为德国福克Dr.1三翼战斗机

早在一战时期就有人试图开发被击中也不会漏油的油箱，但直到20世纪30年代末，真正有效可靠的自密封油箱设计方案才诞生。虽然具体的工艺细节有诸多改变，但自密封油箱设计理念仍没有太大改变。

简单恒久远

有效的自密封油箱设计方案的技术基础是二战前橡胶材料技术的进步。1940年，弗吉尼亚达尔格伦（Dahlgren）的美国海军试验场开始测试4家最大的橡胶制造商提供的新型油箱设计方案。这4家厂商分别是火石轮胎和橡胶公司（Firestone Tire and Rubber Company）、B.F.古德里奇公司（B. F. Goodrich Company）、固特异轮胎和橡胶公司（Goodyear Tire and Rubber Company）以及美国橡胶公司（U. S. Rubber Company）。这4家企业以及另外几家规模稍小的企业，全都在自密封油箱技术上投入了大量资源进行研发。今天为现代军用飞机制造大量油箱的周天航空公司（Zodiac Aerospace）和梅吉特公司（Meggitt），就分别是从火石公司和固特异公司发展而来的。

说得这么玄，那么自密封油箱究竟是怎样一种奇妙技术呢？说到底，这是一项"简单"到优雅的技术。所谓自密封油箱，其实就是在油箱外部采用多层材料的复合结构。最内层通常是一层厚厚的硫化橡胶，中间是一层天然橡胶，而最外层则是一层或多层强化织物外壳。硫化橡胶既不溶于汽油，也不会使汽油渗透。但天然橡胶则不是这样，它一旦接触汽油就会与之结合并快速膨胀。如果一枚子弹击穿了油箱，那么汽油势必穿过硫化橡胶层上的孔洞向外泄漏，就会接触到中间层的天然橡胶，后者会快速膨胀，挤进孔洞中，把穿孔封死，从而阻止燃油的泄漏。燃油不泄漏，也就很大程度上免除了起火爆炸的隐患，飞机的生存能力自然显著提高。

这种自密封油箱制造工艺并不复杂，成本也不高，很容易大量生产，但是面对的问题并不简单。首要的挑战是子弹击穿油箱时颇为复杂的运动学特性。当一枚子弹穿透油箱时，通常会留下一个直径比子弹更小的入射弹孔。但这个小孔只是一个开始。子弹的飞行速度大约3000英尺/秒，即1000米/秒左右。如此高速飞行的子弹从钻进油箱那一刻起，就开始将自身携带的巨大动能卸载在油箱内的燃油中。这些动能会在燃油内部产生高速压力波，从冲击发生点向四周扩散。子弹飞过几毫秒后，压力波会撞击到油箱内壁并产生反射。这样的压力波通常被称作水动力冲击现象，会导致燃油从子弹入射破口处向外高速喷溅。而此时后面拖带着同样迅速扩散压力波的子弹，在燃油中已经难以保持平稳，在燃油对其施加的水动力作用下开始翻跟斗打把式，飞行路线也不再保持直线，而是严重弯曲跑偏，甚至会以侧面撞击油箱的另一侧面，留下一个长条状的穿出破口——倒有几分星爷电影里墙壁上人形破洞的味道。这并不算完，跟在子弹后面的反射水动力冲击波会接踵而至，以"降龙十八掌"的力道在破口位置继续猛力一击，把这个长条形破口撕裂得更大。

美国海军工程师测试最早期自密封油箱原型时，实验效果并不好。当时工程技术人员只考虑了子弹穿入穿出的破坏问题，并未充分估计到强大的液体动力冲击效应。结果常常是一发子弹打过来，在油箱被弹面只留下一个小小的圆孔，而子弹穿出的狭长孔加上为虎作伥的液体动力冲击，却把油箱的整个后壁轰掉——

这下子也就不存在什么自密封问题了。糟糕的实验效果一方面提醒工程技术人员改进自密封油箱各层材料的厚度和强度；另一方面也顺手解决了一个历史谜题，那就是何以在第一次世界大战中一枚击中油箱的子弹能轻易葬送一架飞机及其飞行员。海军和橡胶工业公司的工程技术人员通力合作，不断地改进调整，最终找到了有效的设计方案和制造工艺。就是这些看似不起眼的自密封油箱，在第二次世界大战中挽救了无数飞行员的生命。

自密封油箱的橡胶层可不像普通金属油箱那样纤薄，它们的厚度常常超过1英寸（2.5厘米）甚至更厚。这样一来，外形不变的情况下，油箱的内部容积必然减少。北美B-25A轰炸机安装自密封油箱后，油箱容积从912加仑（3452升）缩减到694加仑（2627升），整整减少了23％。P-38D使用自密封油箱后，燃油携带量从410加仑（1552升）缩减到300加仑（1136升），损失了27％。

二战爆发时，日本飞机基本极少配备装甲，也很少使用自密封油箱。不用装甲是出于对发动机功率的保护，为保证飞机有足够的速度和机动性，设计师只能牺牲防护。而自密封油箱则是另外一个问题，日本人难以容忍这项技术导致飞机燃油携带量的锐减，这意味着航程的缩短。

但美国人愿意付出燃油携带量损失的代价，来换取飞机和飞行员更高的生存力。同时美国还通过改进飞机设计不断弥补。例如P-38J把机翼前缘的中冷器移走后，在这里增设了油箱，让燃油携带量重新回升到410加仑（1552升）。B-25A也在弹舱内设了可拆卸转场油箱。战争后期的部分日本飞机的确使用了自密封油

二战中美国北美公司的广告，其中特别强调P-51"野马"机翼油箱全部采用自密封技术，这是战斗中重要的防护手段

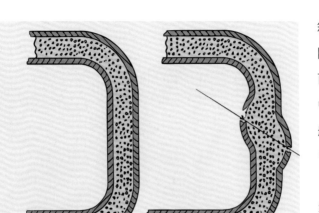

二战时期美军采用的自密封油箱工作原理示意图
（晚星/绘）

箱，但日本始终更优先保障飞机的航程，并没有大面积推广这种有益的技术。中岛"天山"（Tenzan）航母舰载攻击机原型机就曾使用自密封油箱，但当日本人发现油箱容积因此缩水了30%后，就没有在生产型上继续使用。

不断进步

自打自密封油箱出现后，工程技术人员就一直在不断改进完善，因为战场环境在提出新的要求。20世纪五六十年代东南亚地区的局部战争中，人们开始关注油箱被子弹击中或撞击后的起火燃烧问题。美国空军调查组通过分析认定，作战中飞机损失最为主要的原因是燃油系统起火或爆炸。这一结论促使飞机的油箱必须做出新的变化。

经过不懈的努力，研究人员找到了油箱起火爆炸的罪魁祸首。首先是油箱剩余空间里弥漫的不安分的危险燃油蒸气，无论是活塞发动机使用的汽油还是喷气发动机需要的煤油，一旦变成蒸气就如同潜藏的恐怖分子。一枚带有燃烧剂的子弹，或者普通子弹撞击金属部件蹭出的火花，就能轻易点着它们。见过燃料空气炸弹爆炸景象的朋友们可以想象一下，这样的场景如果发生在油箱内部，将会怎样？油箱内燃料蒸气的爆燃形成的高温气体会以可怕的速度膨胀，造成灾难性的结构损伤。为了对燃料蒸气这种"罪犯"实施"犯罪预防"，工程技术人员费了不少脑筋。最后还是像当年橡胶材料的进步一样，新材料再次帮了忙。这次工程技术人员找到了低密网格状聚亚胺酯泡沫。用它填充油箱后，燃油蒸气的挥发性会被降低，更有利于凝结，而且燃油被分隔成很小的独立空间，一旦局部蒸气发生爆燃，爆燃的传递也会被这些网格阻断，从而防止了油箱内部无法控制的爆燃蔓延。

光防止蒸气爆燃还不够。飞机除油箱以外其他部位如果受损，很可能无法继续飞行，飞行员只能选择迫降。如果迫降不成功，那结果和坠机差不多。此时飞机要经受高速剧烈冲击，油箱很容易破裂，破裂后燃油蒸气会迅速挥发蔓延，再加上撞击产生的高温和火星，结果又是悲惨的轰隆一声。能否让油箱经受尽可能猛烈的撞击而不易破裂，就成为工程人员新的课题。通过改进油箱的制造工艺，人们在自密封油箱的结构中加入了强化纤维材料的编织加固层。这种强悍的纤维织物能够让油箱在遭受65节（104千米/小时）撞击时保持结构的完整性，不会轻易破裂并燃油四溅。这一速度指标也成为美军防撞油箱的基本技术标准。

全新的挑战

故事讲到这里并未结束。过去二十年间的战场实践又对油箱提出了新问题。美军在伊拉克和阿富汗的作战经验表明，一些地面车辆的燃油系统不堪一击，这要求地面车辆也要配备飞机那样具有自密封和防爆功能的先进油箱。这还只是个原有技术推广使用的小问题。更重要的变化在后面，近年美国国防部积极推进人工合成燃料和可再生燃料的使用——石油燃料这种不可再生的东西很容易成为美军全时全域作战的绊脚石——这就要求已经传承近80年的油箱自密封技术只能再次登场。这一次，由于燃料本身的变化，原有的油箱自密封机理受到了前所未有的挑战：过去人们利用天然橡胶与汽油或煤油接触后膨胀的原理来封死破口，而这次由于燃料化学成分的变化，天然橡胶接触它们时膨胀的速度和幅度都大大减少，再也不能快速有效地实现自密封。这等于是对原有的油箱自密封技术来了一招"釜底抽薪"。这还不算完，现代战争要求飞机尽一切可能减低重量，这把油箱自密封技术推向了物理极限。这次

1941年12月，美国俄亥俄州阿克伦的固特异（Goodyear）轮胎和橡胶制品公司车间内，一名女工正用电熨斗熨烫自密封油箱外部的织物衬层，这些油箱即将安装在F4U"海盗"战斗机上。自密封油箱外部需要覆盖多层橡胶和强化织物

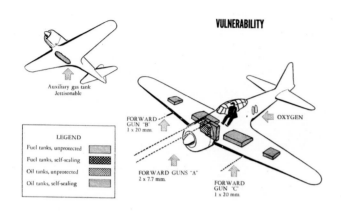

二战时期美国海军情报机构对日军A6M5零式52型的分析示意图，可见其所有油箱全部无任何防护，更无自密封设计。虽然零式机动性出色，但一旦被击中燃油系统便难以生存

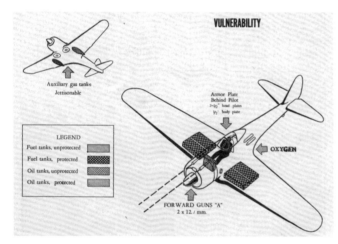

1942年首飞的日军改进型中岛Ki-43"隼"Ⅱ才开始采用防护油箱，但最初只是外敷橡胶层，后来才更换为3层自密封结构，然而其防护性能仍不及美国产品

工程技术人员无法再像几十年前那样通过改进结构设计来精简重量，一切新减重措施都得仰仗全新的技术。

回想一下，第一具自密封油箱的诞生，某种程度上就是先进橡胶材料工艺应用的结果。从1939年至今，人类的材料世界早已今非昔比，特别是聚合物领域更是日新月异。美国高能冲击技术公司（High Impact Technologies LLC）开发了一种被称作"战斗外壳"（BattleJacket）的油箱自密封新技术。这种新技术看似与旧式自密封油箱多层结构相似，也是一种"三明治"结构。见过婴儿尿不湿的朋友可能会对其中的高分子吸水性树脂材料有这样的印象，首先它能迅速吸收大量液体（通常是自身重量的数百倍，这也是尿不湿市场成功的基础）；其次在吸收液体后它的体积会有显著膨胀。"战斗外壳"的工作原理与尿不湿的工作过程颇为相似。只不过前者吸油，后者吸水。而且前者的膨胀速度要远远大于后者。尿不湿靠吸水吃饭，"战斗外壳"靠膨胀自保。"战斗外壳"内外两侧是特制的聚亚胺酯高弹性材料，中间夹着一层特殊的吸油颗粒材料，这种材料在接触到油料后吸收油料并迅速膨胀，堵住穿孔。这种颗粒状聚合物材料在密封功能上模拟的仍然是当年天然橡胶的膨胀机理，然而这种新技术最具诱惑力的是，它采用的多层材料不再像早期自密封油箱那样要分步涂布并多次处理，而是可以直接喷涂在油箱表面！这意味着只要需要，你随时可以把一具普通油箱变成可靠的自密封油箱。现如今，这种油箱自密封技术已经开始用于各种油罐车和防雷车。

　　创新永远不会只有一条路，关键是看创新者能否披荆斩棘跋涉到终点。美国SURVICE工程公司正在申请专利的一项技术更加诡谲。这项技术完全摒弃了过去自密封油箱结构材料吸油膨胀堵漏的经典理论，而是另辟蹊径，提出了一种完全不依赖燃油泄漏触发的自密封机理。如果把SURVICE工程公司的新概念自密封油箱剖开来，你会发现油箱壁也是夹层结构，不过被夹在中间的不是天然橡胶或其他聚合物，而是分别置于密布的独立小单元中的两种液体反应剂。一旦子弹或破片打穿油箱，就势必让一定数量的液体单元破裂，两种反应剂就会流出发生接触。这正是设计者设定的触发时刻：两种反应剂一旦混合就会迅速发生聚合反应，形成固态的泡沫状物质，几秒钟内就能堵住穿孔。SURVICE工程公司的新技术最大的好处是，它完全不管你油箱里装的是汽油、煤油、生物燃油还是酒精或水，哪怕油箱是空的，它也能在子弹击穿油箱的时候立即把穿孔封死。美军已经对SURVICE的油箱自密封技术进行了射击和撞击测试，人们发现这种新型自密封油箱足以应对普通中小口径子弹打击，哪怕子弹翻滚也不在话下，但是并不是每次试验效果都非常理想。美军据此认为这项技术具备一定的可行性，但是还需要进一步改进细节设计。美军联合飞机生存力项目办公室（JASPO）目前为这项技术的后续开发提供经费支持。

　　自密封油箱的出现是飞机生存力发展史上的一座里程碑。随着环境和材料的改变，这项技术也在不断发展。可以相信，只要飞机还需要燃料，油箱自密封技术的创新行动就不会停止。因为人们永远需要更迅速更可靠的油箱"堵漏管家"。也许油箱永远不能强悍到刀枪不入，但自密封油箱的格言亘古不变：我可以破，但不可以漏。

SURVICE工程公司的新概念自密封油箱比"战斗外壳"的传统三明治结构更进一步，采用两种液体反应剂相互作用生成泡沫状物质来封死破孔

（晚星/绘）

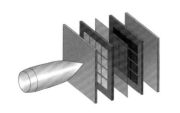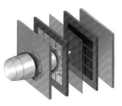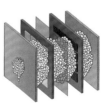

1956，"老虎"的 航炮击落了自己

这便是创下自己击落自己纪录的那架F11F-1"虎"式战斗机，机身编号138620，从照片可以看到其进气口下方的20毫米航炮射口

1956年9月21日，星期五。格鲁曼公司试飞员托马斯·阿特里奇像往常一样爬进一架海军格鲁曼F11F-1"虎"式战斗机（机身编号138620）座舱，滑出，加油门，从纽约州卡尔沃顿附近的试验机场主跑道升空。这是一次例行试飞，试飞科目是验证"虎"在高速飞行状态下航炮的射击性能——当时美国海军正忙于对F11"虎"式战斗机进行入役前的试验验证。F11F"虎"最初源自F9F-6/7"美洲狮"的超声速发展型，后来演化成全新的昼间战斗机。完成设计飞行包线内机载航炮的性能验证，是该机入役验证的重要环节。

"虎"配备有4门20毫米柯尔特Mk 12型航炮，分别安装在其进气道的下方和后部。由于"虎"的动力系统只有一台J65喷气发动机，为了保证飞行性能，设计师不得不尽量减轻飞机的结构重量，为此其航炮系统采用了抛壳装置，即航炮在射击的同时将废弃的弹壳和弹链都抛出机外，而不像有些战斗机那样留在机身内部，待返航后再行清理。但在此前的航炮射击试验中，技术人员发现在机身周围气流的吹袭下，抛出的弹壳和弹链会胡乱飞散，曾撞击机身并在机身表面留下许多凹坑和划痕。为避免这一问题，设计人员改进了抛壳系统和抛壳滑道，让弹壳通过更长的滑道离开机身，延缓与机身周围气流的接触，机身内部还设置了专门机构，用以收纳废弃的弹链。为防止弹壳撞击机身，设计人员还一度为"虎"

试验机的水平尾翼前缘安装了防护钢板。

这次飞行是这架F11F-1的第41次飞行，也是阿特里奇当日第二次飞行。按照试验计划，他需要先架机爬升到2.2万英尺（约6700米），然后开加力以20度角加速俯冲至超过1马赫。下降到1.3万英尺（约3960米）高度时，他将连续射击4秒钟。然后等上3秒钟让航炮稍做冷却，进行第二次射击。持续时间仍为4秒，射击结束后飞机高度约为7000英尺（约2130米），弹药告罄，试验结束。

这张照片拍摄于1955年，美国马里兰州帕图克森特河海军航空站测试中心，一架F11F-1正在"福莱斯特"号航母（CVA59）甲板上进行起飞测试

试验的地点是大西洋沿岸32千米外的火炮靶场，在那里阿特里奇已经多次试射过机载航炮。当天的试验科目与往常没太大区别，唯一的差异就是试验时航炮载机速度要在1马赫以上。这样的试验内容，对于一名二战期间在太平洋战区屡经战阵的海军飞行员老手而言，简直是小菜一碟儿。

飞越沿岸水域到达靶场后，阿特里奇调整高度到2万英尺（约6100米）以上，然后轻柔推杆，进入小角度俯冲，在1.3万英尺（约3960米）高度，他按下火炮发射钮。他的手指在射击按钮上停留了大约4秒钟，期间大约有70发炮弹飞离炮口。接着他继续保持俯冲，3秒后他再次按下发射按钮，又是4秒钟，打光了弹链上剩余的炮弹。试验科目完成，接着他拉杆准备改平，但就在此时飞机突然剧烈震动起来，就像被什么东西击中了一样！

阿特里奇看到，飞机的前风挡玻璃好像被大锤重击了一般，竟然向内侧凹陷进来！他搞不明白究竟发生了什么，以为自己可能撞上了一只糊涂的大鸟。阿特里奇下意识地收油门，把速度降至200节，然后调整航向准备向基地返航。趁与基地塔台联络的当口，阿特里奇再次观察飞机，注意到飞机至少有3处损伤：前风挡整个碎了；右侧发动机进气口上有一条大口子；发动机似乎也出了问题，油门一加到78%，发动机的声音就像"从抹布上吸进沙砾的胡佛真空吸尘器"那样发出刺耳的异响。

驾驶着这架无法爬升也不能加速的"虎"，阿特里奇逐渐接近了基地。地面上各种救援车辆早已等候在那里，准备迎接这架遇到麻烦的"虎"。

在1200英尺（360米）高度，阿特里奇对正跑道，放下起落架和襟翼准备着陆——他马上就到家了。然而就在此时，发动机噼啪作响的怪叫却戛然而止，彻底熄了火，此时他距离跑道还有1.2千米。尽管阿特里奇飞行经验够得上老辣，但驾驶着完全丧失动力的"虎"式单发战斗机安然降落仍然是一项几乎不可能完成的任务。失去动力的"虎"就像被什么东西猛地向下一拽，砖块般扎向跑道后面的一片树林，在地上犁开了一条80多米长的"通道"。飞机停了下来，随即燃起大火，救援人员刚要冲上去营救飞行员，机上剩余弹药就开始爆炸，让人无法接近。阿特里奇够幸运，虽然摔断了一条腿，三节胸椎骨折，但他还是拼尽全力爬出了座舱，被人救下。

事故调查工作立即启动。格鲁曼公司和美国海军人员仔细检查了飞机残骸。让他们震惊的是，他们在风挡上和发动机右侧进气口上找到了20毫米炮弹射入的孔洞，这与阿特里奇汇报中称看到"右侧进气口上有一条长长的口子"相吻合！调查人员又分析了发动机残骸，一枚严重扭曲变形的20毫米航炮炮弹被找到，牢牢地镶在了第一级压气机上。从这些现象上看，似乎是阿特里奇击落了自己！但这究竟是怎样发生的呢？

要想揭开事故的真相，我们不得不沉下心来研究一点儿物理常识。首先，F11"虎"式战斗机使用的柯尔特Mk 12型航炮的炮口初速高达914米/秒。搭载航炮的"虎"式战斗机当时是超声速状态，约396米/秒。炮口初速再加上飞机的速度，弹头的速度可达1310米/秒。这个速度远高于飞机的速度，照理说炮弹应该永远飞行在飞机前方，二者似乎没有理由相遇。但事实是，炮弹尽管初始速度极高，但它在空气中运动，会遭到巨大的空气阻力，其速度会因空气阻力作用而迅速降低。而飞机却是在喷气发动机推动下始终保持高速，而且飞机在首次射击后又增大了俯冲角度，这导致飞机实际上在航炮炮弹弹道下方飞行。在水平速度上，航炮炮弹的速度在迅速降低，而飞机的水平速度则维持不变，于是乎造成了飞机事实上在追赶炮弹的结果。最终，在11秒后阿特里奇试图改平的瞬间，飞机刚好追上首次射击射出的炮弹，事故在瞬间发生了。

一枚20毫米炮弹击中了风挡，另一枚打中了机首头锥，还有一发击中了右侧进气道唇口后直接飞进了发动机，在发动机内侧叮当作响地四下碰壁，打断了风扇叶片，蹭坏了燃烧室内壁，最终导致发动机熄火。阿特里奇创造了一项纪录，他驾驶的这架格鲁曼F11成为历史上首架用航炮击落自己的喷气式战斗机。虽然这只是一次极端情况，但海军还是建议飞行员们以后在空中开火后向一侧倾斜或略微爬升。

调查人员在调阅当天阿特里奇首次飞行记录时发现，那次飞行也出现过异常。当时阿特里奇在试射航炮后，曾听到垂直尾翼上叮当作响。当时他以为是飞机抛出的空弹壳撞击垂尾，现在看来其实那就是被炮弹击中了！所幸他逃过了被自己发射的炮弹击落的厄运，但当天第二次试验中，好运气没有再眷顾他。

经过治疗与康复，阿特里奇在6个月后恢复了飞行状态。此后他在格鲁曼公司的职业生涯也进入上升期，后来成为LEM-3项目经理——这是为阿波罗9号准备的登月舱。再往后他还担任过格鲁曼"回声系统"副总裁，负责研制专用数码摄像器材。1997年阿特里奇去世，享年74岁。

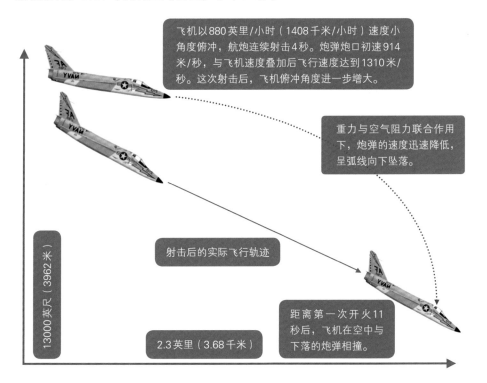

飞机以880英里/小时（1408千米/小时）速度小角度俯冲，航炮连续射击4秒。炮弹炮口初速914米/秒，与飞机速度叠加后飞行速度达到1310米/秒。这次射击后，飞机俯冲角度进一步增大。

重力与空气阻力联合作用下，炮弹的速度迅速降低，呈弧线向下坠落。

射击后的实际飞行轨迹

距离第一次开火11秒后，飞机在空中与下落的炮弹相撞。

13000英尺（3962米）

2.3英里（3.68千米）

气球远航特别奖

1910年美国航空俱乐部颁发给当年高登·本内特国际气球比赛冠军霍利的银制奖杯

这件工艺精湛的奖杯，是1907年由布莱克－斯塔尔＆弗罗斯特公司（Black, Starr & Frost）制作的银制航空奖杯，如今收藏在纽约历史协会。说起这座奖杯，还有一段惊心动魄的故事：1910年美国举行高登·本内特国际气球竞赛（Gordon Bennett International Balloon Race），阿兰·霍雷（Alan R. Hawley, 1869—1938）与同伴阿古斯塔·波斯特（Augustus Post）一道，在10月17日一个星期一早上，驾驶"美利坚II"号氢气球从密苏里州圣路易斯航空俱乐部飞行场起飞。"美利坚II"号是专门为这次比赛从法国特别订制的，其主人是詹姆斯·麦考伊少校（James C. McCoy）——美国首位持照气球飞行员。飞行中，两人每3小时换一次班：一个睡觉另一个负责观察气压计、湿度计和其他仪表。

一台自动气压计帮助他们精确记录飞行路线上一路的高度变化。相对于他们在圣路易斯起飞点设定的高度零标志，他们最高飞行高度曾达到5000米（16400英尺）。今天我们知道，圣路易斯的海拔高度是140米（465英尺）。46个小时后的10月19日下午3时45分，他们驾驶的"美利坚II"号在加拿大魁北克一片荒野的中央降落，这里位于希库蒂米（Chicoutimi）以北93千米（58英里）——如果不是因为风暴，他们还能飞得更远一些。从降落点算起，他们从路易斯起总计

高登·本内特杯

高登·本内特杯是世界上最为古老的气球比赛，也被认为是世界上气球比赛中最为重要的赛事。首届比赛1906年9月30日在法国巴黎举办，其资助者是詹姆斯·高登·本内特（James Gordon Bennett）。他是一位运动人士，也是百万富翁，报业大亨——《纽约先驱报》的东家。当时比赛的规则非常简单：从出发点出发，连续飞行最长距离者获胜。

飞行了1887.6千米（1173英里），平均速度达到了50千米/小时。

次日，他们开始动身寻找有人居住的地方。此后3天他们风餐露宿，终于发现了一座狩猎小屋，并在那附近遇到了4位狩猎者，后者把他们带到了附近的小镇。从镇上，他们赶紧向外界拍发了两封电报，通报自己的降落地点和状况。在这两封电报到达主办方之前，许多人已经动员起来，在五大湖区搜索"失踪"一周的霍利和波斯特。一位叫克利福德·哈尔曼（Clifford B. Harman）的富有飞行家甚至悬赏1000美元，奖励率先发现两人的搜救者——无论死活。在电报到达前，这笔赏金已经被提高到了7000美元。

霍利和波斯特完成了美国历史上耗时最长的气球飞行比赛，打破了当时的飞行纪录，他们自然也是这次比赛的冠军——除了冠军专属的高登·本内特杯，美国航空俱乐部还专门订制了这尊精美的银制航空奖杯颁发给霍利。这座奖杯外观以硕大的气球为造型，气球两侧，由两只雄鹰托举两个手持月桂花环的胜利女神，构成V字形的支架，将气球球体与下方的基座连接。此后28年，霍利一直珍藏着这座奖杯。1938年去世前，出于对教育和博物事业的支持，霍利把这尊象征荣誉的银杯捐赠给了纽约

霍利一直非常珍爱这尊银杯，去世前将它捐赠给了美国纽约历史协会

▶ 1929年第三届本内特杯奖杯

气球远航飞行棋

从16世纪末"赛鹅图"最早出现在欧洲，到20世纪初算是真正变成了"飞行棋"。这件（右图）1880到1910年间法国一家不知名的玩具厂商出品的飞行棋盘上，青山绿水的广阔天地间，一大群热气球正在飞行，或是在准备飞行。在近处，有两具大型气球正在加热充气，其中一具气球上写着"巴黎"（Paris），另一具气球上写着"柏林"（Berlin），这也从侧面印证了当年欧洲飞行活动的鼎盛——20世纪初法国巴黎曾是世界航空运动最为繁盛活跃的中心。如果细数一下，一共有21只气球，每一只气球都带有标号。两个或者更多的孩子，通过投掷两颗骰子，在根据投出的点数组合，就能决定前进的步数。在棋盘右侧的表格里，标注有17种各种骰子数字组合，孩子们可以根据表格，确定自己的前进方式。在游戏过程中，孩子们还会感受到飞行这种活动固有的风险，图中13号气球就跌到了海里。19世纪末20世纪初，热气球飞行活动正盛，欧洲和美国都有规模很大的气球飞行大赛，这件气球飞行棋诞生在这一时期，也正反映了这一现实。

气球远航飞行棋

历史协会。此后近80年的时光里，这尊银杯一直被完好保存。

　　1916年5月，霍利还创下过另一项纪录，他成为首位搭乘飞机从纽约飞往华盛顿的乘客——乘坐一架军用飞机到达华盛顿，向美国国会和总统伍德罗·威尔逊（Woodrow Wilson）递交请愿书，敦促美国抓紧训练出2000名飞行员——当时美国军队的飞行员总数被法定限制在60人：军队认为这一数字足够了。这份请愿书为美军航空兵的发展起到了重要促进作用：威尔逊总统在1916年7月13日下令，建立航空预备役部队（Aerial Reserve）。

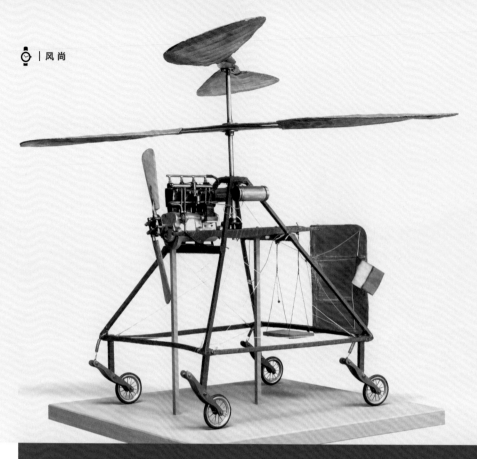

修复后的威登III号
直升机1/10模型

LV，不只有奢华箱包

　　如果穿越回1909年9月的巴黎，你一定会被熙熙攘攘的人流裹挟到塞纳河畔的大皇宫，这里正在举行第一届巴黎航空博览会，也就是后来誉满天下的巴黎航展。大皇宫里，塞满了各家航空厂商带来的飞行器，每个展台上都挂着厂商的醒目标牌。其中有一块绝对会惊掉不少时尚达人的下巴——标牌上用法文字体大书Lovis Vuitton字样，翻译成中文，就是路易·威登，缩写为LV，也就是今天许多人为之一掷千金的那两个字母。LV现身巴黎航展现场，并不是为了推销他们的奢华箱包。在这个展台上，赫然陈列着好几具飞行器，其中既有固定翼飞机，更有直升机。其中之一，便是一架共轴双旋翼直升机。这架直升机在展示中没有安装发动机，但设计特征十分明显：金字塔状的框架机身，下方带有4个铝制轮子。发动机直接驱动两副4叶对转旋翼，后面还装有一副小型推进螺旋桨，用于提供水平推力。这架直升机没有可靠的转向手段，设计者希望飞行员通过倾斜身体以及后方的舵面来完成这一动作。其前方装有一个水平安定面，用于增加稳定性。

这架直升机的策划设计者，是老路易·威登的双胞胎孙子——让·威登（Jean Vuitton）和皮埃尔·威登（Pierre Vuitton）。在19世纪末20世纪初，兄弟俩和当时众多的科技时尚先驱一样，也对航空器产生了浓厚的兴趣。而他们的兴奋点，就是能拔地而起的直升机。1908/1909年间，他们制造了自己的第一架直升机，并在1909年巴黎航空展览会上公开展出。

1909年11月18日，皮埃尔·威登建造了一款新型直升机，几经调整，成为威登Ⅱ号。1910年巴黎航空展览会上，路易·威登公司又展出了皮埃尔设计的威登Ⅲ号直升机。展览结束后，路易·威登公司将一架1/10比例的威登Ⅲ号模型赠送给了主办方。101年后的2011年，这件模型经过修复，于2017年9月17日出现在《飞行、航行、旅行—路易威登》专题巡回展上。

虽然至今没有证据表明路易·威登的直升机确实成功起飞过，但这家今天声名显赫的时尚企业当年投身航空的行为绝不是出于猎奇。要知道，在100多年前，研究和制造飞行器本身就是社会时尚，而且是科技范儿十足的时尚。真正了解路易·威登的人会懂得，路易·威登的世界级知名度，不仅仅来自拿破仑三世欧仁妮皇后、埃及总督伊斯梅尔、俄国皇储尼古拉以及西班牙国王阿尔方索十二世等豪门望族的青睐与钟情，在这背后作为支撑的，是对精细工艺和创新设计的追求，更有对旅行者忽微需求的关切，以及对时尚生活的憧憬。正是这种精神，促使路易·威登不仅仅满足于为那些飞行者提供装具，还积极参与推动航空技术进步。看了这些文字，下次在巴黎路易·威登总店门前挤进长长的队列等候进门选购时，是不是会觉得钱包不再那么发烫了？也许是的。

1909年的威登Ⅰ号直升机

1910年巴黎航展上的路易·威登展台

豪车·靓机·西科斯基

  1926年8月一个阳光明媚的日子，纽约长岛罗斯福机场。飞机设计大佬西科斯基在自己的轿车和飞机前拍下了这张照片。照片里的这辆汽车，是美国帕卡德6缸"四轮马车"（Packard Six Phaeton），在90多年前这是地道的豪车。20世纪二三十年代，帕卡德是美国顶级豪车的代表，与纽约布法罗的"皮尔斯之箭"（Pierce-Arrow）和俄亥俄克利夫兰的"无双"（Peerless）并称美国高端豪华轿车厂商中的3P（厂商名称均以字母P开头），知名度不亚于今天瑞士高端手表中的3P。仅在1928年一年，帕卡德销售总额就达到了惊人的2188万美元。这辆属于西科斯基的帕卡德"四轮马车"实际上才推出一年，采用4.729升排量6缸直列侧置气门发动机，功率60马力（44千瓦），最多可以乘坐7人。能在20世纪20年代拥有这样的豪车，足以说明西科斯基的富裕程度和社会地位。

  豪车背后那架飞机则更有说道，它是一架西科斯基飞机制造公司生产的

S-35。如果细看，能发现机身侧面绘有交叉的美国和法国国旗，两侧则分别写着"纽约"和"巴黎"。在靠近机身前方的位置，还绘有一只飞翔的鹤。这些信息记录了航空史上一次著名的事件——这架S-35即将执行一次冒险远航，从美国纽约不着陆跨越大西洋，目的地是法国首都巴黎。这次冒险远航的发起人，是一战时期法国空中王牌飞行员雷纳·保罗·方克（Rene Paul Fonck），这架S-35也是西科斯基特地应他的要求制造并改进的。

方克之所以要进行这样一次冒险的不着陆跨洋飞行，一方面是出于探险精神的驱动，另一方面则是为了一张巨额支票。1919年，美国纽约酒店业大亨雷蒙德·奥泰格（Raymond Orteig）斥资2.5万美元，设立了一项航空大奖，奖励驾驶飞机从纽约到巴黎不着陆飞越大西洋的第一人，这便是后来名垂青史的奥泰格大奖（Orteig Prize）。当时许多著名飞行家都跃跃欲试，试图完成这一壮举，在航空史上写下自己名字的同时斩获这一大笔美金。方克也是其中之一，而且是非常被人看好的竞争者。

西科斯基S-35最初设计完成时采用双发动机方案，后来应方克要求在机首增加了一台发动机，成为三发飞机。动力装置采用3台425马力（317千瓦）土地神"木星"9A活塞发动机。1926年9月16日是方克最初计划的起飞日，但突然发现的漏油现象让远航被迫推迟。9月21日，飞机再度准备起飞，但加满油后发现超重近4000磅（1800千克）——究其原因，除了设计和制造偏差，方克还坚持在飞机上携带一具沙发和一台冰箱。飞机上除了方克，还有他的副驾驶，美国海军飞行员劳伦斯·科丁中尉（Lawrence Curtin），一名无线电操作员以及一名

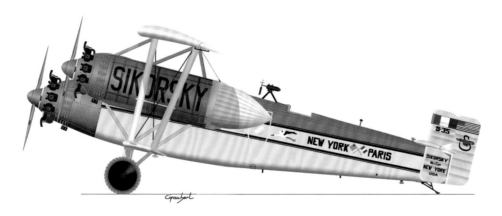

西科斯基S-35侧视图

1926年，西科斯基（第2排左起第6人）与技术工人们在改装完工的西科斯基S-35前合影，方克准备用它挑战横越大西洋

西科斯基厂方的机械师。万众瞩目下，飞机从罗斯福机场加速滑跑，就在飞机即将升空之时，机场跑道与公路交叉部位车辆碾压形成的坑洼导致飞机纵向振动剧烈，超重的机体加上纵向振动，造成辅助起落架突然折断。飞机没能升空，拖沓着滑到跑道尽头，越过护堤扎在地上，大火随即燃起。两名飞行员侥幸逃出生天，但无线电操作员和机械师不幸遇难，造价100500美元的飞机彻底报废，而且更糟糕的是，飞机没买保险。方克不着陆横越大西洋计划就此铩羽。后来发生的事儿我们都知道：8个月后的1927年5月20日，一个年轻的美国人驾驶一架瑞安公司特制的小飞机从纽约起飞，一口气飞到了巴黎，斩获了2.5万美金的奥泰格大奖，他叫查尔斯·林德伯格。他的飞机只有一台发动机而不是三台，座舱里除了林德伯格再无其他任何人，而且他那架被称作"圣路易斯精神号"的飞机上，既没有冰箱，也没有沙发。

雷纳·保罗·方克

法国飞行员雷纳·保罗·方克（1894—1953）是第一次世界大战中的协约国阵营中的头号空中王牌。他的确认战果为75架，其中72架为独立取得，3架为共享战果。与拥有80个战果的德国王牌"红男爵"里希特霍芬类似，方克简直如同一部空战机器，他把数学应用于空战，以高超的专业水准著称。他总是耐心地从高空悄然接近对手，稳稳地瞄准对方飞行员以致命的精度开火，每次击杀耗费弹药极少。他最信奉的空战模式是绝不与对手陷入缠斗，而是如外科手术般毫不留情地出刀。作为一个禁欲主义者，方克寡言少语，甚至有些腼腆。他平日极少与同行交往，而是把时间用来推敲任务和战术，或者精心地熨烫制服，再不就是做操保持健美身材。

飞行者的腕间豪情

从1903年莱特兄弟率先成功飞行开始，航空这个名词，在原有的冒险和技术属性之外，又多了一张靓丽的新标签——时尚与实用。绝对不要以为航空和普通人没什么关系，抬起手腕看看你的手表，那里面包含着航空人的技术情愫。

在美国乃至全世界，第一个完成有动力可控载人飞行的莱特兄弟无人不知；而在欧洲，人们更愿意记住巴西人桑托斯·杜蒙——他是在欧洲完成首次飞行壮举的第一人，也是巴西引以为傲的飞行先驱。

巴西航空先驱
桑托斯·杜蒙

1901年10月19日，杜蒙驾驶N.6号飞艇从巴黎圣克劳德起飞，一直飞到巴黎市中心的埃菲尔铁塔并成功返航，总计耗时不到30分钟。此举为他赢得了杜伊茨·莫尔特大奖，也让他一跃成为航空界最著名的人士之一。事后朋友们在巴黎马克西姆餐厅举行宴会，为杜蒙庆功。席间杜蒙向一位好友大倒苦水，抱怨说自己在飞行时一手要握操纵杆，另一只手则要调整油门，根本腾不出手来从口袋里掏出怀表并按开表壳来看时间。这位才思敏锐的朋友立即开动脑筋，果真于1904年制造出一款带皮革表带和带扣、能直接佩戴在手腕上的腕表。这位朋友名叫卡地亚（Louis Cartier），今天著名的时尚品牌创始人。卡地亚的这款航空表，也是世界上第一块专门为飞行员设计的腕表——虽然它在功能上还缺乏应有的特色。卡地亚建立了航空表的概念，此后的航空表稳步发展，逐渐增加诸多附加功能：它们可以用来计算燃油消耗、空速、升力、航路计算，当然还能计时。

此后，杜蒙总是带着卡地亚腕表飞行。在1906年11月12日，他戴着这块腕表，在迎风条件下创下21秒飞行220米的纪录。1979年10月20日，杜蒙手表在巴黎航空博物馆正式展出，它的旁边，就是杜蒙那架著名的"豆娘"飞机，也是杜蒙制造的最后一架飞机。今天，卡地亚仍在用桑托斯·杜蒙的名字来命名腕表和太阳镜。

其实早在1894年前后，百达翡丽（Patek Philippe）就创制了腕表，但大多成为贵妇们的小饰品，男性们仍然沉迷于带金属链子和开合式表壳的怀表。现在以杜蒙为代表的航空大腕们一下子成了时尚表率，今天腕表能够风行全球，实在要感谢杜蒙等一干航空先驱。

1909年，航空界的另一件大事，促使航空表作为一种结合工业技术美学和时尚特色的市场化产品出现在公众面前。这一年，法国航空大师路易·布莱里奥（Louis Bleriot）驾驶着一架简陋的单翼机成功飞越了英吉利海峡。但人们可能不知道的是，坐在座舱里的布莱里奥，手腕上佩戴了一块瑞士真利时（Zenith）航空表，正是它的精确计时帮助布莱里奥准确掌握了航路，完成了壮举。在越过英吉利海峡后，布莱里奥说："我非常满意真利时的性能，我经常使用它，我向所有要

首枚航空腕表成为卡地亚的品牌殊荣。2004年首枚航空腕表诞生百年之际，卡地亚推出了桑托斯·杜蒙纪念款金表，其造型与当年卡地亚为杜蒙设计的腕表颇为神似，售价6000欧元

1909年，首次驾机飞越英吉利海峡的路易·布莱里奥

布莱里奥驾机飞越英吉利海峡时佩戴的瑞士真利时腕表

求精准计时的人以最隆重的方式推荐真利时。"布莱里奥是个英雄，他也是最早使用品牌代言方式参与营销的航空人。但此时，航空表作为专业航空计时器的时代还没有真正开始。

1914年一战爆发，飞机作为武器登上战争舞台。钟表在这一时期也得到了大发展，开始作为导航仪器使用。在座舱里，钟表的重要作用是协调攻击行动发起的时间，确保各飞行部队在同一时刻展开行动。英国分别在1914年和1916年推出了Mark IV.A和Mark V型航空表，用于飞行员佩戴。这些表仍然采用怀表设计，取消了表盖，后盖带有航空表专用标志——字母A和箭形标志。这些怀表是最早配发的制式航空表，它们的典型特征是拥有很长的表冠，这样就能装入飞机仪表盘，在飞行中作为一块飞行仪表使用，因此也有人称之为"座舱表"。一战期间，钟表上还首次出现了荧光指针，这样在夜间飞行时飞行员在微弱光线下仍能清楚地辨认时间。由于用量很大，一些座舱表由一些名不见经传的厂家承制，但也有一些系出名门。在一些Mark V航空表上，你能看到4个著名厂商的标志：真利时、

查尔斯·林德伯格

欧米伽（Omega）、时度（Doxa）和伊莱克塔（Electa）。

1927年，美国人林德伯格完成了一次史无前例的飞行——单人驾机不着陆飞越大西洋，这在当时是公认"不可能完成的任务"。对于林德伯格而言，他必须依靠简单的导航仪器结合精准的钟表来测定自己在航路上的位置，才能保证不在大洋上丢了性命。飞行中他手腕上佩戴的是一块浪琴（Longiness）。当时手表的精准程度比不上现在，浪琴为此使用了旋转分钟内表圈的方法。这个标有分钟刻度的内表圈可以旋转，借此来手动消除计时误差。在飞行过程中，林德伯格会注意收听导航台通过无线电发出的报时声，然后据此通过旋转内表圈调校手表。林德伯格浪琴手表的旋转外表圈还能让他精确计算一个

一战时期英国飞行员佩戴的Mark IV.A航空表，直径50毫米，可以连续运转8天。由于该表造价昂贵，如果飞行员在坠机后未能将表带回来，要接受军事法庭的质询。表壳背面带有军表专用箭头标志，WD则表示"战争部"。这块表由瑞士莫伊斯·德雷福斯公司（Moise Dreyfuss）制造，编号1033

一战时期英军飞行员配发的Mark V航空表，上紧发条可以工作30小时。这块表没有采用荧光指针工艺，表针上甚至标明"非发光"字样，因为当时的荧光粉施加工艺不牢靠，荧光粉常常在飞机的震动中脱落，严重时会卡滞手表。后盖上有字母A（表示陆军，1918年之前英国航空兵隶属陆军建制）和箭头

小时的时间间隔，这对于提醒自己到达航路转折点极为重要。林德伯格的青睐，当然还要加上他的成功和运气，让浪琴航空表的名声日隆。在两次世界大战之间，浪琴一度是奥林匹克运动会官方计时器，今天这一角色已经换成了欧米伽。

1939年二战爆发时，航空表的专业特色迅猛发展。早在1935年希特勒重建德国空军时，德国工业就开始为数年后的战争进行准备，其中就包括制表业。当时RLM（德国航空部）要求开发一种专门配发轰炸机机组的航空表。这种被称作B-Uhr（德文观测表的缩写）的手表功能与林德伯格的浪琴较为相似，但在外观上存在差异。这种黑白两色的大型航空表后来几乎成为全世界航空表的典范和参考对象。B-Uhr由5个厂家分别制造：A. Lange & Söhne、Wempe、Laco和Stow，其中Wempe和Stowa使用瑞士机芯。B-Uhr是一种制式装备，它的所有权不归飞行人员，而是德国空军。飞行结束后，机组人员必须把它们交还空军器材管理部门。在飞行中，机组人员通过基地发出的无线电校时信号来调校航空表。今天这种方式仍然常用，后来这一方式改为自动化，

1927年，林德伯格单人不着陆飞越大西洋时佩戴的浪琴"小时角"腕表，如今是美国国家航空航天博物馆的珍贵藏品

德国Laco公司1944年5月出品的B-Uhr航空表，这种大型领航表外径达55毫米，厚21毫米，防磁防震，配用超长型双层水牛皮表带，可以方便地佩戴在飞行人员的飞行夹克腕部外侧

二战时期佩戴着B-Uhr航空表的德国轰炸机领航员

英国史密斯W10航空表。这种表已经取消了诸多附加功能，反映了当时飞机仪器仪表技术水平的快速提高

便是今天的无线电自动校准手表。

当飞机突破声速后，手表的精确程度要求也变得更为苛刻。冷战时期的航空表外形变得更大，这一点有些类似二战时德国人的做法。这一时期航空表的典范，当推英国史密斯W10。虽然W10没有许多附加功能，但它却以走时精准、坚固耐用赢得了官兵的喜爱。W10采用英国制造的手动上链机芯，其中部分机械部件采用了镀金工艺，在1967年到1970年间大量配发英军人员，堪称英国最好的军表。后来许多厂商都竞相仿制该表的设计，其中不乏今天声名显赫的大牌厂商：汉密尔顿（Hamilton）、CWC和MWC。史密斯W10事实上奠定了今天航空表的典范——简洁实用、坚固精准。今天其许多设计特征仍然被广泛沿用。

如果航线要跨越时区，那么飞行员必须要知道当地的时间。于是航空表上又出现了GMT指针（格林尼治标准时指针），GMT指针实际上是一个旋转外表圈，分为24个刻度，对应24小时，可以根据格林尼治标准时设定。有了格林尼治标准时，飞行员就能容易地换算出所在时区的当地时间。使用GMT指针最为著名的航空表是劳力GMT霸王（Rolex GMT Master），这种手表拥有一个蓝红色调时刻外表圈，手表粉们干脆称其为"百事表圈"——因为那颜色实在像极了百事可乐的LOGO。值得一提的是，很长一段时间里，劳力士GMT霸王一直是美国泛美航空公司飞行员的

类似百事可乐的旋转外表圈成为劳力士GMT霸王的标志性特征

标准配备。

随着 1961 年人类首位宇航员、苏联人尤里·加加林（Yuri Gagarin）加加林的升空，手表也开始步入太空。航天活动面临的特殊环境需要特殊的手表，太空失重环境会影响手表的走时精度。在 NASA 最早的太空任务中，使用的计时工具是 Bulova 电子钟。而上天的宇航员们大多出身飞行员，他们还是喜欢佩戴自己的手表。加加林上天时佩戴的是莫斯科第一手表厂出品的"领航员"（Sturmanskie），而美国宇航员斯科特·卡彭特进入太空时戴的是百年灵 Navitimer。说起航天表，真正的典范当推欧米伽速霸（Speedmaster）。在经受一系列苛刻复杂的测试后，NASA 选定它作为载人登月任务中宇航员的标准配备——速霸是唯一满足 NASA 所有要求的腕表。即便如此，在一次"阿波罗"任务中，宇航员曾报告说，由于月面的低压，其中一块手表的石英玻璃表盖被气压顶了出来。

中国也曾研制国产航空表。为了满足中国空军作战的需要，1961 年，第一轻工业部下达任务，要求天津手表厂组织力量，试制军用航空表。该项目当时属国家秘密项目，任务代号为"304"。接到任务后，天津手表厂克服重重困难，以瑞士表为参考，历时一年完成样表研制，并在 1965 年通过鉴定后开始小批装备部队，采取官兵自行购买方式，每只定价 100 元左右。后来由于诸多原因，304 航空表未能大批生产。作为中国首枚航空表，如今留存下来的 304 原品颇为珍贵，价格至少 6～8 万元。

20 世纪 70 年代电子表蓬勃发展，美国天空实验室（Skylab）和苏联和平号（Mir）空间站任务中，电子表一下子成了航天表主力。"宇航员可以佩戴两块手表进入太空，于是 20 世纪 70 年代初

◤ 1961 年加加林进入太空时佩戴的是莫斯科第一手表厂出品的"领航员"手表。今天该厂仍以该表样式为基调出品"加加林–领航员"系列

◤ 1969 年"阿波罗"11 号任务中，首位登上月面的人类宇航员尼尔·阿姆斯特朗佩戴的就是 NASA 指定的欧米伽速霸。这块表如今收藏在美国国家航空航天博物馆

国产304航空表原品，以当时的历史条件看，304做工精良，走时精准，堪称国产手表的高端精品

20世纪50年代初，人民空军曾小范围为飞行部队中高级军官配备进口航空表。图为当年配发的瑞士罗唐纳（Rodana）航空表，它见证了人民空军初创时期的岁月（华山/供图）

许多数字式手表进入了太空，"美国宇航员吉姆·拉维尔（Jim Lovell）说。石英机芯的引入让手表跨越了新的里程碑——从此走时精度几乎不再成为问题。

　　20世纪80年代，瑞士MB Microtec公司成功开发出自发光微光管技术，从此该技术全面取代了直接涂抹氚物质的旧工艺。自发光微光管技术是在微小的玻璃管中充入氚气，能够持久发光10年以上。而放射性物质的放射性效应被封闭在玻璃管中，降低到了无害的水平，同时还能显示多种不同的夜光颜色。通过将微光管安装在手表的表盘和指针上，就能在保证安全的同时显著提高夜间可视度。这一技术出现后，立即在航空表上得到应用，如今许多厂商都大量使用微光管技术，如Luminox、Traser和Nite。

　　现代航空表都有一些专门为飞行设计的功能。以百年灵"应急"系列（Emergency）为例，它的某些功能可能成为坠落飞行员的救命稻草。这种手表配有精密的石英自动机芯，除了配备长短指针，还带有数字显示和第二时区显示功能。但它最为独特的设计在于内藏的带天线的失事信标发射机，飞行员遇险后，它每隔50秒能以406兆赫频率向卫星发送数字求救信号，每次持续0.44秒；每隔2.25秒还能发送一个121.5兆赫的紧急救援模拟信号，每次持续0.75秒。有了这个发射器，飞行员就能迅速召唤救援力量赶到失事现场。也正因如此，你经常能在西方飞行员手腕上看到百年灵"应急"系列。百年灵公司甚至宣称，如果飞行员在紧急情况下使用了信号发射机，那么公司负责免费更换新表。

　　西铁城"天鹰"（Citizen Skyhawk）是另一款颇受青睐的航空表，也是波兰空军F-16飞行员的制式手表。它的特色设计在于自动无线电校准功能，不需要手工设定和调整，而且能显示所有时区的时间，还有万年历和定时报警功能。此外"天

Luminox推出的SR-71"黑鸟"纪念款全自动腕表，其时刻码上安装有微型氙光管，夜间非常明亮，读取时刻颇为方便

百年灵"应急"航空表是一代经典。表冠下方的超大旋钮就是应急遇难信标发射机操作旋钮，关键时刻能救命。价格自然也不便宜，约为3600美元

鹰"还配有多功能环形滑动计算尺，能让佩戴者实现多种计算功能，其中包括和飞行相关的许多项目，如燃油消耗、单位换算、开平方根等。而且，"天鹰"使用太阳能动力，不会在你忘记上链时置你于尴尬境地。总之，"天鹰"的各种功能对于导航非常重要，在执行截击任务时更有帮助。

今天，普通人也希望自己的手表能拥有航空表那些功能——虽然大多数时候根本用不上。其实飞行员大多数时候也用不上，完善的飞行仪表完全可以提供这些功能，但佩戴航空表总能应付不时之需。如今许多著名品牌手表的功能完全可以媲美航空表，人们也乐于选择它们装饰自己的手腕，这就是潮流：因为在航空先驱的风范引领下，现代手表早已融入飞行者那种简洁务实、追求卓越的精神基因。

1908年9月10日，发生了人类航空史上首次致命航空事故，飞行员奥维尔·莱特受伤，乘客塞尔弗莱齐中尉丧生

民用航空，安全与风险的角力史

民用航空的历史，远比军用航空更长。1903年，完成首次有动力可控持续飞行的莱特兄弟，就是民间人士身份。莱特兄弟也同样经历了历史上首次致命空难：1908年9月10日，奥维尔·莱特驾驶的飞机在弗吉尼亚州迈尔堡坠毁，机上乘客托马斯·塞尔弗莱齐中尉丧生。用今天的眼光审视，这起事故的调查异常草率：身为飞行员的奥维尔·莱特自己充当了事故调查人员——他同时也是设计这架飞机的工程师，且没有飞行驾照，飞机也没有适航证书（那时候根本还没有适航概念）；当时更无专业的事故调查机构，也没有航空管理法规，没有政府质询。所

幸事故的原因不难查明，断裂的螺旋桨是罪魁祸首，这样的故障在那个时代太多了，那时飞行人员的荣耀与他们面临的风险一样巨大。

我们的飞机适于飞行吗？

民用航空运输发展初期，大多数人认为飞行的风险是巨大的。1920年，英国民用航空部的报告指出：关于飞行存在固有危险的说法没有足够的事实依据。自一战结束以来，英国每进行4万英里（约6万千米）的民用航空运输，才会发生一起致命航空事故，报告认为事故发生率在不久的将来会得到显著改善。这一时期，人们开始认识到，不是所有飞机都能满足安全运输的要求。民用航空器必须满足一定的设计和维护要求，并为此建立相关法律法规，这就是适航规范的由来。1926年，美国颁布航空商业法案，是世界上最早规范民用航空的法律法规。该法案规定飞行员和飞机必须接受测试，并取得相应的认证资质，同时规定对于航空事故要依据法定程序进行调查，建立了飞机安全规范和导航准则。此后，所有参与航空活动的专业人员，都要接受正规培训并取得合法资质。今天美国联邦航空管理局（FAA）负责对美国民用飞机、飞行人员、机场和相关维护人员进行资质认证，欧洲和其他国家也建立了相应的航空管理机构。

1925年，英国民用航空部发布报告，对影响航空安全的基本要素进行了总结。基于这份报告，各国开始认真考虑从飞机适航性、飞行员训练，以及空中管理等方面加强安全控制，防范安全风险。报告指出，飞机空中解体、操纵问题、火灾以及发动机故障是重要事故原因，并由此提出，飞机结构应简化设计，重要结构部件必须能够方便检查和维修。民用飞机应采用全金属结构，结构疲劳问题应予以重视。报告还提出，飞机的操纵系统应力求简便，并加强检修。禁止乘客进入驾驶舱，排除外部因素对驾驶人员操作行为的干扰。对于火灾问题，报告要求飞机采用防火隔舱设计。关于发动机故障，当时人们尚无太多手段提高发动机可靠性，于是报告建议民用飞机采用三发动机设计，因为双发飞机任何一台发动机出现故障都难以保持飞行。实际上今天双发飞机的单发航行性能已经大为改善，这也是为什么今天双发飞机能够普遍采用的重要原因。

报告对于人为错误也非常关注，认为解决人为判断错误可以从两方面入手。其一是认真选择飞行人员，通过优化飞行规范和管理制度避免判断错误；其二是采取双人机组配置。从1926年1月1日起，英国要求全部载客10人以上的民用飞机都采用双人机组，紧急情况下第二名机组应能代替飞行员完成操作。

恶劣气候也是事故的重要诱因，报告建议采用可靠的动力装置和有效的无线电导航设备来克服夜间飞行和大雾问题。降雪问题可以通过采用防雪进气口加以防范。报告还特别提出对于雷电防护问题需要加以研究。报告还关注到了空中相撞问题——晴朗天气下这一问题容易解决，但随着夜间飞行的增多，需要采用自动接近警报装置。但那时的自动化技术仍较为落后，当时英国在低云和大雾环境下，更多地采用增加进近航路的方式来避免飞机危险接近的方式。

1919年，在茫茫大洋上飞行16小时后，英国维克斯·维梅双发飞机完成了首次跨大西洋飞行。与其说这是一次民航史开创性的行动，倒不如说这是一次大胆的冒险——当时的活塞航空发动机可靠性不足，远离大陆飞行风险极高。当时民航业认为，要进行远程飞行，特别是跨越无人区或海洋，需要使用安装三台或更多发动机的飞机。我们知道今天远程喷气式飞机可以不着陆越洋飞行，而这在一百年前绝对不可想象。

鉴于早期活塞发动机糟糕的可靠性，美国联邦航空管理局（FAA）在1953年强制规定，双发民航飞机航路上任意点距离最近的着陆场不得超过60分钟航程，这称为双发延程飞行规则（ETOPS）。这意味着民航飞机航线只能踯躅蛇行于各个着陆场之间，没法选择那些沿途缺少着陆场的航线，而后者原本可能更加经济。20世纪五六十年代民用涡轮喷气发动机的推力和可靠性显著提高，但安装两台喷气发动机的民用客机却没法摆脱60分钟ETOPS的死规定。为了挣脱这一束缚，洛克希德L-1011"三星"和道格拉斯DC-10等宽体远程三发洲际客机开始出现，并曾繁盛一时。直到后来，FAA和ICAO（国际民航组织）终于意识到设计得当的双发飞机完全能够胜任远程飞行，才在1985年将ETOPS规定扩大到120分钟，这样许多航线经济性明显提高，此举也给空客A300创造了巨大的市场空间。1988年，FAA再度将ETOPS扩大到180分钟，波音737-700成为这一政策的最早受益者。自此远程三发飞机也开始逐渐丧失市场潜力，连4发飞机的市场地位也开始动摇。波音与麦道合并后，果断停掉MD-11项目，并缩减波音747的生产规模，就是出于此种政策与市场考虑。

2007年，FAA更进一步，规定在美注册的双发飞机运营商可申请突破180

分钟限制的ETOPS认证。2009年，空客A330最早成为获得240分钟ETOPS认证的飞机，空客还计划为A350XWB申请350分钟ETOPS认证，而波音则打算让787取得330分钟ETOPS资质。ETOPS的逐步扩展，并不仅仅是时间限制的变化，其背后真正的推动力，是民用航空发动机可靠性和性能的持续攀升。

从结构疲劳到内饰玄机

1952年，英国德哈维兰公司"彗星"喷气客机投入运营，作为世界上最早投入运营的喷气式客机，"彗星"一时间成为媒体竞相报道的对象。但在1954年，先后有两架"彗星"在爬升到巡航高度过程中发生解体事故，全部"彗星"停飞。英国人为了查明问题原因，建造了全尺寸测试飞机，进行重复增压和减压试验，在巨大的水槽中重复增压减压1825个循环后，客舱前部逃生舱门一角出现了疲劳裂纹，对解体"彗星"残骸的检查也发现某个舷窗边角存在疲劳裂纹。自此，人们开始认真研究金属结构疲劳问题，引入损坏–安全设计概念，并对载荷传递路

1957年，首飞的波音707不在60分钟ETOPS的限制范围内，比早期双发飞机更具市场优势。图为德国汉莎航空20世纪60年代使用的波音707

飞行中的英国海外航空公司（BOAC）"彗星"1，注册号 G-ALYP。1954年1月10日，该机在执飞罗马—伦敦的781航班途中解体坠毁，无人生还。事后调查发现这是典型的疲劳裂纹所致。疲劳问题导致的接连失事，让该机丧失了攫取市场的最佳时机

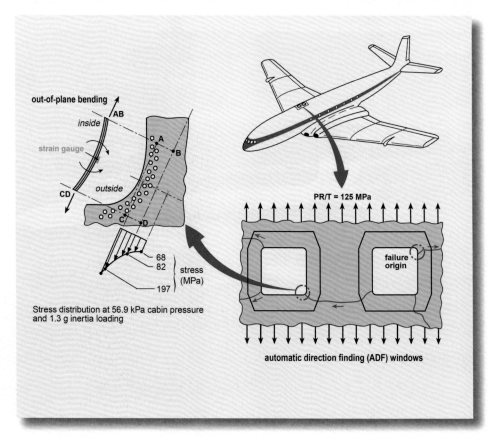

out-of-plane bending

inside

strain gauge

outside

AB

CD

A
B

C
D

68
82
197
} stress (MPa)

Stress distribution at 56.9 kPa cabin pressure and 1.3 g inertia loading

PR/T = 125 MPa

failure origin

automatic direction finding (ADF) windows

"彗星"（注册号 G-ALYP）顶部导航窗口边角疲劳断裂示意图

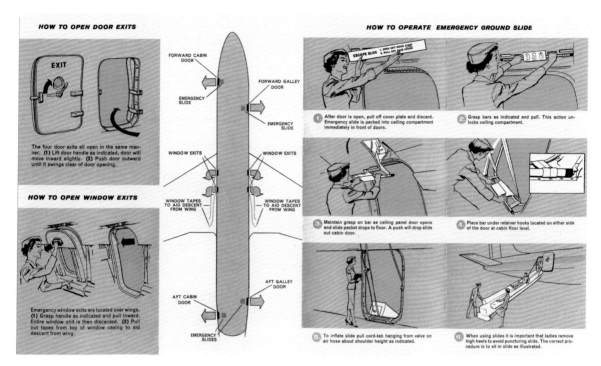

20世纪60年代美国联合航空公司DC-8客机安全指南册页，右侧部分表现了早期充气式逃生滑道的操作步骤。可见该滑道放置于顶部舱室，操作繁琐，费时费力，今天早已消失

径进行优化，防止失效结构。

1977年5月14日，英国DanAir航空一架波音707-321C在降落过程中整个右水平尾翼脱落，事后查明该尾翼后梁上部发生疲劳损伤，最终扩散导致尾翼脱落。这架飞机1963年出厂，飞行时间47621小时，起落16723次，而设计寿命是6万飞行小时和20年。1988年4月28日，美国阿罗哈243航班波音737-200在爬升过程中客舱爆裂，一块长5.5米的蒙皮和支持结构脱落，所幸迫降成功。这架飞机1969年出厂，已接近使用寿命。这两次事故让人们对疲劳裂纹发展模式的研究更加深入，同时开始认真关注老旧飞机的问题。虽然这些飞机还没有到寿，但疲劳问题可能已经发生，必须通过特殊检查加以防范。

无论你是否注意到，一个不争的事实是，过去一百年间，民用航空的事故率呈大坡度下降态势。别的不说，单是看看飞机的内部设施，就能感受到人们对于适航性的不懈追求。今天，人们对于飞机内部设施的安全性主要集中在抗撞击性能、防火性能和撤离性能等三个方面。

飞机座椅在很大程度上决定着乘客的生存概率。飞机座椅的设计要求座椅在

打开全部充气逃生
滑道加以展示的波
音747-8I，滑道设
计的合理性和使用
效率都非旧时可比

撞击时不能发生位移，同时能够吸收撞击能量，提高乘客生存概率。此外，座椅后部设计还要考虑到保护后方乘客的头部不要因撞击受到重创。20世纪30年代，客机座椅可以承受6G的过载，这一水平和汽车相近。自20世纪50年代起，商用喷气客机的座椅防撞能力从6G提升到9G。而今天的民航客机座椅，防撞要求已提升到16G，能够抵御垂直向下和水平向前的巨大冲击力。为防止撞击过程中乘客头部与前方座椅发生碰撞造成伤害，FAA还专门制定了头部损伤防范规定，要求座椅设计应该使得乘客头部与座椅相撞时，撞击力度不应超过头部损伤标准。这些规定并非停留在纸面上，座椅需要在火箭滑橇上利用仿真人进行测试，符合规定方可装机运营。

今天飞机内饰的防火标准也异常严格。1985年，FAA颁布的规定要求机内大面积板材——顶板、侧板、顶部行李舱和隔板材料在燃烧时释放的热量和烟雾不得超标，在封闭空间内要延迟跳火发生。按照规定，每平方米材料燃烧时每分钟释放热量峰值不得超过65千瓦，烟雾浓度不得超过200PPM。就连客舱内的地毯，也要具备阻燃性能，能在一定时间内隔绝下部油火燃烧，为乘客逃生赢得安全时间。

要在紧急状态下撤离客机，就必须在逃生通道和逃生舱门上做文章。今天，任何一架投入运营的民航客机，必须满足能让全机乘客在90秒内撤离飞机的硬指标。而且在飞机起火时，地板上必须安装逃生指示灯清晰标定逃生舱门位置。

逃生滑道发展至今，已走过了70多年的历程。20世纪40年代，客机上开始采用手持式织物滑道，用于乘客紧急离机。随着喷气式客机投入使用，充气式逃生滑道开始成为主流。由于尺寸过大，这种滑道只能安装在飞机顶部舱室，使用时需要先从上部取下再安装就位，打开舱门后还需要完成5个步骤，才能完成充气准备。整个过程最多需要38秒，可能丧失撤离时机。1960年时，逃生滑道开始采用新型材料和充气技术，重量和尺寸大幅度缩小，不必再置于顶部，可直接安装在舱门内壁，包括打开舱门在内只需要18 ~ 24秒就能启动。到1966年，进一步改进的充气系统让滑道仅需6秒就能完成充气，而且连接机构可以拆卸，滑道结合了救生艇设计特点，能变身为充气救生艇。到1970年，逃生滑道开始采用自动充气系统，未经训练的乘客也能轻松操作，如今这已经成为民用客机的标配。今天，逃生滑道的材料也必须满足防火阻燃要求，而且要能适应各种飞机迫降姿态，每条滑道每分钟能让60名乘客安全离机，同时还要能在25节风速环境下正常使用。

导航，相撞与空管

1919年前后，为了方便导航——当时飞机导航设备还相当简陋，英国民用航空多采用沿铁路线飞行的方式，许多铁路沿线的火车站，屋顶上用特大号字书写了站名，这样飞行员从空中也能知道自己身处何地。按照这个思路，在开通阿曼到伊拉克拉马迪航线时，英国甚至决定在没有铁路的沙漠地带开掘一条470英里（约756千米）长的壕沟，以便让飞行员能够像参照铁路线一样循着壕沟飞往目的地。英国民用航空部还专门联系英国皇家空军，探讨在民用航空中使用信鸽导航的可行性。英国飞机制造商协会（SBAC）认为使用信鸽过于复杂且成本高昂，建议选用有效的无线电设备进行导航。实践证明，无线电导航比鸽子更靠谱。

1922年，航空史上发生了首次空中相撞事故。事故发生在巴黎北部的博

1968年8月4日，美国中北航空公司一架康维尔CV-580与一架赛斯纳150发生空中意外相撞。事故导致赛斯纳上三人死亡，康维尔幸而安全着陆。今天先进的空管信息系统和防撞技术完全可以避免此类事故

韦——当时两架在伦敦—巴黎航线上运行的飞机在糟糕的天气中相向飞行。那时航空安全事故非常多。用了几个月时间，人们就"解决"了空中相撞问题。当时空中防撞很大程度上依靠目视观察，为此规定飞行员必须保持在作为导航标记的公路或铁路的左侧行驶——和大英帝国的公路交通一样。这样就避免了同一航线上两架飞机迎头相撞。这只是操作方式的变化，并非技术解决方案，对于危险接近仍然防范不足。

20世纪二三十年代，民用航空在有效性和安全性方面出现了不少改进。飞机与地面间开始使用无线电话，无线空管技术开始出现。当时许多机场也开始建立管制区概念。第二次世界大战带来了更多的变化与改进，原本用于军事航空的许多技术扩散到民用航空领域。空管系统概念出现，空中管制员被视为重要的交通安全决策者。他们通过无线电话与飞行人员联络，负责制定飞行计划并与飞行人员取得一致，还负责监控二次雷达数据。这些数据与管制空域和空管规范一起，来监控飞机之间的最小距离。

管制人员能够接收飞机上装载的二次雷达应答机传输的信号，根据屏幕显示装置获悉相关飞机的标记点、呼号和高度等信息。应答机不仅可以向地面发送信

息，而且可以接收地面发送的短信息。

二战带来的另一个重大技术进步是导航技术方面。此后，导航技术从单纯的无线电信标过渡到更精密的GPS卫星导航。在无线电导航和GPS导航技术开始应用后，原来简单地"沿铁路或公路左侧"飞行的方式显然不再奏效，于是人们开始在高度差上做文章，随着高度表和空管技术的进步，飞机航路的高度差也在发生变化。最终，飞行在2.9万英尺（约8千米）以上飞机的航路高度差从2万英尺（约6千米）降低到了1000英尺（300米），这一距离已经足以保证飞机不发生空中相撞。

今天飞机上都装有空中防撞系统（TCAS），它能准确告诉飞行员如何避让危险接近的其他飞机。TCAS系统基于二次雷达应答机信号工作，通过监控本机周围的空域，及时发现那些装备主动应答机的飞机。如果发现有其他飞机进入本机周围空域，会及时向飞行员发出预警。按照ICAO规定，所有起飞重量超过5700千克或载客超过19人的飞机，必须安装TCAS系统。在现代玻璃座舱飞机上，TCAS可以通过导航显示器或电子水平仪显示信息，在所有安装二次雷达应答机的飞机间实现信息交互。每架飞机都会以1030MHz频率向一定距离内的所有飞机发出询问信号，所有其他飞机会将位置信息传给本机，每秒钟可以完成多次交互询问。TCAS依据这些信息，建立一个三维地图，把所有接收到的飞机距离、高度和方位信息加入其中，然后通过推算当前距离和高度差等方式，来预测是否存在碰撞可能。如果存在碰撞风险，TCAS还会自动设定避让方案，并通过显示和语音提示飞行员，建议后者改变飞机高度和爬升/下降速度来避免碰撞。

民航业界正在积极推广下一代空管监测技术ADS-B（自动独立监视-广播系统），这种技术更为先进，未来将取代二次雷达成为主要管制方式。ADS-B能让飞机以每秒一次的频率通过机载发射机广播发送本机身份、位置、高度和速度信息，同时接收其他飞机的ADS-B数据，这些信息将显示在空管人员的显示系统上，让所有飞机变得实时可见。让空管人员能够凭借这些更为及时精确的信息进行指挥，将显著推进民航空管技术的进步。

事故刻骨，经验宝贵

我们为每一起航空事故悲痛，但同时也正是这些事故成为至关重要的经验范

1985年8月2日，因风切变坠毁的达美航空191航班洛克希德L-1011尾段残骸，事故造成137人丧生，此后机载气象雷达和风切变探测预警系统遂成大型客机标配

本，迫使人们不断发现民航安全技术的不足，找出改进办法，推动民用航空不断朝着更安全、更经济、更舒适、更便捷发展。

随手翻阅民航安全史，你都能发现那些典型事故对航空安全的强力推动：

1978年12月28日，美国联合航空173班机在降落过程中因机组忙于处理故障没有注意燃油耗尽最终导致坠毁，此后美国开始推行机组资源管理（CRM）的训练理念，强调机组之间的协调配合、对警报信息的关注，消除误判隐患。

1983年6月2日，加拿大航空797航班一架DC-9在飞行中洗手间起火，浓烟在舱室蔓延，火情烧断了许多线缆，许多设备失灵。迫降后开门又造成氧气输入酿成闪火，导致多人遇难。此后在FAA强制要求下，洗手间烟雾传感器和应急地板逃生指示灯成为民航飞机的标配。飞机内饰阻燃材料的技术要求也变得愈加严苛。

1983年9月1日，苏联战机误击韩国波音747——当时该机严重偏航，误入苏联领空，掠过军事重镇。此事促使美国向全球开放民用GPS信号，航空器开始享受精准的GPS导航服务。

1985年8月2日，达美航空191号航班一架洛克希德L-1011在雷雨中降落时遭遇风切变坠毁，此次空难促使NASA和FAA进行了长达7年的研究，最终机载气象雷达和风切变探测的预警系统成为民航客机的必备设备。

1989年7月19日，联合航空公司执飞232航班的DC-10-10（N1819U）在飞行中2号发动机故障，飞机在试图迫降过程中坠毁，一名空乘和110名乘客丧生。事故原因认定为2号发动机风扇叶片断裂。这起事故直接促成了荧光渗透检测技术的推广（FPI），它能在不损伤部件的前提下发现飞机和发动机部件的微小内部裂纹，以便做出正确的质量评估。

1990年12月3日，西北航空公司执飞1482航班的DC-9（N3313L）在底特律韦恩郡机场跑道交汇点与西北航空另一架波音727相撞，造成8人遇难。事故原因是DC-9机组协调性不足，而地面空管人员的疏导工作也存在漏洞。此后，美国开始大力推进ADS-B技术研究，以期让飞行员和空管人员能以前所未有的精度和及时性形象感知空中飞机的交通状况。如今这项技术已经成为下一代空管技术中的关键要素。

1995年12月20日，美利坚航空执飞965航班的波音757-223（N651AA）在夜间目视条件下在哥伦比亚撞山坠毁，机上163人只有4人幸存。事故原因是机组没有正确规划和执行进近路线。事后美国开始采用地形注意报警系统（TAWS），该系统能为飞行人员提供有效信息，提醒后者发现潜在的危险地形，让他们采取有效措施防止飞机可控触地（CFIT）。

1996年7月17日，环球航空800航班一架波音747-100油箱爆炸失事，机上全体人员罹难。历时4年的艰苦调查显示，事故的罪魁祸首是油箱内的油气混合物被线路短路火花点燃。事后民航客机油箱系统开始采用充氮惰化技术，同时对所有线路采用安全性设计。

民用航空的历史，就是航空科技与飞行风险较量的历史。你可以不相信技术，但不能不相信智慧。正是凭着对人类智慧的自信，我们才能飞上蓝天。虽然经历了无数磨难，目睹了太多惨痛，我们需要相信，人类的智慧一定能让我们飞行得更加安然。

当欧宝遭遇火箭

如果你说不知道欧宝，别人会认为你来自河外星系。但如果你说不知道"火箭欧宝"，那很正常。因为这段往事发生在20世纪三四十年代，今天已经隐没在许多人的认知范畴之外，但对于老牌汽车制造商欧宝，它是骄傲。

弗里茨·冯·欧宝（Fritz Von Opel）是历史上最著名的工业人物之一，他的爷爷便是欧宝汽车公司的创建者亚当·欧宝（Adam Opel）。在欧宝汽车公司，

弗里茨的欧宝火箭摩托车

弗里茨担负试验部门主任和公共事务部门主任。像他的祖辈一样，欧宝对交通工具兴趣浓厚，只不过他的兴趣除了汽车，还囊括了摩托车和飞机。更新潮的是，弗里茨还是个地道的火箭死忠粉。那时候欧洲人对于创造速度纪录热情爆棚，弗里茨相信如果把火箭作为汽车或者摩托车的推进动力，定能刷新速度纪录。

欧宝火箭汽车RAK.1，装有12支火箭，但只跑到了75千米/小时。请注意RAK.1驾驶舱侧面底部已经带有增稳短翼

弗里茨开始着手制造世界上第一辆火箭动力摩托车，这一年是1928年。这辆被称作"欧宝火箭摩托"（Opel Raketen Motorrad）的怪物是这样工作的：摩托车启动活塞发动机跑起来，速度达到120千米/小时后车手蹬下踏板，点燃摩托车后部安装的6支固体火箭助推器，继续玩命加速。弗里茨希望能实现211千米/小时的速度，打破当时摩托车陆上极速纪录。遗憾的是，弗里茨不怕死，德国官方却以安全为由反对这一计划，不同意火箭摩托冲刺速度纪录。火箭摩托于是只能改行作为演示活动，虽然也吸引了诸多关注目光，成了欧宝公司的促销形象大使，但毕竟身上少了破纪录那圈耀眼的光环。

火箭摩托被封杀，但弗里茨并没有把宝全押在摩托上。1928年3月15日，弗里茨制造了世界上第一辆火箭汽车，命名为"欧宝"RAK.1。试验中弗里茨驾驶RAK.1跑出了75千米/小时的速度，算不上什么高速。弗里茨接着又着手制造更新的RAK.2，这次他为RAK.2安装了24支固体火箭。5月23日，弗里茨驾驶RAK.2达到了230千米/小时的行驶速度。如此高的速度下，弗里茨需要应付一个棘手的问题：如何不让汽车起飞。为此他在RAK.2两侧装上了一对短翼，利用负迎角形成的向下气动力把汽车往地上按，这一设计让RAK.2获得了另一项殊

弗里茨和他的欧宝火箭汽车RAK.2。从这个角度可以清楚地看到车体后部的24支火箭

疾驰中的欧宝火箭
汽车RAK.2

荣——最早利用空气动力增大轮胎附着力的汽车。继RAK.2之后，弗里茨还制造过一辆以火箭为动力的轨道汽车RAK.3。凭借30支火箭推动，RAK.3实现了254千米/小时的高速度。

欧宝火箭轨道汽车
RAK.3

弗里茨的尝试远未结束，他接下来琢磨用火箭来推动飞机。他认为利用火箭动力推动滑翔机是不错的做法，这虽不是为了创什么速度纪录，但能为欧宝公司赚取眼球。他与德国火箭技术专家弗雷德里克·桑德尔（Friedrich Sander）和马克斯·瓦里尔（Max Valier）合作，请两人为其研制助推火箭。值得一提的是，这二位都是德国宇航飞行协会的成员。该协会后来出了一位谤满天下也誉满天下的火箭设计大师冯·布劳恩（Wernher von Braun），当时他才19岁。

静态模型爱好者制作的欧宝火箭轨道汽车RAK.3。这东西摆在展示柜里，也只有那些精通汽车史和航空史的人能够读懂

　　1929年夏，弗里茨造访了德国滑翔圣地瓦瑟山，从航空设计师亚历山大·立比希（Alexander Lippisch）那儿弄到了一架被称作Ente（德语"鸭子"）的鸭翼滑翔机。这种无尾滑翔机的升降舵设置在前机身，主翼后置，刚好能让火箭装在飞机后部，不必担心热量和火焰导致飞机失火。弗里茨给"鸭子"装上火箭，又解决了平衡问题。两支火箭内装黑火药，采用电发火，前后接力工作，飞行员可以通过座舱内的开关启动——每支火箭可以提供30秒推力，这是世界上第一架火箭动力飞机。设计中遇到的一个麻烦是，火箭燃尽前后重量变化很大，燃尽后全机重心会明显前移。为了解决这一问题，设计师在座舱地板下面安装了一块可移动的配重。火箭燃尽后，配重会向后移动一段距离，保证全机重心变化在合理范围内。"鸭子"的起飞也很有趣，通过大型橡胶带弹射器在滑轨上像弹弓那样发射。6月11日，"鸭子"进行试飞，试飞员斯塔默按下第一个开关，点燃第一枚火箭。30秒的推力让"鸭子"成功升空直线加速上升。他完美地飞行了1500米，环绕瓦瑟山跑道飞了一圈——这是世界上火箭飞机的首次成功飞行。

欧宝火箭滑翔机
"鸭子"

　　这次飞行结束后，"鸭子"更换火箭准备再次起飞。这次准备同时点燃两支火箭，实现更高的加速度。但这次试验开始时，幸运之神似乎打盹了。斯塔默按下两个开关，一支火箭成功点火，另一支却发生了爆炸。碎片在飞机上炸出了致命的窟窿。"鸭子"升空并加速，后机身几乎被撕碎，机翼也被部分扯烂。这还不是最糟的，一股火焰迅速从后机身腾起，而火箭仍在忠实地推动"鸭子"前进，飞行员没办法让它停止工作。斯塔默坐着起火的"鸭子"，直到那支火箭耗尽燃料，才一头栽下来迫降。斯塔默够幸运，没有受伤。他摔出了燃烧的残骸，刚跟跄到安全地带，整架飞机就被大火彻底吞没。

　　失败没有吓倒弗里茨。他决定另买一架滑翔机，再改造一架火箭飞机。这次弗里茨决定使用更大的火箭，飞机则是一架传统布局滑翔机，由里比希的好友——尤里乌斯·哈特里（Julius Hatry）设计。为了能安装火箭，哈特里修改了设计，将尾梁上的控制面抬高。为避免重心变化，机身被悬挂在机翼下方，在机翼后部的重心位置附近，安装了16枚小型火箭，排成4排，每排4枚。9月30日，在法兰克福梅因机场（Frankfurt-am-Main），当着围观人群，弗里茨爬进了RAK.1滑翔机座舱，进行首飞前的最后检查。8个人一起把飞机向后拉上发射轨，在橡胶绳张紧后释放飞机。与此同时，弗里茨扳动开关点燃了第一枚火箭。RAK.1喷出火焰和浓烟加速前行，最终离开了地面。在75秒内，火箭推动着滑翔机飞过了将近1.6千米的距离。火箭燃尽后弗里茨驾机下降着陆，但着陆动作过重，飞机受到一定损伤。但无论如何，弗里茨实现了驾驶火箭飞机飞行的愿望。

弗里茨的火箭动力最终还是没能孵化出伟大的作品，更没在全世界范围内流行，但卖给弗里茨第一架飞机的里比希后来却研制出Me 163——第一种投入实战的火箭动力战斗机，但也没能流行。二战中总计制造了超过300架，但它们总是发生事故，据说总计只击落过十几架盟军轰炸机。

▌欧宝火箭滑翔机
RAK.1

Since 1952：
带郁金香味的青花传奇

编号1、3、4、5、7的KLM瓷房子，它们是最早出现的KLM瓷房子。虽然年代早，但由于生产持续时间长，只有20世纪50年代生产的才算珍贵

自1952年起，所有乘坐KLM洲际航班的商务舱乘客，都能获赠一件KLM瓷房子，这一传统一直延续至今

那天从芬兰赫尔辛基回国，搭乘荷兰皇家航空（KLM）的飞机。飞机距离北京机场大约还有一个多小时的航程，我仰面靠在椅背上夸张地享受最后的闲暇时光。昏昏欲睡之际，手指接触到一丝凉意，睁开眼，空乘小姐正将一个精致的小房子递到我的手中。仔细端详，这是一件青花瓷制作的小房子，传统荷兰民居样式。更为有趣的是，它还是一个瓷瓶，上面带有瓶塞和蜡封，摇一摇，能听见里面液体晃动的声音。看瓶子的标签，里面盛装的是荷兰杜松子酒，着实是一件可爱的青花酒瓶。对于那些喜欢收集航空旅行纪念品的人们，这是不可多得的收藏品，因为从1952年开始，它们便是独属于KLM的青花传奇。

回溯到1952年，那是一个航空运输业快速发展并激烈竞争的年代。KLM十分希望能有什么方法让乘客变成KLM的忠实顾客。经过研究，公司认为需要一件能够让乘客产生小小感动的纪念品。为此KLM专门定制了一批经典房屋造型的代尔夫特青花瓷瓶，然后用它们盛上杜松子酒，作

为向国际航班公务舱及以上级别乘客赠送的礼品。这一举动立时在业内引发了轩然大波，因为当时航空运输业禁止公司向乘客赠送礼品，那会被视为不正当竞争。于是竞争对手们纷纷指责"KLM向顾客赠送礼品"，若不是KLM十分智慧的答复，恐怕我们就没机会欣赏这些漂亮的微缩瓷房子了。KLM的回应是：我们难道没有权利决定如何向乘客提供机上饮品吗？哪条法律规定我们一定要用玻璃杯呢？竞争对手无言以对，这便是这项坚持了60余年传统的发端。

今天这些瓷房子被旅行者们亲昵地称作"荷航袖珍屋"。它们容纳了丰富荷兰文化和历史元素。除了本身就是精美的青花瓷艺术品，这些瓷房子还是个设计精巧的小瓶子，里面盛装着BOLS出品的荷兰杜松子酒（金酒）。酒精度35%，瓶口装有蜡封的软木塞。BOLS又是荷兰的骄傲，这家酿酒企业的历史能追溯到1575年，堪称欧洲之冠。有时候乘客回家后会把酒喝掉，但空瓶子他们会保留下来，在家里的柜子上或多宝格上成为永久的家居装饰。如果航班的目的地是对酒精饮料有法律限制的国家，那么KLM会改为向乘客赠送空酒瓶。

从1952年到1993年，KLM先后推出了60款各式瓷房子。殊为难得的是，每一款房子都带编号，其造型不是凭空臆造，而是参照阿姆斯特丹运河两岸或荷兰其他历史名城的特定历史建筑微缩而成。乘客们可以透过这些袖珍屋玩味荷兰的独特味道——用思想或舌头。1994年KLM成立75周年之际，专门同时推出了15款瓷房子，这一来瓷房子的编号就从60增加到75，恰与KLM同龄。更有意思的是，第75号瓷房子就是KLM原来的总部建筑。自此每年10月7日公司成立纪念日（KLM成立于1919年10月7日），KLM都会发布一款新的瓷房子，作为对公司历史的纪念。2019年10月7日推出的，恰是第100款。

从制瓷工艺上看，瓷房子也荷兰味十足。这些瓷房子采用了源自17世纪的荷兰代尔夫特蓝陶工艺（Delft Blue）。1600至1800年间，许多荷兰乃至欧洲富户都以拥有代尔夫特蓝陶制品为荣。严格地说，代尔夫特蓝陶并非典型瓷土制造，它们更应归为陶器。称它们青花也不准确——实际上它们是当年名贵的中国青花瓷器的荷兰廉价翻版，但这并不妨碍它们赢得人们极大的喜爱。鼎盛时期，荷兰小城代尔夫特一度拥有33家蓝陶工厂，今天这些工厂中皇家代尔夫特是硕果仅存的一家。

浓缩了如此之多荷兰元素的瓷房子，加上荷兰航空数十年的专注坚持，当仁不让地成为收藏者们追逐的目标。几乎所有人都会一下子被这些迷你青花房子所吸引，即便是一些大咖也不例外。《华尔街日报》披露，1982年诺贝尔奖文学奖得主加布里埃尔·加西亚·马尔克斯有一次接到KLM邀约，请他为机上杂志撰稿。他提出的条件是KLM赠送他从1952年起的全套瓷房子，作为报酬的一部分。KLM也够爽快，当即拒绝——理由是按规定瓷房子只能在洲际航班公务舱上发放，以这种方式全套赠予不合规矩。

当然，收藏者们还是有办法。在eBay等购物网络上KLM瓷房子早已成了一个收藏品类。KLM甚至还发布了一款移动终端app，用户可以通过iPhone和安卓手机查阅全部KLM瓷房子的编号与造型，品味其中的文化味道。如果您想搜罗到全套的瓷房子，最好的主意是去eBay，至于能不能实现，那要看你的砍价本领和经济实力了。

KLM瓷房子中，有几款相当著名。第47号瓷房子，是著名的安妮·弗兰克小屋，在这座小屋的夹层密室里，安妮·弗兰克写下了著名的《安妮日记》；第48号则是荷兰大画家伦勃朗旧居，1639—1658年间伦勃朗在此居住，期间绘制了巨作《夜巡》；76号是约内斯·维梅尔（Johannes Vermeer）名画《小街》中的建筑。有些KLM瓷房子并不带序号，属于特别款。其中最为著名的当属水坝广场的大皇宫，这件瓷房子总产量不过几千件，在20世纪七八十年代，是专为KLM乘客中的

第47号瓷房子，著名的安妮小屋。《安妮日记》的诞生地

▮ 第48号瓷房子，伦勃朗旧居，他在这里画出了《夜巡》

▮ 第76号瓷房子是维梅尔笔下《小街》中描绘过的房子

▮ 水坝广场皇宫是非常罕见的KLM瓷房子，因为它当年只赠送给搭乘航班的新婚夫妇，产量极少

在法律禁止饮酒的国家和地区，KLM会改为向乘客赠送空瓶或以瓷房子为题材的其他用品，比如烟灰缸

2015年推出的96号瓷房子，是位于霍林赫姆的哈梅尔旧居。哈梅尔在1653年前后因一次海难到了朝鲜，在朝鲜生活多年后回到荷兰，写下了《哈梅尔漂流记》，第一次向西方介绍了朝鲜。利用这些荷兰建筑与其他国家的历史渊源，KLM可以通过瓷房子开拓目标市场

新婚夫妇准备的特别赠品，今天已经相当稀少，价格也属KLM瓷房子中最贵之列。

KLM瓷房子声名日隆，不仅是荷兰航空的品牌标签，更俨然阿姆斯特丹的文化符号。青花瓷房子还赋予建筑师们全新的设计灵感：2009年，阿姆斯特丹城市保护修复组织承接了市政厅一项任务，修整Oudezijds Armsteeg老街，这是该城红灯区一条管理混乱的街道。市政厅要求整修后的街道能吸引游客，但不是通过美艳的女性，而是借助历史和商业元素创造真正的阿姆文化体验。设计人员从KLM瓷房子礼品中找到了灵感——他们决定把瓷房子重新放大，按照青花瓷的风格建造成真正的房屋。这项计划被称作Out of the Blue，字面意思是"源自青花瓷"，但翻译成"青出于蓝"似乎更雅。阿姆斯特丹城市保护修复组织副主任夏普·赫尔舍说，自己曾乘坐KLM公务舱旅行，得到了一座瓷房子。这让他开始注意这些精致的艺术品，意识到这些瓷房子对于那些外国游客而言，已经成为了解荷兰风情的一扇窗口。于是他与建筑师基斯·多侬贝尔协商，由后者按照KLM瓷房子风格设计6栋房子，每栋房子都有白色釉面砖、蓝色外露框架和屋顶材料，以及很小的阶梯状女儿墙。这一方案得到了市政当局和阿姆斯特丹地区建筑委员会的认可——后者专门负责保护老城的历史风貌。整个工程的结果是，一排蓝白相间的新造"传统房屋"出现在老街上，房屋的一层是店铺，上层是可供出租的公寓。这些房子成为阿姆斯特丹的新风景线，也是荷兰城建为KLM做的一次超值广告。

必须提及的是，今天的KLM瓷房子的制作地早已不再是荷兰，自1995年起KLM开始转向中国台湾和新加坡定制瓷房

改造后的 Oudezijds Armsteeg 老街，Out of the Blue 工程的结果——从瓷房子到真房子

子，当然工艺要求仍然和代尔夫特蓝陶一致。代尔夫特蓝陶原本就是东方青花瓷的简略版，东方人承制此类产品倒更像是代尔夫特蓝陶工艺的东方回归。

KLM 瓷房子研究者兼收藏家马克·齐格林在 2014 年专门写了一本名为《海滨小王国》的图书，专门通过 KLM 瓷房子讲述荷兰的历史和文化，为读者解释瓷房子背后的文化秘密

打开 KLM 瓷房子的瓶塞，蓝色青花与淡淡酒香，同样令人微醺。

位于阿姆斯特丹 Prinsengracht 807 号克雷默古董店的店主塞巴斯蒂安和罗兰德兄弟是世界上最为著名的 KLM 瓷房子收藏家，在他们的店里，你可以看到几乎所有的 KLM 瓷房子

KLM甚至还推出了瓷房子导游地图，你可以在地图上按照指南找到
任何一款瓷房子的地理位置，步行到实地瞻仰历史旧迹

304 秘闻：
中国第一只航空腕表

原品304型军用航空测时手表，这是中国第一款专门为军事航空研发的航空测时手表。在当时采用了国内最为领先的工艺，满足了国防装备的需要

2011年10月，CCTV-2《一锤定音》中，一块国产"海鸥表"成功拍出了6万元，引发了许多人的关注。这块20世纪60年代出厂的"海鸥表"何以如此值钱？它的后面隐藏着一段中国航空表的难忘往事。

1955年，新中国第一只手表——五星牌手表在天津手表厂（今海鸥集团前身）研制成功，拉开了中国民族手表制造工业的序幕。虽然当时中国手表工业还处在仿制阶段，但随后发展的五一牌手表通过对原有机芯结构和零件加工工艺性的改进，逐渐形成小批量生产能力，截至1958年年产达到近千只。1959年苏联派遣专家支援中国工业建设，一些苏联制表专家也进驻天津手表厂。在苏联专家的帮助下，经过一年多的努力，通过对五一表的结构进一步改进，五一表的机芯质量和可靠性又有了很大提高。1960年五一表开始进入正规的批量生产阶段，从1957—1971年五一手表共生产143万只。五一手表的量产，提升了中国手表研制生产的技术水平，使当时的天津手表厂试制车间具备了手表试制的基本条件。虽然当时条件仍显简陋，进口的加工和检测设备少之又少，但大量手工的精工细作，弥补了这些不足，为后来计时码表的研制成功打下了坚实的基础。

与此同时，成立不久的新中国在国土防空方面仍面临着巨大的压力。由于当时国家工业和经济实力的制约，外军航空兵早已广泛装备的航空计时码表（航空表）在国内尚无生产，少数指战员只能自费购买进口手表。虽然飞机上装有飞行钟，但佩戴在飞行员腕部的航空手表仍然有着不小的使用价值，不仅作为备用计时器，还能帮助飞行员粗略估算航程和油量等重要参数。特别是在登机前任务时间规划方面的作用不可替代。为摆脱中国空军航空表主要依赖进口的局面，提升中国手表制造的技术水平，为国家节省宝贵的外汇资源，国家决定选择国内手表制造企业研制计时码表。当时国内手表厂寥寥无几，只有天津和上海两家手表厂具有一定规模，而天津手表厂作为第一块国产手表的诞生地，其

二战时期以及战后，各主要国家航空兵都曾为飞行人员定制专用航空腕表，这是瑞士罗唐纳（Rodana）在1957—1959年间为加拿大空军定制的飞行表。罗唐纳后来也成为国产304的直接参考原型。这款加拿大空军版罗唐纳除了采用单计时按钮外，表盘设计与机芯构型都与国产304极为相似

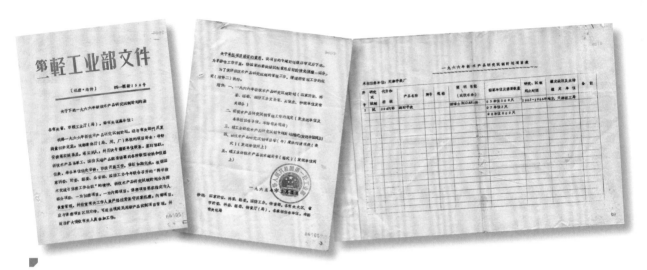

1965年12月，第一轻工业部下发的《关于下达一九六六年新技术产品研究计划的函》，要求天津手表厂试制并交付304型手表。文件标有"机密·急件"字样。当时304手表是作为国防所需的仪器仪表立项研制的

五一手表的质量和可靠性当时属国内最高水平。此外，天津毗邻北京，组织研制工作相对便利。1961年4月，第一轻工业部下达任务，由天津手表厂组织立项，试制专供中国空军使用的航空表。该项目当时属国家秘密项目，任务代号为"304"。

接到此项任务后，天津手表厂抽调了全厂技术水平最好的20多名技术骨干集中攻关。研制人员参照的样机是空军提供的瑞士RODANA手表，那时候厂里

计时开始/停止键

主秒针
秒针跳动值0.2秒
平时使用秒表表针，以节省能量。

手动上链旋钮
上满发条可连续
走时34小时

表壳直径35毫米

计时表盘复位键

计时秒表盘

30分钟计时表盘

原品304测时表功能

缺少先进测绘设备，人们只能采用简单的方式对零部件进行测绘、计算，借助厂里仅有的一台瑞士进口绘图仪进行绘图。为加强研制力量，天津大学计时专业的学生也参与了样机测绘。技术人员查阅了大量的有关资料，加深了对该款手表结构理论的认识。在试制人员中，既有工程技术人员，又有高级技工，也有刚刚毕业进厂的高中毕业生。虽然条件十分艰苦，但所有参战人员都始终保持着极高的热情。在他们看来，每一件取代进口货的国产产品都是新中国的光荣。为了加快研制进度，许多人干脆吃住在工厂。经过近半年的奋战，终于攻克难关，在参考原机芯设计基础上，自行绘制出全套图纸，设计制造了所有工装模具，特别是计时码表机芯的柱状轮结构，即便在当下的手表制造业中也属于国际水平。

到1961年9月份，天津手表厂成功试制出5只样品，经测试其性能已接近进口手表的水平。到1963年底，完成了第二批30余只样表的试制，到1965年又试制出第三批样机100余只。1965年12月，第一轻工业部组织全国21个相关单位共计38位领导、专家组成专家组，对国产计时码表进行评审。经评审，产品的走时精度、测时、耐高低温、防震、防磁、防潮、快慢针拨校、上条拨针启动质量、抗冲击等各项指标均达到了合格标准，顺利通过了部级投产鉴定，被批准定型批量生产。按照天津手表厂的表款研发序列排布，该款计时码表机芯编号为ST3。当月，一份标有"机密·急件"的题为《关于下达一九六六年新技术产品研究试制计划的函》的第一轻工业部红头文

304手表机芯特写，与瑞士罗唐纳使用的Venus 175机芯十分相似

304测时表后盖特写，上面硕大的中国两个字代表了那个时代国货的荣光。请注意这块表的皮带是后配的，不是原装件

304测时手表暂行标准，其中详细规定了手表的各项技术要求。精准性一项
要求手表走时最大日差小于 ±60秒，平均日差小于 ±45秒

件被送往天津手表厂负责人处。文件要求天津试制"304"的测时手表，并向代号"05"和"07"的两家单位分别提供100只和3只。按照文件要求，1966年5月天津手表厂确定投产方案，同年10月底，正式组装成品1400只，发往中国空军一线。截至1968年，该款手表总共生产了近3000只。

304型航空表是中国首款航空军表，当时在全国影响很大。在1966年至1967年该款手表的批量生产过程中，也暴露出一些问题。通过逐项解决，不但手表本身的性能和质量得到不断完善，也大大提高了天津手表厂的手表设计、制造工艺和技术水平，提供给空军的该款手表获得了军方好评。随着"文化大革命"的开始，加之民用手表的消费需求不断增加，天津手表厂遂将主要精力转向民用手表的生产。304型航空表最终在1969年停产。随后，304型航空表的图纸、工艺文件、工装、在制品等所有材料被移交给当时的第二手表厂组织继续生产。但由于当时该厂的生产条件、技术力量以及市场等因素，一直没有正式生产。

由于装备总产量原本不多，时至今日，20世纪60年代出品的原品304军表已很难见到。作为新中国第一款专用航空表，304已经成为中国制表业的一座里程碑，自然也为收藏者们所喜爱。2013年天津手表厂又推出了复刻版304腕表，产品编号D304，作为对那段难忘记忆的致敬。

2013年海鸥公司推出的复刻版D304航空测时表

315

香烟，一场客舱内的八十年战争

今天坐飞机，不少人会担心长时间塞在沙丁鱼罐头一样的经济舱座椅上会导致腿部静脉栓塞，这是现代民航运力与收益博弈变迁的结果。但阳光一点的话，你要知道，至少今天在飞机上你不必担心罹患肺癌的风险增加，因为不用坐在云山雾罩的客舱里吸食二手烟。

吸烟还是不吸烟？在今天看来已经不是问题。但在民用航空近百年的发展史上，围绕香烟展开的战争也绝对堪称旷日持久。

如果你是20世纪20年代人类最早的一批航空旅客，估计你不会在客舱里点燃香烟或是雪茄，即使你那样做，机组人员也会礼貌地阻止你。早期的飞机是木材、帆布和胶水制成的，再考虑到不老靠谱的汽油活塞发动机，那时的飞机算是绝对的易燃易爆品，如果不想点着飞机，最好灭掉香烟。

大约十年之后，20世纪进入第三个十年的时候，伴随着金属飞机和封闭式客舱出现后，这则规定才有所松动。航空作为当时绝对高端大气上档次的出行方式，航空公司一定要让乘客切身体会到服务的尊享程度，一些公司会向客人赠送免费的雪茄。这些雪茄和香烟，一吸就是40年。从那时起直到20世纪60年代初，如果您在飞机上掏出雪茄，空乘立马会拿出精致的打火机为您点燃，没有谁会认为这有何不妥，虽然您的邻座可能心存不满，因为并不吸烟的他们反感呛人的味道。

这张照片弥足珍贵，摄影师拍摄的是道格拉斯DC-1客机客舱内景，时间是1933年。此时全金属民用客机已经开始成为潮流，客舱内也随之变得烟雾缭绕。之所以说这张照片珍贵，是因为DC-1仅制造了一架

随着在飞机上吸烟行为的日益普遍，另一个问题很快出现——烟民们会把未燃尽的雪茄自然而然地从舷窗丢出去。这种做法会引起很多麻烦，美国农业局就严重担心会引发荒野大火。

客舱里的香烟和雪茄燃烧了大约20年后，吸烟活动在20世纪50年代开始变得不那么主流。一个重要的原因是机上餐饮服务水平大幅度提升——有可以大快朵颐的美酒佳肴，谁还顾得上那些冒烟的消遣？况且有些乘客会认为香烟的味道会损害他们对于美食的味觉。实际上就连吸烟者自己也会感到异样：在高空中雪茄的燃烧速度要比地面慢许多，雪茄的味道会变得有些古怪。而且这一时期，人类也开始意识到香烟对于健康存在危害，在空中封闭客舱中吞云吐雾，危害将变得更为持久和无法避免。

在客舱里给予吸烟者点燃的自由，无疑就剥夺了不吸烟者享受干净空气的自由。一场"自由"之间的博弈在20世纪60年代末迅速升温。1969年，倡议者拉尔夫·内德尔正式向美国交通部提交申请，要求在飞行中采取禁烟措施。1972年政府主导的一项调查显示，60%的乘客讨厌乌烟瘴气的客舱。多数人的意愿必须被严肃考虑，美国民用航空委员会在当年做出规定，要求在客舱内划分吸烟区和非吸烟区，以这种分而治之来解决问题。其实早在一年前的1971年，联合航空公司——最早在20世纪30年代为乘客提供免费雪茄的航空公司之一，就已经开始把客舱隔离成吸烟区和非吸烟区。

两区分置的做法并没有得到人们的认可。在封闭的客舱里根本无法做到空气隔离，最多只能算是心理安慰。一个更为生动却十分不雅的比喻是：在飞机上设置吸烟区就像是在游泳池里设置"小便区"。在封闭的客舱里，在吸烟者营造的

1949年美国航空的航班上，一位空姐正为一位乘客点燃雪茄

这张照片拍摄于20世纪60年代的某个航班上，上面两个手牵手的男女大名鼎鼎：拿着香烟的靓丽女子是意大利电影明星克劳迪亚·卡迪纳莱，男子是意大利电影制片人卡洛斯·庞蒂

■ 20世纪60年代航空公司的宣传照上，并不避讳吸烟行为，甚至将此作为惬意服务的一部分

云雾仙境中，你根本无处可逃。香烟的烟气弥散在整个客舱，那些不吸烟的乘客十分懊恼，因为他们浑身上下都沾满烟味，闻起来如同瘾头极大的烟民。

那个年代，如果你是不吸烟的人，恰巧购票时又选在了吸烟区，那么你可能会被空乘礼貌地请求离开座位，把座位让给从非吸烟区窜过来打算吞吐一番的某位烟民。有时在长程航班上，这种礼送离席可能会发生许多次，几乎让人抓狂。

要真正实现有效隔离，除非把航班分为吸烟航班和禁烟航班。这样操作理论上可行，但实际操作起来极难，那意味着你必须凑够一飞机的烟民才能开飞吸烟航班，经济上风险极大。而且你得换个词儿才好，"冒烟航班"或"吸烟航班"都不合适。从1953年到1970年间，美国联合航空公司推出过一种全男性航班，主要执飞纽约—芝加哥以及洛杉矶—旧金山航线。这是当时商务人士奔波频繁的城际航线，因此该航班也被称作"纽约/芝加哥执行官"。机型起初使用DC-6B，后来改为"快帆"。每天下午5点从两座城市对飞，不接受妇女儿童乘客。机上会提供精美餐饮、电传股市行情材料等服务。这个男人天下的客舱里，乘客们可以不再顾及繁琐的礼仪，他们蹬掉鞋子、甩掉外套、扯下领带、掏出烟斗，或是拿上空乘提供的免费雪茄，肆无忌惮地享受闲暇时光。

时光行进到1986年，美国国家研究委员

20世纪60年代的客机上，空乘会麻利地为掏出香烟的乘客点燃。飞机上甚至有免费雪茄赠送

20世纪60年代美国联合航空公司飞往火奴鲁鲁的"同温层巡航者"客机上，乘客可以专享免费的切斯菲尔德香烟，这是联合航空公司推出的特别服务

美国联合航空曾经推出过全男性"纽约执行官"航班，机上的男性乘客们可以毫无顾忌地吞云吐雾

会拿出一份报告，呼吁在所有商业航班上全面禁烟。与此同时，空乘的健康问题也被纳入严肃考虑范畴——来自科学机构的分析报告表明，空乘整日暴露在烟民们制造的二手烟当中，相当于每天吸掉一包烟！

反吸烟一派力量终于占据了优势。1987年，美国国会做出决定，在所有2小时及以下航程的国内航班上实施禁烟。既然短程航班能禁烟，为什么长程航班要特殊？反吸烟大军乘胜追击，要求扩大战果。而美国医学协会期刊1989年发布的一份研究论文成了他们的重磅武器。这份论文指出，坐在非吸烟区的乘客吸食二手烟的程度，与吸烟区的人并无本质区别。1990年，反吸烟派争取到了又一次重大胜利——美国政府规定6小时及以下航程的国内航班实施禁烟。接下来反吸烟军团需要的是决定性战役的胜利：航班全面禁烟。这次战役历时10年之久，最终美国政府在2000年做出规定，所有进出美国的航班全面禁烟。

机组的特权

不得不说的是，航班全面禁烟规定并不涵盖驾驶舱——飞行机组可以有独属于自己的一点点特权，这种特权并不是由于他们身份高贵，而是医学人士担心让那些有烟瘾的飞行员中断尼古丁摄入可能扰乱他们的心理和行为方式，对飞行安全构成威胁。这一原则直到今天仍然存在。航空公司不鼓励飞行机组在驾驶舱吸烟，但有些公司并不强行禁止。

令许多乘客奇怪的是，今天在所有飞机的盥洗室里你都能找到烟灰缸，这究竟是为什么？如果倒退50年，那些旧式飞机的座位上几乎都有烟灰缸设计，如今飞机盥洗室的烟灰缸并不是它们的遗迹，事实上这是美国联邦航空管理局（FAA）航班必备设施列表中所明确要求的。之所以会有这样的要求，是基于这样一个担心：那些烟瘾极大的吸烟者可能无视"禁止吸烟"的警告，在盥洗室里点燃香烟，并把烟蒂扔进满是废纸的废物箱。FAA并不是杞人忧天。1973年，巴西里约格朗航空公司（Variag）从里约热内卢飞往巴黎的820航班在飞行中盥洗室突然起火迅速蔓延，最终成为一起惨烈悲剧：在飞机完成紧急降落前，大量乘客死于浓烟窒息。调查发现起火原因是被丢入废物箱的一个未燃尽烟蒂。千万别以为盥洗室的烟灰缸等同于吸烟特别许可，如果点燃香烟，即便不发生事故，也会有一大堆官司等着您。按照联邦法律规定，客机座位上或客舱内吸烟罚款最低2200美元，盥洗室吸烟罚款高达3300美元，如果您试图遮挡或破坏盥洗室烟雾探测器，再加2200美元。

有没有豁免？有的。如果飞机是您的私人飞机，那么随您怎么吞云吐雾，也没有人会干涉。当然，航空法规也有一些规定，比如私人飞机里也要配置足够的烟灰缸和防火器材，便于处理烟蒂。

电子香烟也不行

电子香烟出现后，航空公司又面临新问题。按照目前的航空法规，电子香烟在客舱内与香烟享受同等待遇，不得使用。

20世纪70年代，美国联合航空公司航班上的禁烟标识牌。牌子上用英文写着"请勿在客舱前部座椅处吸烟"。明白了吧，不是全客舱禁烟，而是在客舱划分了吸烟区，许多航班把吸烟区设定在后部

空港荒蛮史

1935年，初从空中拍摄的亚特兰大机场。候机楼前的滑行道上能看到一架东方航空公司的道格拉斯DC-2客机。候机楼有一条廊道通往停机坪，乘客通过这里步行登机，远处维修机库清晰可辨。1933年的罗斯福新政直接促进了美国机场系统爆发式发展

　　灵动现代的北京大兴国际机场，正崛起成为现代民用机场的新典范。然而在历史上，在成为无所不包的全功能航空枢纽之前，机场也曾经是诡谲的荒蛮之地。

　　1920年，美国共有145个城市机场，大多数美国人都不知道它们的具体位置。那时，到郊外的机场去还是一项艰难任务——它们不在城市公交服务范围内。所幸，买了机票也就等同于雇了专车，航空公司会从市内将乘客集中送往机场。

　　与同时期作为所有城市核心的火车站相比，机场简直可以用猥琐来形容。前者是辉煌繁忙的交通港，人们通过这里进出城市。火车站巍峨宽敞的穹顶大厅是交通文明的经典标志，光线通过高大的窗子射入，造就一种通达的陆离。在那个时代，已经完美融入城市交通体系的火车站是最为重要的公共空间，纽约的宾夕法尼亚车站和中央车站可能是其中最为耀眼的代表。机场则完全是另一番气象，它们不是雄踞城市核心地带，而是位于荒郊野外。机场绝无令人屏息的辉煌

建筑，有的只是一些并不起眼的机库。机库附近的长方形草地，就是飞机的起降场。比肩接踵熙熙攘攘的人流，也是绝对没有的。当年机场里的人大致可以分为三类——冒失蛮勇的飞行人员、满身油污的地勤人员和买得起机票的富裕冒险家。20世纪20年代的机场几乎不需要为乘客修建多功能的候机大厅：乘客们大多由航空公司集中运来，到达之时也就是起飞之时，并无太多等待时间。没有候机，也就没有服务，没有服务，自然没有亲切的体验感。

没有充足的运营市场，机场只能荒下去。到1926年，美国全国定期航班公司的全部飞机总数为26架，即使全部满载，也只能承载112名乘客，机场似乎前途无望。变革的机遇，来自航空邮件运输。为了保障服务，美国航空邮政服务局开始在东西海岸之间的运营机场安装灯光设施，利用灯塔构建起一条连通各个机场的空中航路。有趣的是，当时美国机场的修建与经营完全由市政机构操办，联邦政府不闻不问。这种理念的尖峰时刻在1926年到来：当年美国通过《航空商业法》，明确禁止航空商业局把联邦预算花在建设机场上。

要感激1929年的大萧条。没有大萧条，就不会有罗斯福新政。新政大力推进公共工程投资，批准将联邦救济金用于机场建设，以工代赈的措施为建设提供了充足劳动力的同时还有效解决了民生问题。1933年起公共工程管理局（PWA）和民用工程管理局（CWA）开始介入机场建设。联邦政府提供工人，地方政府提供土地、设备和大部分物资。1934年中期，全美开工兴建的大小机场大约有800个。此后4年，联邦救济金一直支持机场建设。1938年美国通过《民用航空法》，允许民用航空管理局支持或直接建设机场。罗斯福和他的政府可能并没有意识到，气象万千的机场建设还只是开始，真正的巨变正在酝酿。

同样在1933年，里程碑式的波音247和道格拉斯DC-3出现，成为机场进化的新动力。略经整饰的草地无法继续充任起降场，硬化路面跑道开始成为机场的必备设施。全国机场网络的建成促成了国内运输网络的成熟，客流量迅速增大，而票价却相对走低。市场规模的扩大推动了机场的服务职能和吞吐能力迅速膨胀，那些貌不惊人的棚库也变成了令人惊羡的全新候机楼，不断占据报纸和银幕的显要位置。机场不再是孤悬城市外围的"飞地"，而是城市交通运输不可或缺的枢纽。公路交通、轨道交通甚至水上交通都纷纷与机场接驳，并逐渐转型为机场保障系统。这同样不难理解，毕竟飞着出门是更多人的理想。

《2000 年的世界天空》

城市中心有机场

想象未来的世界，并不是现代人的专利。古代和近代都有许多关于未来世界面貌的想象蓝图，特别是在科学技术大发展的重要关口，这类幻想层出不穷。在航空领域，对居所—机场这段接驳旅行的厌烦，并不是现代人的专利。把机场建造在城市里，建造在家门口，是人类孜孜以求的愿景。

1882 · 2000 年的世界天空

阿尔伯特·罗毕达（Albert Robida）在 1882 年绘制的这幅艺术作品，表现想象中 2000 年的巴黎——118 年后的巴黎。画面上，市民们搭乘各式各样的飞行器往来于巴黎上空。其中最为诱人的是，这些飞行器的起降点，是居所的楼顶、露台或是饭店的阳台。画家落笔创作这幅作品的时候，热气球和氢气球已经发明近一百年，飞艇技术也日渐成熟。虽然气球和飞艇这类浮空器的控制技术和推进技术还比较落后，但人类飞行的梦想已经初步实现。从这个时点上展望一百年后的未来，画家想到的和今天我们展望未来天空的出发点类似——航空器一定会和每个人的生活紧密联系在一起。画面上的天空里充斥着各种飞行器，这类飞行器有大巴车一样的公共飞行器，也有单人飞行器。飞行器上装有可以扑动的翼状物和推进器——让人不由联想起宫崎骏《天空之城》中那些蜻蜓状扑翼飞行器，看来当时的人们仍然把扑翼飞行视为未来航空器的重要方向。也许在技术展望上不够准确，但画家所设想的以航空为主要方式的城市交通，今天看来也仍然诱人。航空的未来，必将延伸到每个人的身边。

"航空1907"酒店
设计效果图

1900s · 从未建成的航空酒店

20世纪刚刚拉开帷幕的时候，人类迎来了莱特兄弟惊天动地的首次飞机飞行。然而早在飞机还是一件充满风险的试验级交通工具时，飞艇却已相当老成，已经开始从事远程客运业务。当时的人们为航空器的巨大成功而鼓舞，他们理所当然地想象着，就像人们的居所附带车库一样，未来的酒店一定在高耸的楼顶设有供飞机和飞艇降落和停泊的平台和接驳通道。当时英国爱丁堡就曾筹建一座相当豪华辉煌的新古典主义酒店，人们为它取了一个相当时髦的名字"航空1907"（Aero 1907）——按照计划这座美丽酒店将于1907年落成。然而正如今天我们也只能在极少数建筑物顶端看到停机坪，这一历史上的构想最终未能实现，这座酒店从未真正建造和落成。

一百年后的圣路易街景

帝国大厦差一点就成
为越洋飞艇的枢纽

1910·一百年后的圣路易街景

1910年12月美国密苏里州首府圣路易斯出版的《更伟大的圣路易斯圣诞杂志》刊登了这样一幅名为《一则预言》的幻想画。作品展望了一百年后，也就是2010年的圣路易斯城市风貌。可以看到，天空中飞行着不少飞艇，它们显然是2010年的公共交通系统的一部分。在1910年的人们看来，载重能力更强的飞艇能够也应该成为公共交通工具的主力。至于飞机，当时实在没法让人相信这些木板加帆布的粗陋制品能承载旅客完成远程航线。请注意，这些大型飞艇的起降点，是在喧闹的街道上，并不需要任何专门设施，就像公交车，你走过来跳上去就行。

1931·帝国大厦·飞艇枢纽

如果不是因为1937年那团空中暴烈燃烧的火球，齐柏林飞艇就不会迅速退出历史舞台，人们对于那种优雅缓慢田园漫步似的远程飞行的热情，也就不会瞬间消退。至少，在"兴登堡"号惨祸发生前，飞艇承载了人们对远程飞行所有奢侈的浪漫幻想。美国曾经打算在纽约一些高层建筑顶部，都建造用于锚泊飞艇的锚泊塔。越洋飞行抵达这里的齐柏林飞艇，可以直接锚泊在高楼顶端，乘客们可以从飞艇前端离艇，经由铁塔上的电梯直接进入建筑内的豪华酒店。1931年4月落

成的帝国大厦，顶端就设计有60米高，能够锚泊大型飞艇的锚泊塔，当时人们认定具备远程飞行能力的飞艇将是越洋空运的未来。要在如此高耸入云的摩天大楼顶端的高塔上锚泊，巨大的飞艇需要精确地停靠在建筑物旁边，让自己尖端的锚泊机构与顶塔上带绞盘的锚泊系统对接并锁定。乘客们通过一个柔性廊桥从飞艇前端离艇，通过海关办理入境手续，然后乘坐电梯，在7分钟之后就能出现在曼哈顿的繁华大街上。尽管这一计划美妙无比，但高空强烈的气流却让飞艇驾驶员难以完成这样精确的锚泊对接。即便是成功锚泊在顶塔上，在443米高度上，强风会让飞艇如同旗帜一般随风飘摆，可能对飞艇结构造成严重损坏。1931年9月，一艘小型飞艇曾短暂地在顶塔上系留了几分钟，这是这座锚泊顶塔唯一一次投入使用。两周后，一艘固特异软式飞艇在帝国大厦楼顶投下了一袋报纸，但此后大型飞艇锚泊计划却宣告放弃。

1937·楼顶倾转飞机场

1937年10月号《机械与工艺》(*Mechanics and Handcraft*)封面展现的楼顶固定翼飞机起降平台。这座城中"机场"建造在高楼顶上，起降平台可以自由旋转，消除飞机起降时的侧风干扰；平台还能前后倾斜，方便飞机起降。对于大型飞机，即便是能够倾斜旋转，这个平台提供的滑行道长度也实在有限，难以让民航客机在城区中无忧起降。别的不说，单就在高楼顶端一座面积不大且未必水平的平台上起降，所要求的技术挑战恐怕比航母舰载机飞行员不差，而且别忘了您驾驶的不是敏捷灵活的战斗机，而是拥有好几台发动机的大型民用客机。操作这样的庞然大物在城区中心玩儿特技？有点儿悬。

1940·俯冲起飞法

1940年6月号《大众机械》封面表现了另一种从占地面积上"微缩"机场的方式——

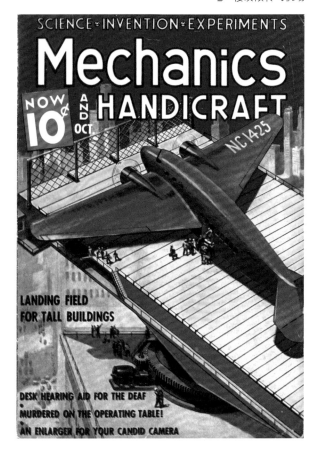

▓ 楼顶倾转飞机场

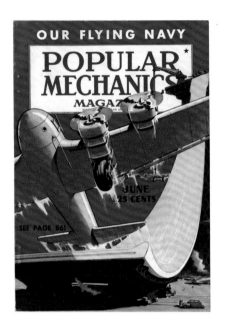

俯冲起飞法

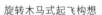

旋转木马式起飞构想

让飞机从高耸的平台像过山车那样沿陡峭的滑道冲下加速实现起飞。如此一来，起飞滑跑的水平距离自然大大缩短。如果着陆也按照这一思路反向操作，想来也应有效果。唯一的问题是，飞机起飞时在滑道最低部必将承受巨大的正向过载，很难想象普通的机体结构能够承受如此重荷；即便是飞机受得了，又怎能保证舱内的乘客安然无恙？要知道，有些人看一眼过山车都眼晕，现在却要他以蹦极的姿态乘坐飞机起飞离港，估计不少乘客会拒绝登机。

1941·旋转木马起飞构想

1941年7月，美国《大众机械》封面展现了一种旋转木马起飞构想。虽然这一构想是用于军用轰炸机，但也解决了机场占地面积过大的问题。这种旋转木马起飞装置利用装有螺旋桨发动机的巨大翼型圆形回旋臂，把轰炸机驮在上面进行旋转加速，随着旋转线速度不断提升，回旋臂会在气动升力作用下逐渐离地，同时飞机也逐渐接近起飞速度，此时再通过解锁机构释放飞机，飞机就能一下子升空。从物理上说，这种方式完全可以实现，但问题同样突出。旋转加速中的飞机势必要承受巨大的离心过载，这就和选拔训练航天员时使用的大型离心机差不多。飞机的结构及机组人员恐怕难以承受。

1948·城区直升机平台场站

1948年2月出版的《科学与机械》（*Science and Mechanics*）杂志封面表现的也是幻想中的城市中心区机场，机场采用高架平台结构，不影响路面交通，飞行器则是清一色的旋翼机。当时人们已经认识到，常规固定翼飞行器要想以惯常的水平滑跑加速/减速方式起飞和降落极为困难，且不说飞机在起降航线上要规避密集的建筑物，单就修建那一条长长的跑道，在城区地带就是一个不可能完成的任务。与之相比，能够垂直起降的直升机看似一个良好的解决方案。虽然直升机速度和航程都十分有限，但起码作为城市空中交通工具要更为现实一些。

1952·泰晤士河岸机场

1952年，英国艺术家乔治·贺瑞斯·戴维斯创作了这幅题为《展望未来——伦敦城里的机场》的幻想作品，表现了当时人们对于城市交通方式立体化的展望构想，既富想象力又极具技术流味道。画面上，一座直升机机场赫然修建在伦敦市中心的泰晤士河畔，航站楼可以直接接驳公路、铁路甚至河畔码头。乘客可以在这座机场搭乘直升机进行中短途旅行。未来派任何时候都抢手，这样一幅作品克里斯蒂拍卖行原本估价1500英镑，结果2018年拍卖时价格居然一路上扬到16875英镑!

城区直升机平台场站

《展望未来——伦敦城里的机场》

1976·未来城市

1976年，德国艺术家西奥·拉赛格绘制了这幅《未来城市》，如今收藏在德意志博物馆。画面上，我们能看到那个时候人们对于未来城市交通的宏伟构想（其实今天我们仍在构想和探索）：城市陆路交通以新概念悬浮汽车和地下/地上管道高速列车构成，前者让人联想起当年风行一时的气垫飞行器概念，后者的影子则一直投射到当前的真空管道高速交通概念。市区空中交通则由旋翼飞行器担纲，它们通过建筑物顶部的起降平台构成城区空中交通网。远方还能看到城市

西奥·拉赛格笔下
的《未来城市》

枢纽机场，跑道上一架大型超声速客机正在起飞。更远的地方是航天发射场，一艘飞船腾空而起，不知是要进行太空探索还是轨道旅游。这幅作品中的构想，直到今天都没能实现，其中的原因很多。管道列车、悬浮汽车和飞行汽车除了挑战着人类工程技术的极限，还对现代城市的传统格局提出质疑。直升机等旋翼类飞行器可以充当城市应急交通装备，但走向家庭面临诸多问题。新概念飞行汽车是当前人们看好的城市交通航空化解决方案，但要实现这一点，必须在能耗和效率方面取得新的突破，还要解决狭小空域垂直起降、无忧驾驶和智能管理等问题。一旦这些条件具备，相信飞行汽车和现代城市会同步进化。有一点也许应该记住，在一个相对历史时期内，实用性科学技术是众多前沿技术中反复淘洗锤炼出的小概率事件，而实用性科学技术向实用性产品的演化，更是一个艰难复杂的迭代和淘汰过程。

1972年2月26日，周恩来总理与尼克松总统（右一）同乘一架伊尔–18专机从北京出发前往杭州，左一为时任美国国务卿威廉·皮尔斯·罗杰斯（William P. Rogers），左二为时任美国国家安全顾问亨利·阿尔弗雷德·基辛格（Henry Alfred Kissinger）博士

1972：
尼克松的中国航迹

　　1972年，富兰克林铸币公司制作了一批银质纪念章，章体正面是毛泽东与美国时任总统尼克松交谈的场景，背景铸有中文"为全人类谋和平"和英文"PEACE FOR ALL MANKIND"。章体背面是尼克松1972年访华之行的空中航迹。这枚纪念章如今是难得的收藏文物，它铭刻着48年前那个2月中美两国领导人以宏大眼光开启的破冰之旅。

　　1972年2月17日，尼克松总统一行搭乘"空军一号"离开华盛顿前往夏威夷。小住数日后，尼克松一行从夏威夷起飞，直飞太平洋西岸的中国上海，降落的那天是2月21日。稍事休息后，尼克松一行飞往北京，在那里中美两国领导人进行了密集的会谈，解决了中美关系中的重大问题。按照尼克松访问日程，他在结束北京行程后还将前往杭州，再返回上海，由上海离境回国。按照出访惯例，美国总统在东道国飞行一向只乘坐"空军一号"，地面交通则使用特制凯迪拉克总统防弹座车，这一问题成为访问准备期间中美谈判的焦点。中方强调尼克松在中国期间应该乘坐中国方面提供的专机，使用中国"红旗"防弹车，而美方则坚持沿用惯例。周恩来总理坦诚表示："中国有句俗话，客随主便。尼克松总统既然访问中国，应该乘坐中国人驾驶的专机。你们说美国总统过去没有乘坐过外国飞机，这次到中国来坐一坐、体会一下也很好嘛！我们飞行员的技术也不错。你们尽管放心。如果你们觉得不放心，我陪总统先生一起乘坐。"最终尼克松大胆拍板，同意从北京飞杭州时乘坐中方提供的伊尔–18专机，并使用中国"红旗"，而周总理也与尼克松同乘一机共赴杭州，完成了一段信任之旅。细心的周恩来总理深谙来往之道，既然尼克松总统作为中国客人同意乘坐中国专机，周总理也就欣然接受尼克松总统邀请，在从杭州到上海时登上尼克松的"空军一号"，作为总统的客人一道飞赴上海。如此一来，即保障了中国主权主张，又符合宾主相敬之谊，中美双方皆大欢喜。

2月28日，中美上海联合公报发表，奠定了中美两国关系发展的重要基石。回望48年前那个2月，中美两国领导人因势利导，毅然打破冻结两国关系多年的坚冰，堪称大国关系改善的典范。中美两国虽然位于太平洋两岸，尽管有着诸多分歧，但同样有着更多的共同利益。1972年那次跨越大洋的握手告诉我们，分歧可以放下，或至少不做进一步割裂，只要从共同利益出发，再冷的冰，也能消融。

■ 纪念章正面

■ 纪念章背面

11世纪制作的贝叶挂毯上的古代战船，可见其转向桨位于右舷

向左走　向右走

沿着长长的廊桥或倾斜的舷梯登上飞机，进入飞机舱门后向右转，就是熟悉的客舱，成列的座椅。对于许多经常乘坐飞机出行的人，这种习惯性右转已经成为下意识动作。但是不知道你是否注意过，几乎所有的民用飞机都是从左侧登机——尽管它的右侧通常会以对称方式布置着另一组舱门。这究竟是为什么？

要讨论这个问题，必须先从左右方向谈起。左和右在英文中通常以left和

right来表述，但是如果到了飞机上，专业的称呼就不是这两个词，而是portside和starboard。为什么左和右会有这样的专业替代术语？那你得离开机场，去海港，而且还得穿越到一千年前，去看那时的航船。答案就隐藏在它们身上。

最为古老的航船还没有特别专业的舵，而是依靠一根特殊的船桨来实现转向，而这根船桨也不像现代航船那样位于船只中轴线上，而是安装在船只的右舷侧（这样做可能是因为大部分人都是习惯用右手）。这样一来，船只进港时就不能用带着转向桨的右舷靠岸——那样实在是碍事儿；只能用干净的左舷贴上码头装卸货物。古人按照船只靠港的方向不同，把贴上港口码头的左舷称作portside，port即"港口"，portside就是指船只靠港的那一侧，真是形象而生动；而安装转向桨的右舷则称作steorbord，steor原意就是Steer（转向），steorbord也就是指负责转向的那一侧（右侧）。随着古英语的近代化演变，steorbord才变成了今天的Starboard。

左舷上下客从20世纪30年代起就成为一种传统，道格拉斯DC-2/DC-3都是这样的单侧舱门典范

◼ 苏联某些早期客机例外，从里–2开始就和DC–3反着来，把客舱门从左侧挪到右侧，此后的伊尔–12和伊尔–14也是保持右侧接驳传统。这在当时被一些人理解为社会主义有别于资本主义的象征

其实原本古代欧洲（主要是英国）海事界有个比portside更正规的名字——larboard，这个词来源于中古英语ladebord，其中的lade就相当于现代英语中的load（装载）。顾名思义，larboard就是指船只装载货物的那一侧，当然而且必须是左侧。larboard虽然意思没毛病，但是在航海实践中却总是惹麻烦：larboard的发音和starboard实在太接近了，如果前两个字母没听清楚，你很难分辨船长或大副手在疾风骤雨中下达的口令究竟是要求向左还是向右转舵。为避免混淆，1844年英国皇家海军明令，用port/portside代替了larboard。两年以后，美国海军也发布了同样的命令。

从飞机诞生，直到商业航空萌芽并逐步发展，航空始终在借鉴着大航海时代遗留的各种航海传统，其中就包括左舷靠岸，并从左舷装卸货物。最早的机场可没有今天那样的廊桥，飞行员会操纵飞机一路滑行到航站楼前尽可能近的地方，

现代机场基本设计
定型后，左侧接驳
成为一个基本习惯

以方便旅客上下飞机。这样一来，飞行员必须要能够清楚地观察到飞机和航站楼之间的相对位置关系才能确保安全，而在飞机上最为资深且负总责的飞行员——机长恰巧又是坐在左侧。于是飞机左舷接驳航站楼的方式就更加必要。

　　说到底，现代民用飞机并非不可以从右侧登机，只不过是出于那久远的传统，加之这种传统已经深刻影响了机场勤务保障设施的规划方式以及机场工作人员的作业习惯，因此左舷登机也就一直沿用下来，直到今天——未来也还没有看出改变的端倪。如果足够细心，你还会发现，在你从左舷登机的同时，飞机的右舷也很忙碌，配餐以及行李装运工作都在右舷进行，绝大多数时候燃油加注也会选在右侧。这样做的理由很简单，那就是乘客上下飞机与维护作业不会彼此影响。